Octavio Guijarro

ARDUINO EN ACCIÓN

Octavio Guijarro

ARDUINO EN ACCIÓN

DEL CONCEPTO AL PROYECTO

Editorial Académica Española

Imprint

Cover image: www.ingimage.com

Publisher:
Editorial Académica Española
is a trademark of
Dodo Books Indian Ocean Ltd. and OmniScriptum S.R.L publishing group

120 High Road, East Finchley, London, N2 9ED, United Kingdom
Str. Armeneasca 28/1, office 1, Chisinau MD-2012, Republic of Moldova, Europe
Printed at: see last page
ISBN: 978-613-9-43425-1

1ra **EDICIÓN**

ARDUINO EN ACCIÓN:

DEL CONCEPTO AL PROYECTO

Octavio Guijarro Rubio

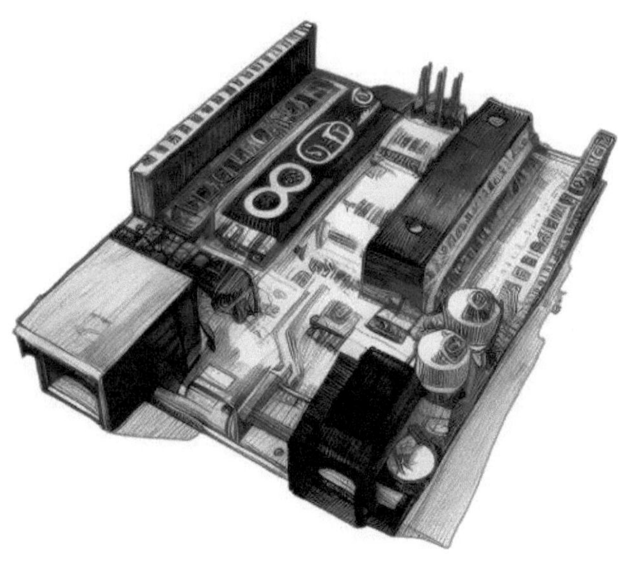

Julio - 2024

El Autor

Octavio Edelberto Guijarro Rubio, de nacionalidad ecuatoriana, es Ingeniero Electrónica y Comunicaciones, magister en Automatización y Sistemas de Control, master en Docencia Universitaria y doctorando en Educación e Innovación.
Se desempeña como docente en Instituto Superior Tecnológico Francisco de Orellana. Ha publicado diversos artículos en revistas especializadas.
Se desempeñó como investigador en el área de energía y aviónica del proyecto Plataforma de Gran Altitud y del proyecto Vehículos Aéreos No Tripulados, los cuales fueron ejecutados por el Centro de Investigación y Desarrollo de la Fuerza Aérea Ecuatoriana.
Ha ejecutado, diseñado y fiscalizado diversos proyectos de automatización industrial, sistemas eléctricos, electrónicos, circuitos cerrados de televisión (CCTV), entre otros.
Es coordinador de investigación, desarrollo tecnológico e innovación y editor de la Revista Tecnológica Amazonia del Instituto Superior Tecnológico Francisco de Orellana.

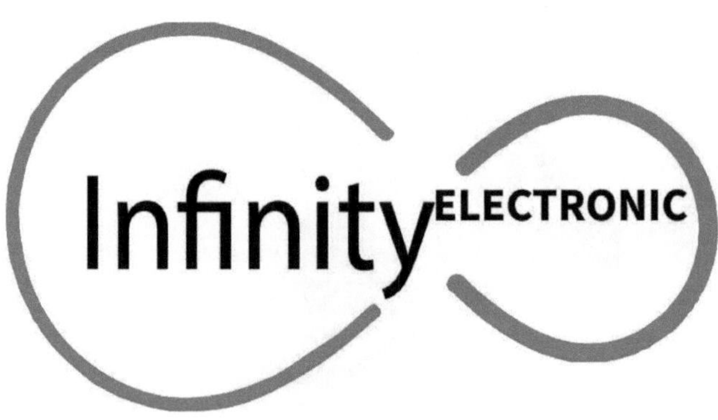

Prologo

Bienvenidos a **"Arduino en Acción: Del Concepto al Proyecto"**, una guía diseñada para acompañarte desde la comprensión básica de Arduino hasta la implementación de proyectos prácticos. Este libro surge de la pasión por la electrónica y la programación, y el deseo de compartir el potencial de la plataforma Arduino.

En este viaje, comenzaremos con una Introducción a Arduino, desmitificando su origen y popularidad. Profundizaremos en los Microcontroladores, el corazón de Arduino, y exploraremos las diversas Placas Arduino disponibles para tus proyectos.

Aprenderemos sobre los Lenguajes de Programación utilizados en Arduino, enfocándonos en el lenguaje basado en C/C++. Te guiaremos paso a paso en la Descarga, Instalación y Configuración del IDE de Arduino, asegurando que tengas todas las herramientas necesarias para empezar a codificar. También entenderemos la Configuración de Bibliotecas y desglosaremos la Estructura del Sketch de Arduino.

Finalmente, nos sumergiremos en la Codificación de Diversos Proyectos prácticos, desde encender un LED hasta controlar motores, diseñados para reforzar tus conocimientos y desafiar tus habilidades.

"**Arduino en Acción: Del Concepto al Proyecto**" no es solo un manual de instrucciones, es una invitación a la exploración y a la creación. Cada capítulo está estructurado para proporcionar una comprensión profunda y práctica, asegurando que, al finalizar este libro, no solo comprenderás cómo funciona Arduino, sino que también serás capaz de concebir y realizar tus propios proyectos innovadores.

Espero que disfrutes este viaje tanto como yo he disfrutado al escribirlo. Que este libro sea el comienzo de innumerables aventuras creativas y de aprendizaje en el fascinante mundo de Arduino.

¡Adelante, maker! Tu próxima gran idea está a solo un proyecto de distancia.

Índice analítico

PREFACIO

Bienvenidos al mundo de la programación en Arduino. Este libro es una guía completa diseñada para introducir a los lectores en el emocionante universo de la electrónica y la programación a través de la plataforma Arduino.

En estos tiempos de innovación tecnológica acelerada, la habilidad para comprender y utilizar dispositivos electrónicos se ha vuelto cada vez más relevante. Arduino, con su versatilidad y facilidad de uso, se ha convertido en una herramienta invaluable tanto para principiantes como para expertos en el campo de la electrónica y la programación.

Este libro está estructurado en cinco capítulos que te llevarán desde los conceptos fundamentales hasta la realización de proyectos prácticos. En el Capítulo 1, te sumergirás en el mundo de Arduino, aprendiendo sobre su historia, su arquitectura básica y las posibilidades que ofrece.

El Capítulo 2 te guiará a través del proceso de obtener y configurar el entorno de desarrollo integrado (IDE) de Arduino, la herramienta principal a ser utilizada para escribir y cargar programas en la placa Arduino.

En el Capítulo 3 exploraremos los diversos tipos de datos, funciones y operadores que Arduino ofrece para simplificar la programación, desde el control de pines hasta la manipulación de datos.

El Capítulo 4 profundiza en los conceptos eléctricos esenciales que necesitas conocer para trabajar con Arduino, así como una descripción de los componentes electrónicos comunes que se utilizan en los proyectos.

Finalmente, en el Capítulo 5 pondremos en práctica todo lo aprendido hasta ahora mediante la realización de diversos proyectos que te permitirán experimentar y aplicar tus habilidades de programación y electrónica de manera creativa.

Ya sea que seas un principiante absoluto o alguien con experiencia previa en programación y electrónica, este libro te proporcionará los conocimientos y las habilidades necesarias para comenzar a explorar el mundo de Arduino y llevar tus ideas a la realidad.

¡Prepárate para embarcarte en un emocionante viaje hacia la programación en Arduino!

CAPÍTULO 1

1.1. INTRODUCCIÓN A ARDUINO

Arduino es una plataforma de desarrollo que se basa en una placa de circuito impreso (PCB) de hardware libre que incorpora como unidad de procesamiento un microcontrolador reprogramable, mediante una serie de pines hembra se puede establecer conexiones entre el microcontrolador y diversos periféricos (sensores y actuadores) de manera sencilla.

Arduino se distribuye como Hardware y Software Libre, bajo la Licencia Pública General de GNU (GPL) y la Licencia Pública General Reducida de GNU (LGPL), permitiendo la manufactura de los PCB y distribución del software por cualquier individuo.

La Licencia Pública General GNU es una licencia libre de copyleft para software y otros tipos de trabajos, está destinada a garantizar su libertad para compartir y cambiar todas las versiones de un programa, para asegurarse de que siga siendo software gratuito para todos sus usuarios. (gnu.org, 2007)

La Licencia Pública General Reducida de GNU (LGPL), es una licencia de software creada por la Free Software Foundation que pretende garantizar la libertad de compartir y modificar el software cubierto por ella, asegurando que el software es libre para todos sus usuarios. (gnu.org, 2007)

Arduino (palabra y logo) es una marca registrada propiedad de Ingeniería MCI Ltda., o sus respectivos afiliados y proveedores. Todo uso no autorizado de información puede violar las leyes de derecho de autor, leyes de marca registrada, leyes de privacidad y publicidad, y otras leyes y regulaciones. (arduino.cl, 2018)

El software de Arduino está formado por dos elementos: un entorno de desarrollo integrado (IDE) y en el cargador de arranque (bootloader) que esta embebido en el microcontrolador y se ejecuta de manera automática cuando este se energiza.

1.2. MICROCONTROLADORES DE 8 Y 32 BITS

Un microcontrolador (MCU, µC, UC) es un circuito integrado (CI) programable con la capacidad de ejecutar instrucciones previamente grabadas en su memoria. Está constituido de diversos bloques funcionales que cumplen un trabajo específico, incorpora en su encapsulado la unidad central de procesamiento, memoria y periféricos de entrada/salida.

Existe en el mercado una diversidad de microcontroladores de 8, 16 ó 32 bits. A pesar de que las prestaciones de los microcontroladores de 16 y 32 bits son superiores a los de 8 bits, los microcontroladores de 8 bits poseen una supremacía en aplicaciones comerciales.

En términos generales, un microcontrolador que posee un núcleo de 8 bits procesa datos con una extensión de 8 bits. La cantidad de bits utilizados por un MCU (profundidad de bits o ancho de datos) indica el tamaño de los registros (8 bits por registro), la cantidad de direcciones de memoria ($2^8 = 256\ direcciones$) y los valores máximos de valores que pueden procesar ($valores\ que\ pueden\ ir\ de\ 0\ al\ 255$). Un microcontrolador de 8 bits posee una cantidad restringida de direcciones, algunos microcontroladores emplean paginación para determinar qué banco de memoria integrado utilizar. (Altium.com, 2020)

Un microcontrolador de 32 bits teóricamente puede manejar valores con una magnitud de hasta 2^{32} (4294967296), posee unidades aritméticas lógicas, registros y bus de datos con un ancho de 32 bits, lo que implica que un MCU de 32 bits tiene la capacidad de manejar el cuádruple de datos que un MCU de 8 bits.

Existen otras diferencias entre los microcontroladores de 8 bits y de 32 bits:

1.2.1. Operaciones aritméticas

Una de las principales limitaciones en los microcontroladores es la cantidad máxima de operaciones aritméticas que pueden ser ejecutadas. Un microcontrolador de 8 bits por lo general permite operaciones aritméticas cuyos valores pueden variar entre 0 y 255, mediante el uso de thread (hilos) es posible procesar valores superiores, lo que conlleva una mayor complejidad en la programación puesto que el procesamiento de hilos no se realiza de forma automática a nivel de hardware.

1.2.2. Uso de memoria

A nivel de software, el tipo de dato usado en la codificación es uno de los factores que determinarán el tipo de microcontrolador a ser utilizado. Por ejemplo, un número entero sin signo (unsigned) declarado en un microcontrolador de 8 bits consumirá 1 byte de la memoria, mientras que la misma variable en un microcontrolador de 32 bits consumirá 4 bytes de memoria de datos.

1.2.3. Velocidad y memoria

Entre las principales ventajas que posee un microcontrolador de 32 bits en relación a uno de 8 bits es la mayor velocidad de procesamiento. Un microcontrolador de 8 bits suele operar con un oscilador externo de 8 - 16 MHz, mientras que un microcontrolador de 32 bits opera a frecuencias de los cientos de MHz.

La velocidad de procesamiento es muy evidente en aplicaciones que requieren el procesamiento de un volumen alto de datos (Ejemplo: Sistema de adquisición de datos "DAQ", control de acceso biométricos), mientras si el uso es para el control de actuadores la velocidad de procesamiento no es notorio.

Por ser económicamente baratos y fáciles de programar los microcontroladores de 8 bits siguen siendo muy utilizados en diversas aplicaciones. Si la aplicación requiere de una amplia Memoria de Acceso Aleatorio (RAM), es recomendable el uso de microcontroladores de 32 bits, ya que presentan hasta 8 veces más RAM que los de 8 bits, lo que les hace apto para aplicaciones donde es necesario un búfer de gran longitud.

1.2.4. Integración de periféricos

El diseño del proyecto a ser ejecutado permite la identificación de los periféricos a ser utilizados, si se necesitara una comunicación mediante Ethernet, Universal Serial Bus (USB), Transmisor - Receptor Asíncrono Universal (UART), el uso de un microcontrolador de 8 bits no sería suficiente y se debería considerar el agregar chips periféricos o "shield" especializados, esta solución podría resultar más costosos que usar un único microcontrolador de 32 bits.

De manera general, los microcontroladores de 32 bits poseen una mayor funcionalidad que los microcontroladores de 8 bits. Gracias a las velocidades superiores de procesamiento, un microcontrolador de 32 bits posee la capacitar de controlar eficientemente múltiples periféricos, por consiguiente, se debe considerar el consumo energético cuando todos los periféricos y sistemas integrados se encuentran operativos.

1.2.5. Diseño de hardware y curva de aprendizaje

Una placa de circuito impreso (PCB) con un microcontrolador de 32 bits que posee más de 100 pines, presenta una mayor complejidad que un PCB que incorpore un microcontrolador de 8 bits que no suelen superar los 30 pines.

Durante el proceso del montaje, realizar la soldadura de un encapsulado SOIC (Small Outline Integrated Circuits) conlleva una mayor facilidad que soldar un encapsulado QFP (Quad Flat Package) o un encapsulado BGA (Ball Grid Array). Si un microcontrolador de 8 bits satisface con los requerimientos de su proyecto, se recomienda no optar por un microcontrolador de 32 bits. De lo contrario es recomendable utilizar los footprints predefinidos en las librerías del software de diseño de PCB, lo que permite minimizar el tiempo de diseño.

Ilustración 1.1. Tipos de encapsulados de circuitos integrados

Encapsulados: a) SOIC, b) QFP, c) BGA

1.2.6. Aplicaciones para microcontroladores de 32 bits

Los microcontroladores de 32 bits están presentes en una gran cantidad de aplicaciones, por consiguiente, sería importante conocer cuándo usar un microcontrolador de 32 bits. Un microcontrolador de 16 bits o 32 bits es recomendable su uso cuando la aplicación requiere cómputos que impliquen números con valores grandes y que deban ser calculados o procesados rápidamente. Algunos ejemplos de este tipo de operaciones serían: cálculo de la transformada rápida de Fourier (Fast Fourier Transform - FFT), procesamiento digital de imágenes, procesamiento de audio o video, aplicaciones de edge computing. Tareas que requieren de un gran consumo de recursos de memoria y de capacidad de procesamiento de datos que implican el uso de aprendizaje automático o IA son implementados de manera más eficiente en un ordenador de placa única, GPU (Unidad de Procesamiento Gráfico).

Para la adquisición de señales analógicas, un microcontrolador de 32 bits no presenta necesariamente una superioridad a un microcontrolador de 8 bits. La profundidad de bits que requiere un microcontrolador no es la misma profundidad de bits que requiere un convertidor analógico digital (ADC). Los microcontroladores disponibles comercialmente integran ADC de 8, 10, 12 o 16 bits.

Un microcontrolador de 32 bits en aplicaciones móviles ofrece una mayor capacidad de cómputo, pero se presenta un mayor consumo energético. Varias aplicaciones, una vez finalizado la tarea de cómputo que requieren la capacidad de procesamiento de un microcontrolador de 32 bits, este es colocado en modo de suspensión con la finalidad de reducir el consumo de energía. Sin embargo, esto no quiere decir que un microcontrolador de 32 bits presente necesariamente una mayor eficiencia energética. Un microcontrolador de 8 bits presenta un mejor equilibrio funcional en sus periféricos lo que se ve reflejado en una mayor eficiencia energética a nivel de batería.

1.3. PRODUCTOS ARDUINO

Arduino dispone de diferentes modelos de placas de desarrollo, cada una diseñada con un designio diferente y con diversas características como: tamaño físico, número de pines de Entrada/Salida, modelo del microcontrolador, entre otros.

A pesar de los diversos modelos de tarjetas existentes, todas integran un microcontrolador de la compañía de semiconductores Atmel, lo que permite compartir mayormente características de software, como arquitectura, librerías y documentación.

En el mercado se ofertan tarjetas Arduino con microcontroladores de 8 bits, 16 bits y 32 bits.

1.3.1. Tarjetas de desarrollo de 8 bits

Según (González & Silva, 2013), "Una Tarjeta de Desarrollo es, bajo la perspectiva ingenieril, una herramienta para diseño y prototipado rápido de sistemas digitales o analógicos, que se presenta como un elemento muy útil para el mejoramiento de los procesos de diseño debido a disminución del tiempo de validación de los diseños, así como la posibilidad que ofrece de ser una solución y un producto final".

Entre las tarjetas de desarrollo de 8 bits más comunes se tiene:

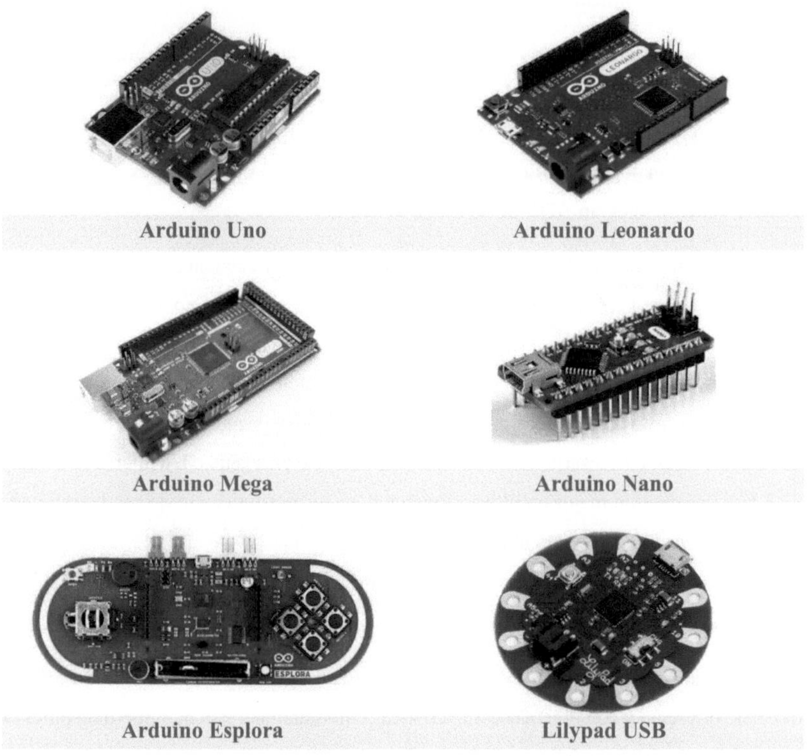

Ilustración 1.2. Tarjetas de desarrollo de 8 bits

1.3.2. Características principales de las tarjetas de desarrollo de 8 bits

En la tabla siguiente se detalla las principales características de las tarjetas electrónicas de 8 bits compatibles con el Entorno de Desarrollo Integrado (IDE) Arduino: Arduino UNO, Arduino LEONARDO, Arduino MEGA, Arduino NANO, Arduino ESPLORA y LILYPAD USB.

Tabla 1.1. *Principales características de las tarjetas de desarrollo de 8 bits*

Características	Arduino UNO	Arduino LEONARDO	Arduino MEGA	Arduino NANO	Arduino ESPLORA	Lilypad USB
Microcontrolador ATmega	328P	32U4	2560	328	32U4	32U4
Memoria flash	32KB	32KB	256KB	32K	32K	32K

SRAM	2KB	2.5KB	8KB	2KB	2.5KB	2.5KB
EEPROM	1KB	1KB	4KB	1KB	1KB	1KB
Velocidad de reloj	16MHz	16MHz	16MHz	16MHz	16MHz	8MHz
Corriente CC por pin de E / S	40mA	40mA	20mA	40mA	40mA	40mA
Pines digitales de E/S	14	20	54	22	-	9
Pines PWM	6	7	15	6	-	4
Canales de entrada analógica	6	12	16	8	-	4
Voltaje de entrada (recomendado)	7-12Vcc	7-12Vcc	7-12Vcc	7-12Vcc	5Vcc	3.8-5Vcc
Puerto serial UART	1	1	4	1	1	-

1.3.3. Tarjetas de desarrollo de 32 bits

Entre las tarjetas de desarrollo de 32 bits más comunes compatibles con el IDE Arduino se tiene:

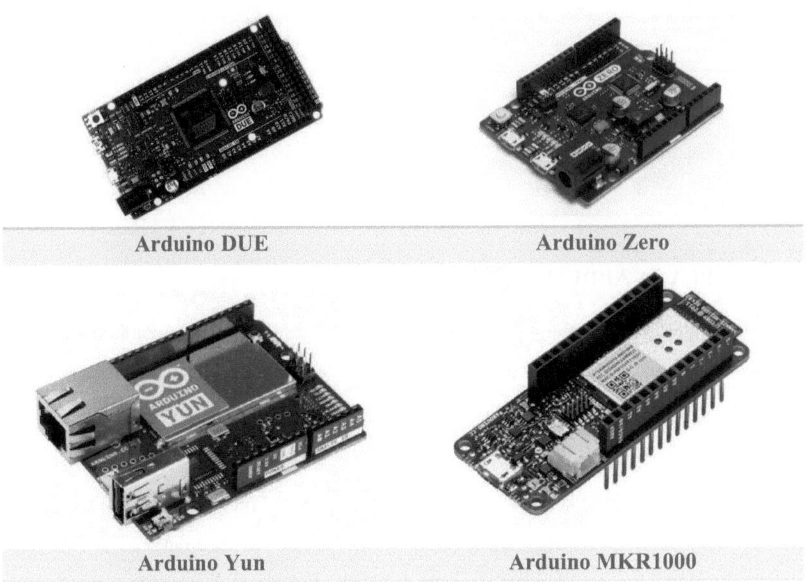

Ilustración 1.3. Tarjetas de desarrollo de 32 bits

1.3.4. Características principales de las tarjetas de desarrollo de 32 bits

La tabla siguiente detalla las principales características de las tarjetas electrónicas de 32 bits compatibles con el IDE de Arduino: Arduino DUE, Arduino ZERO, Arduino YUN, Arduino MKR1000.

Tabla 1.2. *Principales características de las tarjetas de desarrollo de 32 bits*

Características	Arduino DUE	Arduino ZERO	Arduino YUN	Arduino MKR1000
Microcontrolador Microprocesador	AT91SAM3X8E	ATSAMD21G18	ATmega32U4 Atheros AR9331	ATSAMW25
Memoria flash	512KB	256KB	16MB	256KB
SRAM	96KB	32KB	2.5KB	32KB
EEPROM	-	-	1KB	-
Velocidad de reloj	84MHz	48MHz	400MHz	48MHz
Corriente CC por pin de E / S	800mA	7mA	40mA	7mA
Pines digitales de E/S	54	20	20	8
Pines PWM	12	18	7	12
Canales de entrada analógica	12	6	12	7
Pines de salida analógica	2	1	-	1
Voltaje de entrada (recomendado)	7-12Vcc	7-12Vcc	5Vcc	5Vcc
Puerto serial UART	4	1	1	1

1.4. LA PLACA ARDUINO UNO

La placa de desarrollo Arduino UNO es una de las placas que se recomienda para iniciar con la programación de microcontroladores, la tarjeta Arduino UNO presenta robustez, es la más usada en proyectos de desarrollo y presenta una amplia cantidad de documentación de toda la familia de tarjetas Arduino.

La tarjeta Arduino UNO se basa en el microcontrolador ATmega328P. Como se detalló en la *Tabla 1.1.* Principales características de las tarjetas de desarrollo de 8 bits, este microcontrolador posee 14 pines de entrada/salida digital, de los cuales 6 pueden ser utilizados como generadores de señales por modulación por ancho de pulso (PWM), 6 entradas analógicas, conexión USB, conector de alimentación eléctrica.

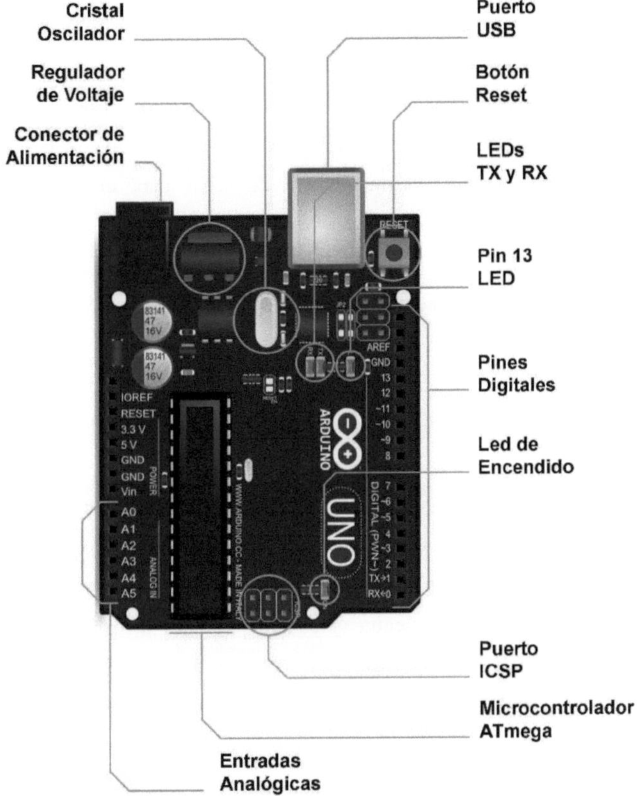

Ilustración 1.4. Elementos de la placa Arduino UNO

La placa Arduino UNO está constituido por diversos elementos que permiten su adecuado funcionamiento, los mismos que son descritos a continuación:

- **Conector de alimentación:** Mediante el conector tipo Jack hembra, se puede conectar una fuente de alimentación de corriente directa para que el Arduino se energice sin la necesidad de que la placa esté conectada al ordenador mediante el puerto USB. La tensión de la fuente de alimentación puede variar entre 7 y 12 Vcc.

- **Regulador de voltaje:** La fuente de alimentación externa energiza a la placa con un voltaje que se encontrarán en el rango entre los 7 y 12 voltios (especificaciones del fabricante). Los reguladores de tensión permitir mantener un nivel de tensión constante de 5Vcc.
- **Cristal oscilador:** Convierte la energía de corriente continua en corriente alterna con una frecuencia determinada, esta señal de pulsos de reloj se utiliza para el funcionamiento de los temporizadores de encendido y perro guardián, asimismo se utiliza como fuente de señal para el funcionamiento y sincronización de todo el microcontrolador.
- **Puerto USB:** Mediante este puerto se puede conectar la placa Arduino con el computador (ordenador), subir el código generado al microcontrolador, acceder al puerto serial, energizar el dispositivo, entre otros, para lo cual es necesario un cable USB tipo AB.
- **Botón reset:** Permite reiniciar la placa Arduino y por lo tanto también el programa que el microcontrolador este ejecutando.
- **LEDs TX y RX:** Permiten el estado de la comunicación entre el ordenador y el Arduino, parpadean una comunicación serial y cuando el código se está cargando a la memoria del microcontrolador.
- **Pin 13 LED:** Se encuentra vinculado al pin 13 del Arduino, actúa como dispositivo de salida (indicador).
- **Pines digitales:** Son pines de entrada y salida de propósito general (GPIO), mediante los cuales se puede remitir información del entorno a la placa mediante el uso de sensores o bien mediante el uso de actuadores realizar el control de procesos.
- **Led de encendido:** Es un LED que emite iluminación de color verde, nos permite conocer cuándo el Arduino está energizado mediante el puerto USB, conector de alimentación o mediante el pin V_{in}.
- **Puerto ICSP**: Mediante el puerto ICSP (In Chip Serial Programmer) se puede cargar al microcontrolador el código generado directamente desde el computador sin usar el puerto USB, para lo cual se requiere un programador externo.
- **Microcontrolador ATmega**: La placa Arduino UNO utiliza un microcontrolador AVR modelo ATmega328P, el cual ejecuta el programa

previamente grabado en su memoria, está compuesto por diversos bloques funcionales que cumplen tareas específicas.

- **Entradas analógicas:** Permite transcribir señales analógicas en señal digital, el Arduino UNO presenta un conversor analógico digital de seis canales con una resolución de 10 bits (valores enteros entre 0 y 1023). Los pines analógicos pueden ser configurados y utilizados como pines digitales.

El microcontrolador ATmega328P incorpora una memoria SRAM de 2KB, memoria EEPROM de 1KB y una memoria Flash de 32KB, la cual es usada para almacenar el código del programa a ser ejecutado, 2KB de la memoria Flash es destinado para almacenar el bootloader.

El bootloader es un programa que ha sido previamente grabado en el microcontrolador de la placa Arduino y permite cargar el código a ser ejecutado sin la necesidad de disponer de elementos de hardware adicional, el bootloader se ejecuta por un pequeño instante de tiempo al encender o al resetear el Arduino y espera que mediante el puerto serial llegue un nuevo programa para ser almacenado en la memoria Flash, caso contrario se ejecuta el programa previamente existente.

1.5. LENGUAJES DE PROGRAMACIÓN

La programación es el proceso de diseñar, codificar, probar, depurar y proteger el código fuente del programa desarrollado, el código fuente es escrito en un lenguaje de programación definido por el programador.

En informática, un lenguaje de programación es un programa consignado a la construcción de otros programas informáticos, el cual comprende un lenguaje formal diseñado para la organización de procesos y algoritmos que serán ejecutados por un computador, sistema informático o sistema embebido (microcontroladores).

Un lenguaje de programación está compuesto por símbolos y reglas sintácticas y semánticas, la cuales se expresan en forma de instrucciones y relaciones lógicas que permiten la construcción del código fuente de una aplicación.

1.5.1. Niveles de lenguaje de programación

De acuerdo a su finalidad y herramientas en las que se usa, podemos describir tres clases de lenguajes de programación:

1.5.1.1. Lenguaje de bajo nivel

La palabra "bajo" pueda usarse para hacer referencia a algo de menor calidad en relación a un estándar, en este estudio, bajo no se relaciona a un aspecto negativo.

El uso de la palabra bajo al denominar un lenguaje de programación no significa que el lenguaje sea inferior a un lenguaje de alto nivel, este término hace refiere a la existencia de una reducida abstracción entre el lenguaje y el hardware. El lenguaje de bajo nivel es dependiente de la máquina, por consiguiente, el código generado no puede ser migrado o utilizado en otras máquinas con distinta configuración de hardware.

- **Lenguaje máquina**

Este tipo de lenguaje se diseñan a medida del hardware, lo que permite que se aproveche al máximo las características del mismo, las instrucciones de un lenguaje de programación de bajo nivel ejercen un control directo sobre el hardware y se condicionan por la estructura física del microcontrolador u ordenador soportado, este lenguaje es el más arcaico de los códigos y se basa en la numeración binaria (0 y 1).

- **Lenguaje ensamblador**

El lenguaje ensamblador o denominado assembler, es un lenguaje de programación de bajo nivel derivado del lenguaje máquina, permite la programación de computadores, microcontroladores, y otros circuitos integrados programables, este lenguaje está constituido por abreviaturas de letras y números, los cuales permiten una representación simbólica de los códigos de máquina. Esta representación es definida por el fabricante del hardware, y se basa en códigos mnemotécnicos que simbolizan las instrucciones a ser ejecutadas.

1.5.1.2. Lenguajes de programación de alto nivel

Un Lenguaje de alto nivel se aproxima más al lenguaje natural humano que al lenguaje binario (lenguaje de bajo nivel), se caracteriza por expresar los algoritmos de una manera adecuada a la capacidad cognitiva del ser humano.

Un lenguaje de alto nivel permite al programador escribir las instrucciones de un programa utilizando palabras o expresiones sintácticas, debido a que el elemento de hardware no posee la capacidad de reconocer estas órdenes, es necesario el uso de un compilador que traduzca dicho lenguaje de alto nivel a un lenguaje de bajo nivel. (Alvaredo et al., 2007)

1.5.2. Software de programación para Arduino

Elegir la herramienta de software para generar nuestro código puede llegar a ser una decisión muy sustancial, ya que como programadores este será el entorno donde generaremos y depuraremos nuestro código.

Se dispone de aplicaciones informáticas como editores de texto y entornos de desarrollo integrado (IDE) que facilitan al programador crear la codificación, depurarla e incluso simularla previo a ser transferida al microcontrolador.

1.5.2.1. Editores de texto

Los editores de texto son programas más simples y compactos que permite la creación y edición de archivos digitales de texto plano, lo cuales están únicamente compuestos por texto sin formato. El editor de texto realiza una lectura del archivo e interpreta los bytes contenidos en base al código de caracteres que usa el editor.

Algunos editores de texto más populares son:

- Sublime Text
- Visual Studio Code
- Notepad++
- TextMate
- Brackets
- CodeShare

1.5.2.2. Entorno de desarrollo integrado (IDE)

Un entorno de desarrollo integrado (IDE, por sus siglas en inglés: Integrated Development Environment), es una aplicación informática que provee varios servicios integrales que facilitan al desarrollador la generación del programa.

Generalmente, un IDE se constituye de un editor de código fuente, herramientas de construcción automáticas, un depurador, e incorporan la opción de autocompletado inteligente de código (IntelliSense). Algunos IDE contienen un compilador y/o un intérprete.

Algunos IDE más populares son:

- Arduino IDE
- Visual Studio
- Eclipse
- Atom y PlatformIO
- Xcode
- NetBeans

El Arduino IDE es el software a ser utilizado en este libro para realizar la codificación y programación de las tarjetas Arduino.

1.5.2.3. Arduino IDE

El entorno de desarrollo integrado (IDE) de Arduino es una aplicación multiplataforma (puede ser ejecutada en Windows, macOS, Linux), este IDE está escrito en el lenguaje de programación Java. El Arduino IDE es utilizado para escribir, compilar y cargar programas en las diversas placas compatibles con Arduino.

El Arduino IDE admite los lenguajes de programación C y C ++, utiliza reglas especiales de estructuración de código, el IDE de Arduino incorpora una biblioteca de software del proyecto Wiring, la cual proporciona diversos procedimientos de Entrada/Salida, el IDE emplea el programa avrdude para generar el archivo de texto plano con la codificación en hexadecimal que se grabada en la memoria del microcontrolador de la placa Arduino.

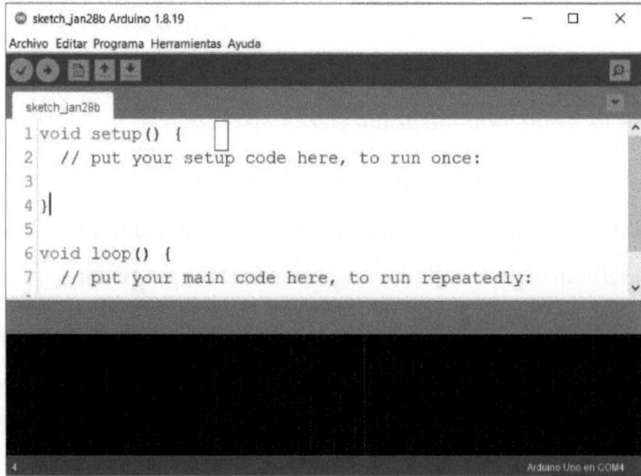

Ilustración 1.5. Entorno de Desarrollo Integrado (IDE) de Arduino

CAPÍTULO II

2.1. DESCARGA DEL IDE DE ARDUINO

Previo a realizar la descarga del software IDE Arduino, es necesario cumplir con los siguientes requisitos:

- Un computador (ordenador) con una conexión a internet.
- El computador debe estar ejecutando un sistema operativo del tipo Windows, Mac o Linux.
- Una placa compatible con el IDE Arduino.
- Cable USB para realizar la conexión de la placa al ordenador.

La descarga se debe realizar desde le sitio oficial de Arduino, dar un *click* en la pestaña Software > Descargas.

Ilustración 2.1. Descarga del IDE Arduino desde el sitio oficial

El procedimiento direcciona a la página oficial del repositorio del software. En la parte derecha de la página se presenta los enlaces de descarga para las diferentes arquitecturas y sistemas operativos.

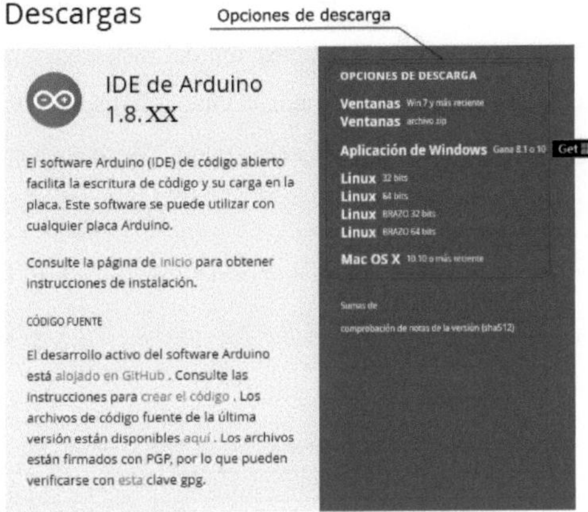

Ilustración 2.2. Opciones de descargas

Para iniciar la descargar del software, dar *click* sobre el enlace que corresponda al sistema operativo que ejecuta el ordenador. Se abre una página que permite realizar una donación previa a la descarga o solo descargar el software.

Ilustración 2.3. Modos de descargas

No es necesario realizar pago alguno para descargar el software, pero contribuir con una donación permitirá la continua mejora del entorno Arduino. Una vez realizado la donación o la selección de "Solo Descargar", el proceso de descarga del software iniciara de manera automática.

Finalizada la descarga, para acceder a la ubicación del instalador, dar un *click* derecho sobre el acceso directo del archivo descargado, el cual está disponible en la parte inferior izquierda del navegador (Google Chrome), seleccionar "Mostrar en carpeta".

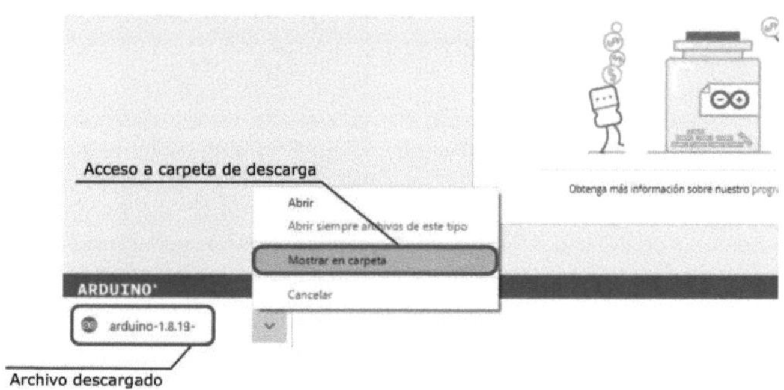

Ilustración 2.4. Acceso a la ubicación del archivo descargado

El archivo descargado se alojará en la carpeta configurada para el efecto, por lo general es la carpeta denominada "Descargas" o "Download".

2.2. INSTALACIÓN DEL IDE DE ARDUINO

Ejecutar como administrador el archivo descargado, este se denomina *arduino-1.x.xx-windows*, donde ***x*** indica la versión del software.

Ilustración 2.5. Acceso a la ubicación del archivo descargado

Al ejecutarse el instalador, se mostrará una ventada detallando el acuerdo de licencia del producto, para continuar con la instalación dar un *click* en el botón "I Agree".

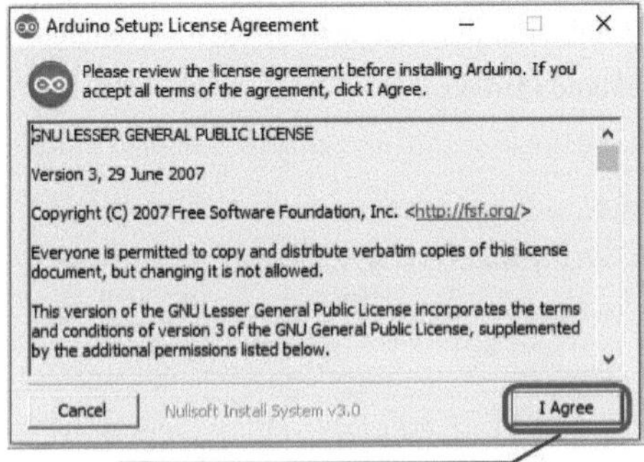

Ilustración 2.6. Términos y condiciones

La ventana de opciones de instalación permite establecer diversos parámetros del IDE de Arduino.

- **Install Arduino software:** instala el software del IDE de Arduino, este componente no puede ser deahabilitado.
- **Install USB Driver:** instala los controladores (drivers) necesarios para que el computador reconozca las tarjetas Arduino.
- **Create Start Menu shortcut:** crea un acceso directo del IDE de Arduino en el menú inicio.
- **Create Desktop shortcut:** crea un acceso directo del IDE de Arduino en el escritorio.
- **Associate .ino files:** asocia archivos de extensión *.ino con el IDE de Arduino, permitiendo que este tipo de archivos sean abiertos automáticamente con el IDE de Arduino

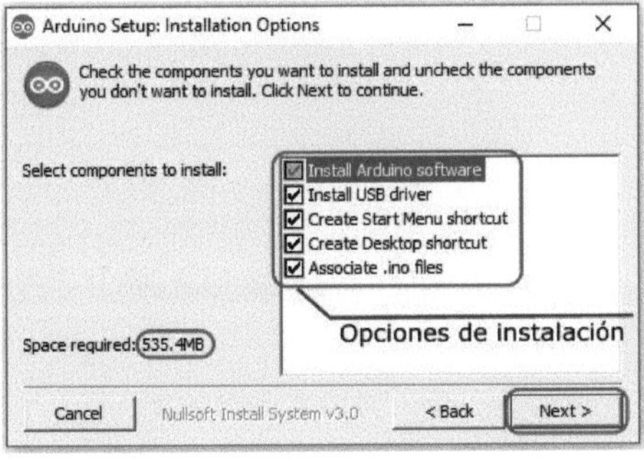

Ilustración 2.7. Opciones de instalación

Para continuar la instalación, dar un *click* en el botón "Next".

La ventana siguiente, permite determinar la ubicación donde será instalado el software, es recomendable no cambiar la ruta predeterminada, para cambiar la ruta de instalación se debe dar *click* en el botón Browse.

Ilustración 2.8. Ruta de instalación

Para iniciar el proceso de instalación, dar *click* sobre el botón "Install"

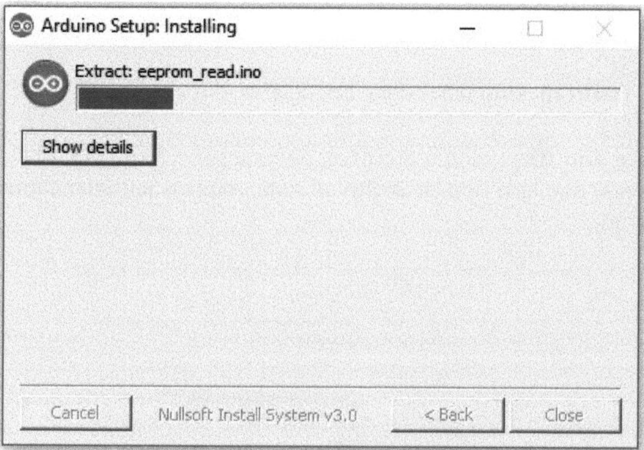

Ilustración 2.9. Proceso de instalación

Dependiendo de la capacidad del computador, la instalación puede tardar varios minutos, durante este proceso es necesario permitir la instalación de los controladores (drivers).

Ilustración 2.10. Instalación de drivers

Una vez que finalizada la instalación del Arduino IDE, sobre la barra de progreso se visualiza el mensaje "Completed" y se habilita el botón "Close", dar un *click* sobre dicho botón para que se cierre el asistente.

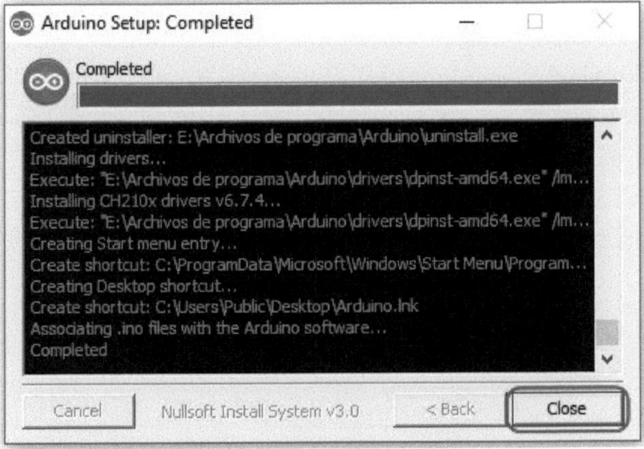

Ilustración 2.11. Finalización de la instalación del Arduino IDE

2.3. PARÁMETROS Y CONFIGURACIÓN DEL ARDUINO IDE

2.3.1. Ejecución del entorno

Finalizado el proceso de instalación es momento de verificar que el Arduino IDE esté funcionando correctamente y realizar cambios a la configuración. Para esto se debe ejecutara el programa mediante el acceso directo ubicado en el escritorio o mediante el menú de inicio de Windows.

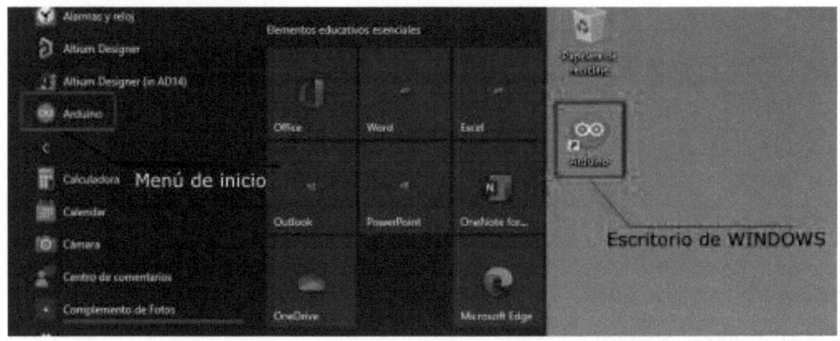

Ilustración 2.12. Formas de ejecutar el software Arduino IDE

Una vez ejecutado el entorno de Arduino, se presenta la ventana de inicio de la aplicación, la imagen de la ventana varia en conformidad de la versión del IDE de Arduino, durante la redacción de este libro estaba disponible la versión 1.8.19.

Ilustración 2.13. Ventana de inicio del Arduino IDE

La ilustración siguiente muestra el entorno de desarrollo integrado de Arduino, en el cual se puede escribir las instrucciones a ser grabadas en una determina tarjeta electrónica compatible con Arduino, el entorno está compuesto por diversas funciones que se detalla a continuación.

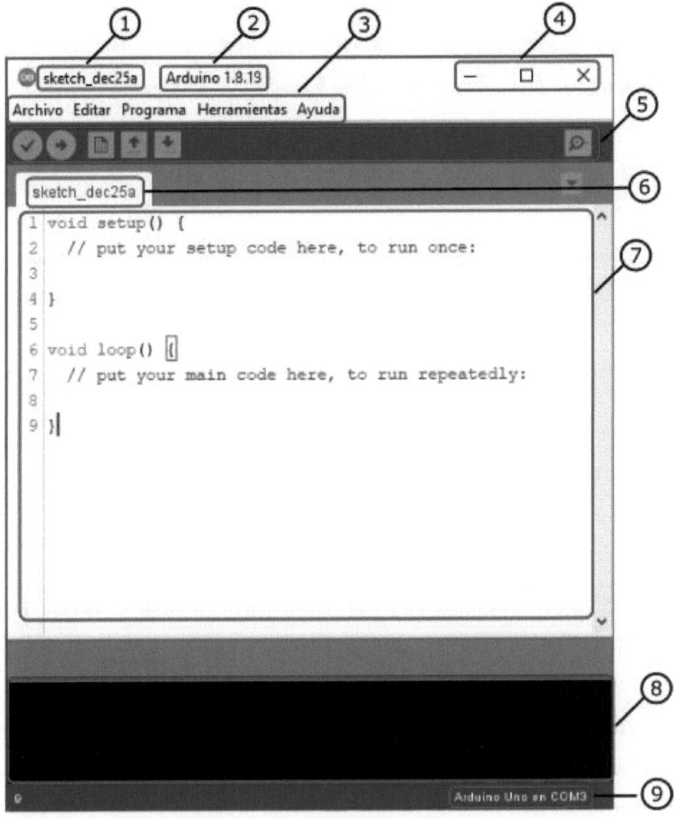

Ilustración 2.14. Entorno de desarrollo integrado Arduino

1. **Nombre del programa:** Detalla el nombre del programa, el cual fue nombrado por parte del usuario.
2. **Versión del IDE:** Detalla la versión del software del Arduino IDE que está en ejecución.
3. **Barra de menús:** Presenta las opciones o herramientas del software.

4. **Botones de control:** Respectivamente permite minimiza, maximiza o cerrar la aplicación.
5. **Botones de acceso rápido:** Permite acceder de manera rápida a las funciones más utilizadas por el usuario, las cuales vienen previamente definidas.

   Verificar: Posterior a escribir un programa es recomendable y necesario revisar posibles errores sintéticos en la codificación, el botón de verificar permite una compilación completa del código y determine si presenta errores. En el caso de la existencia de errores son mostrados al usuario en la consola de notificaciones.

   Subir: Una vez que el programa este escrito y corregido sintácticamente, este botón permite cargar el código al microcontrolador de la tarjeta Arduino.

   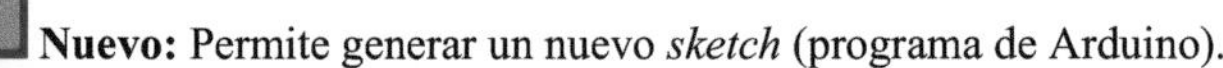

   Nuevo: Permite generar un nuevo *sketch* (programa de Arduino).

   Abrir: Abre una ventana de diálogo mediante la cual se puede abrir los ejemplos y librerías que por defecto incorpora Arduino.

   Salvar: Permite guardar el *sketch* actual en el directorio que el usuario escoja. Por defecto el *sketch* se guardará en el directorio Documentos/Arduino, el directorio puede variar dependiendo del sistema operativo del ordenador.
6. **Nombre del programa:** Detalla el nombre del programa, el cual fue nombrado por parte del usuario.
7. **Editor de texto:** Permite crear o modificar el programa para tarjetas compatibles con Arduino.
8. **Consola de notificaciones:** Presenta al usuario notificaciones de errores, advertencias, uso de memoria del microcontrolador, entre otros.
9. **Indicador de puerto:** Identifica el puerto serial que está usando el software y la placa electrónica para la cual se está construyendo el código.

2.3.2. Preferencias del IDE de Arduino

Varias distinciones del IDE de Arduino pueden ser modificadas desde el cuadro de diálogo *Preferencias* dentro del entorno, el cual puede ser accedido desde el menú Archivo.

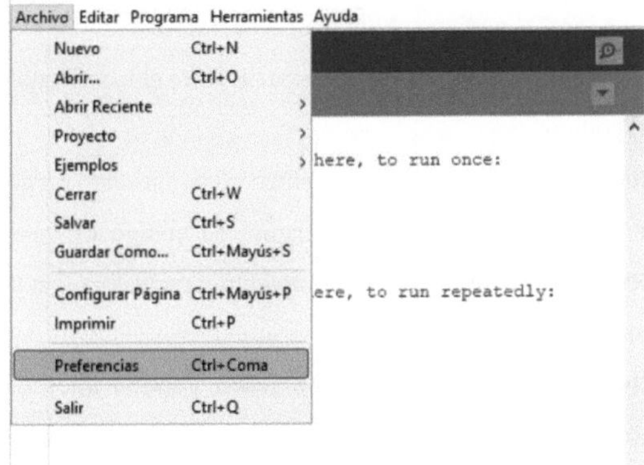

Ilustración 2.15. Preferencias del IDE de Arduino

Mediante la ventana *Preferencias,* pestaña *Ajustes,* se puede configurar:

- **Localización de proyecto:** Permite cambiar el directorio por defecto del IDE de Arduino utilizado para el guardado de los proyectos.
- **Editor de idioma:** Selecciona el idioma de la interface del IDE de Arduino, existe una diversidad de idiomas que pueden ser seleccionados.
- **Editor de Tamaño de Fuente:** Modifica el tamaño de la fuente del editor de texto.
- **Escala Interfaz:** Varia la escala de todos los componentes de la interfaz.
- **Tema:** Permite cambiar el tema a la interfase de usuario, los mismos que pueden ser descargados de diversas fuentes disponibles en la web.
- **Mostrar salida detallada mientras "Compilación":** Al activarse esta opción, mientras se compila el programa se detalla información del proceso en la consola de notificaciones.
- **Mostrar salida detallada mientras "Subir":** Al activarse esta opción, se detalla información del proceso en la consola de notificaciones mientras se sube el programa a una tarjeta compatible con Arduino.

- **Mostrar número de línea:** Visualiza el número de línea en el *Editor de Texto*, es muy útil para realizar depuración de errores, advertencias del código y conocer el tamaño del código.
- **Verificar código después de subir:** Posterior a subir el código a una tarjeta compatible con Arduino, se realiza una comprobación entre el código compilado en el ordenador y el código subido al microcontrolador.
- **Habilitar Plegado Código:** Crea un espacio entre el lado izquierdo del *Editor de Texto* y el código.
- **Usar editor externo:** Permite crear o editar código usando herramientas externas.
- **Guardar cuando se verifique o cargue:** El código es guardado de manera automática cuando el programa es compilado o cargado a una tarjeta compatible con Arduino.
- **Gestor de URLs Adicionales de Tarjetas:** Permite que el IDE de Arduino importe el soporte para tarjetas de terceros (Tarjetas no desarrolladas por la empresa Arduino).

2.3.3. Menú - "Programa" del IDE de Arduino

En la opción "*Programa*" de la barra de menús, se agrupan diversas acciones relacionadas al proyecto.

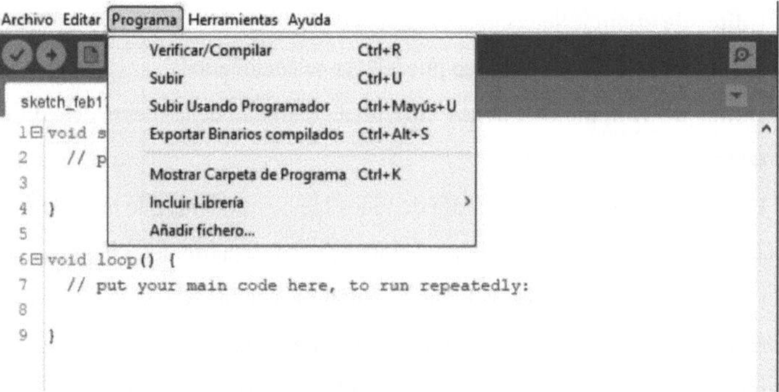

Ilustración 2.16. Menú/Programa del IDE de Arduino

- **Verificar/Compilar:** verifica que la sintaxis de código escrito sea correcta y realiza la compilación, la cual traduce las instrucciones escritas a lenguaje máquina. En la consola de salida se muestra el uso de memoria del *sketch*. Esta acción puede ser ejecuta mediante el atajo de teclado **Ctrl + R**.

- **Subir:** Carga el código generado a la tarjeta Arduino. Esta acción puede ser ejecuta mediante el atajo de teclado **Ctrl + U**.
- **Subir Usando Programador:** El código puede ser subido a un microcontrolador compatible con las tarjetas Arduino mediante el uso de un programador externo, sin la necesidad de que el bootloader este cargado previamente en el microcontrolador. Esta acción puede ser ejecuta mediante el atajo de teclado **Ctrl + Mayús + U**.
- **Exportar Binarios compilados:** Guarda el código máquina generado al compilar el *sketch*, este tipo de archivo presenta una extensión *.hex, puede ser abierto con programas de edición de texto. Esta acción puede ser ejecuta mediante el atajo de teclado **Ctrl + Alt + U**.
- **Mostrar Carpeta de Programa:** Abre la carpeta donde esta guardado el *sketch* y archivos generados. Esta acción puede ser ejecuta mediante el atajo de teclado **Ctrl + K**.
- **Incluir librería:** Permite acceder al administrador de bibliotecas del IDE de Arduino, esta opción será analizada posteriormente en la sección Administrador de Bibliotecas.
- **Añadir fichero:** Permite agregar un archivo al proyecto, el cual será copiado en la carpeta "data" ubicado en el directorio donde fue guardado el *sketch*.

2.3.4. Menú – "Herramientas" del IDE de Arduino

En la opción "*Herramientas*" de la barra de menús se encuentra diversas herramientas que proporcionan diversos tipos de operaciones:

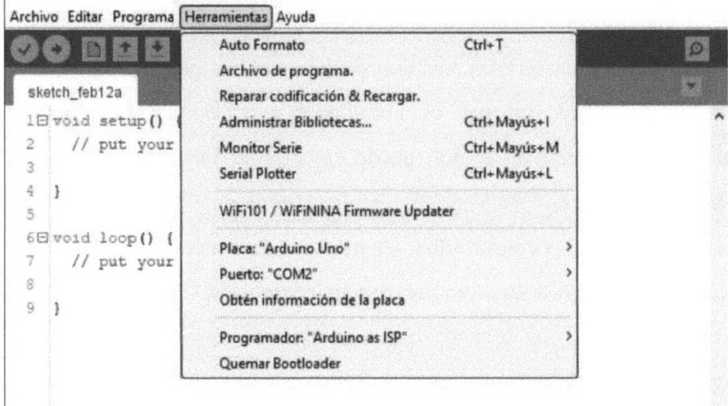

Ilustración 2.17. Menú/Herramientas del IDE de Arduino

- **Auto Formato:** Cambia el aspecto del código en base a una serie de formatos predefinidos, modifica la indentación, posición de paréntesis, llaves, corchetes, etc. Esta acción puede ser ejecuta mediante el atajo de teclado **Ctrl + T**.
  La indentación es un factor de suma importancia en los lenguajes de programación, ya que facilita al programador la comprensión del código, corrección de errores y la corrección de la lógica del programa.
- **Archivo de programa:** Comprime todos los ficheros del proyecto y genera un archivo con extensión *.zip, el archivo puede ser almacenado en el directorio definido por el usuario, por defecto se direcciona a la ubicación del proyecto.
- **Reparar codificación & Recargar:** Posibilita reparar el código desde el instante de su apertura o desde su ultimo guardado si este no funciona correctamente.
- **Administrar Bibliotecas:** Permite acceder al administrador de bibliotecas del IDE de Arduino, esta opción será analizada posteriormente. Esta acción puede ser ejecuta mediante el atajo de teclado **Ctrl + Mayús + I**.
- **Monitor Serie:** Abre la ventana del monitor serial, el cual es una utilidad integrada en el IDE de Arduino que permite la transmisión y monitoreo de recepción de datos a través del puerto serie. Esta opción se habilita siempre que en el IDE de Arduino se seleccione un puerto serial. El monitor serie puede ser

ejecuta mediante el atajo de teclado **Ctrl + Mayús + M**. Esta utilidad será analizada con detalle posteriormente.

- **Serial Plotter:** Abre una ventana en la cual se puede visualizar de manera gráfica variables o constantes numéricas que son recibidas por el puerto serial del Arduino. El Serial Plotter puede ser ejecuta mediante el atajo de teclado **Ctrl + Mayús + L**.
- **Placa:** Visualiza la lista de placas Arduino que el Entorno de Desarrollo Integrado soporta, permite seleccionar la tarjeta con la cual se va a trabajar.
- **Puerto:** Permite la selección del puerto serial del dispositivo Arduino que se este utilizando, si es puerto no es seleccionado correctamente no se podrá cargar el programa a la tarjeta.
- **Programador:** Muestra el listado de programadores externos que soporta el IDE de Arduino, con los cuales se puede cargar el programa generado a una tarjeta Arduino o a una tarjeta que presente un microcontrolador compatible con Arduino.
- **Quemar Bootloader:** Permite quemar el bootloader a una placa Arduino en caso que se haya corrompido o exista una nueva versión, este bootloader puede ser cargado a tarjetas electrónicas de terceros que dispongan de microcontroladores compatibles con Arduino.

  Un bootloader es un pequeño programa grabado previamente en un microcontrolador, el cual permite cargar código sin la necesidad de un programador externo o de hardware adicional. El bootloader se activa por varios segundos al encenderse el microcontrolador, posteriormente se ejecuta el *sketch* generado y almacenado en la memoria flash del Arduino.

2.4. MONITOR SERIE

El monitor serie es una herramienta del IDE de Arduino que permite la comunicación bidireccional entre la tarjeta Arduino y el computador, dicha comunicación se realiza mediante un cable USB.

Para realizar la conexión mediante puerto serie es necesario seleccionar el puerto al cual la tarjeta Arduino se encuentra conectado, es el mismo puerto que se emplea para cargar el sketch a la tarjeta. El puerto se seleccionar mediante la opción **Herramientas/ Puerto** de la barra de menú.

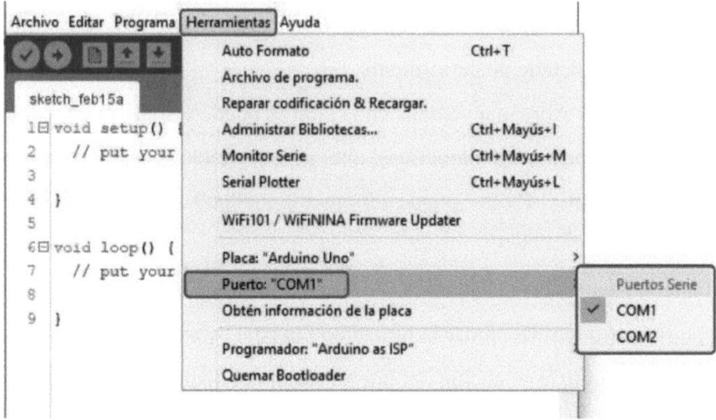

Ilustración 2.18. Selección puerto serie

Al monitor serie se acceder mediante el menú del IDE de Arduino **Herramientas/ Monitor Serie** o hacer *click* en el icono de botón **Monitor serie** de la barra de acceso directo. También se lo puede abrir con la combinación de teclas **Ctrl+Shift+M**.

La ilustración siguiente muestra las zonas que forman parte el *Monitor Serie.*

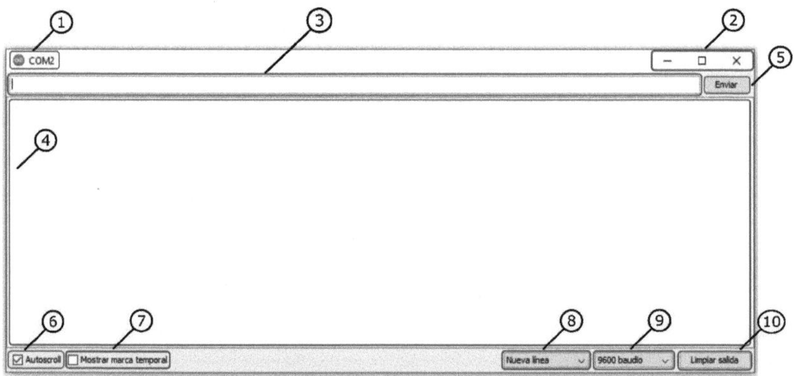

Ilustración 2.19. Monitor Serie

1. **Nombre del puerto serial:** Detalla el nombre del puerto serial con el cual está interactuando el monitor serie.
2. **Botones de control:** Respectivamente permite minimiza, maximiza o cerrar la aplicación.
3. **Zona de envío de información:** El cuadro de texto permite crear una trama de datos para posterior envío hacia el Arduino.

Una trama de datos es una serie sucesiva de bits que transporta información.

4. **Zona de recepción de información:** El cuadro de texto permite visualizar la serie de datos que el Arduino emite, estos datos pueden ser información proveniente de sensores, mensajes, entre otros.
5. **Botón de envío:** Envía a la tarjeta Arduino la trama de datos presente en la zona de envío de información, una vez enviada la información, el cuadro de texto es borrada.
6. **Autoscroll:** Cuando es habilitado el *Autoscroll, e*l contenido que se recibe mediante el puerto serial es visualizado en una nueva línea. Si esta opción no esta habilitada, la información recibida se presenta de forma continua (toda la información en una sola línea).
7. **Mostrar marca temporal:** Añade una marca de tiempo a los datos seriales que han sido recibidos.
8. **Caracteres de control:** Permite añadir código ASCII a la trama de datos cada vez que se presione el *botón de envío*. Entre las opciones se tiene:

   Sin ajuste de línea: No añade código alguno a la trama de datos, envía la trama original.

   Nueva línea: Añade el código de *Line Feed* a la trama de datos, este código realiza un salto de línea en el monitor serial.

   Retorno de carro: Coloca el curso a la primera posición de una línea nueva (*Carriage Return*), añade el código correspondiente a la tecla Enter (Intro).

   Ambos NL & CR: Añade el código de *Line Feed* y *Carriage Return* a la trama de datos.
9. **Baud rate:** Especifica la velocidad a la cual se transmitirá y se recibirá los datos por el puerto serial, la velocidad está dado en baudios. La información correspondiente será ampliada en la sección Puerto Serial.

2.5. ADMINISTRADOR DE BIBLIOTECAS

En esta sección se dará a conocer qué es una librería de Arduino, cómo instalarla y la manera de utilizarlas.

2.5.1. Librería en programación

Una librería es un código desarrollado por el fabricante del elemento electrónico o por terceros, que al ser incorporado a nuestro programa provee de nuevas funcionalidades. Esto facilita la programación y permite la abstracción del código, permitiendo que el programa desarrollado sea más sencillo de realizar y de entender.

Las librerías de Arduino se clasifican en dos tipos: *librerías estándar* y *librerías no estándar*. El primer tipo de librerías son desarrolladas por el equipo de Arduino, mientras que el segundo tipo de librerías son desarrolladas por terceros (no desarrolladas por el equipo de Arduino).

2.5.1.1. Librerías estándar de Arduino

Las librerías estándar vienen preinstaladas en el entorno de desarrollo integrado de Arduino. En la página oficial de Arduino se puede identificar cuales con estas librerías.

HARDWARE SOFTWARE DOCUMENTATION COMMUNITY BLOG ABOUT

Standard Libraries

- EEPROM - reading and writing to "permanent" storage
- Ethernet - for connecting to the internet using the Arduino Ethernet Shield, Arduino Ethernet Shield 2 and Arduino Leonardo ETH
- Firmata - for communicating with applications on the computer using a standard serial protocol.
- GSM - for connecting to a GSM/GRPS network with the GSM shield.
- LiquidCrystal - for controlling liquid crystal displays (LCDs)
- SD - for reading and writing SD cards
- Servo - for controlling servo motors
- SPI - for communicating with devices using the Serial Peripheral Interface (SPI) Bus
- SoftwareSerial - for serial communication on any digital pins. Version 1.0 and later of Arduino incorporate Mikal Hart's NewSoftSerial library as SoftwareSerial.
- Stepper - for controlling stepper motors
- TFT - for drawing text , images, and shapes on the Arduino TFT screen
- WiFi - for connecting to the internet using the Arduino WiFi shield
- Wire - Two Wire Interface (TWI/I2C) for sending and receiving data over a net of devices or sensors.

Ilustración 2.20. Librerías estándar de Arduino

Si se accede al documento de cada librería, se puede leer una descripción de la misma, compatibilidad, versiones, ejemplos, entre otros (esta información varía de acuerdo a la librería).

Para verificar las librerías estándar instaladas, se debe acceder al IDE de Arduino y en la opción menú **Programa/ Incluir Librería.**

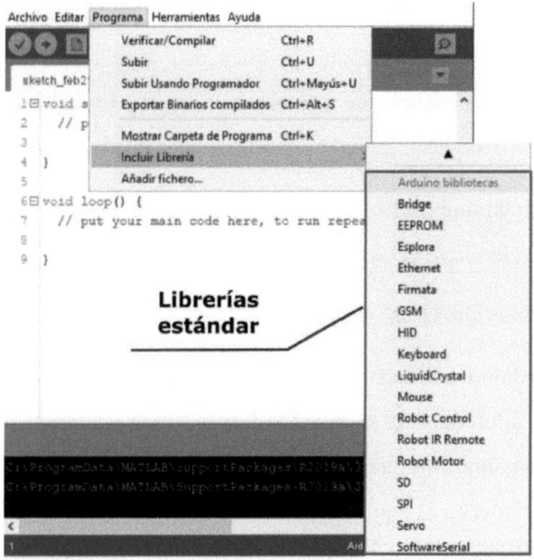

Ilustración 2.21. Librerías estándar preinstaladas en el IDE de Arduino

Para utilizar una de las librerías preinstaladas, se debe seleccionar la librería o las librerías necesarias de la lista desplegada, este proceso inserta una línea de código en la parte superior del *sketch.* Para este ejemplo, se ha seleccionado la librería para el manejo de pantallas de cristal líquido "LiquidCrystal.h" y memoria del tipo EEPROM "EEPROM.h".

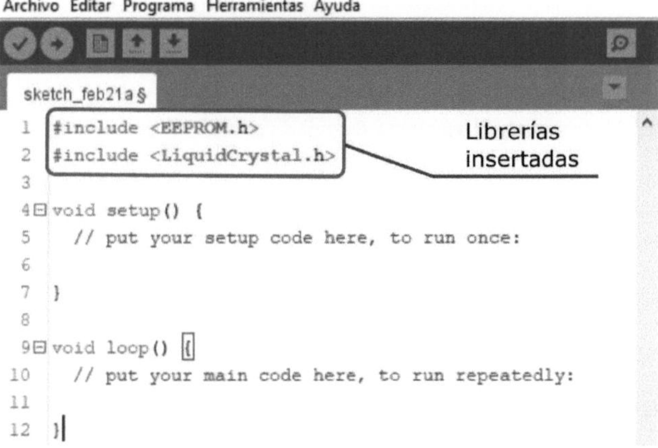

Ilustración 2.22. Librerías estándar preinstaladas insertadas en el IDE de Arduino

La línea uno hace referencia que ha incluido (*#include*) la librería de manejo de memorias EEPROM (EEPROM.h), mientras que la línea dos hace referencia que ha incluido (*#include*) la librería de manejo de pantallas de cristal líquido (LiquidCrystal.h), el nombre de la librería debe estar entre el símbolo menor que (<) y mayor que (>).

Las librerías pueden también ser incluidas en el código de manera manual, para aquello, se debe acudir a la referencia del lenguaje de Arduino.

2.5.1.2. Librerías no estándar de Arduino

Una librería de Arduino no estándar cumple las mismas funciones que una librería estándar, lo que las diferencias es su creador. Las librerías estándar son desarrolladas por el equipo de Arduino, mientras que las librerías no estándar son desarrolladas por terceras personas que no pertenecen al equipo de Arduino.

La referencia del funcionamiento de diversas librerías no estándar puede ser encontradas en la sección *Contributed Libraries* en la página oficial de Arduino.

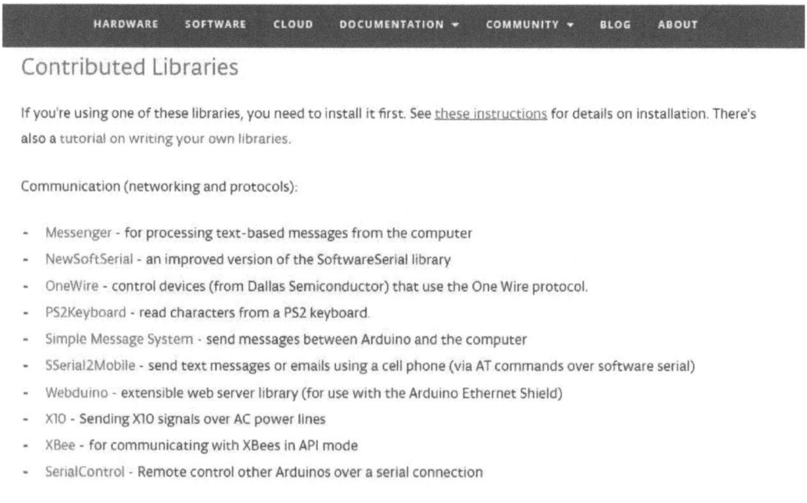

HARDWARE SOFTWARE CLOUD DOCUMENTATION ▾ COMMUNITY ▾ BLOG ABOUT

Contributed Libraries

If you're using one of these libraries, you need to install it first. See these instructions for details on installation. There's also a tutorial on writing your own libraries.

Communication (networking and protocols):

- Messenger - for processing text-based messages from the computer
- NewSoftSerial - an improved version of the SoftwareSerial library
- OneWire - control devices (from Dallas Semiconductor) that use the One Wire protocol.
- PS2Keyboard - read characters from a PS2 keyboard.
- Simple Message System - send messages between Arduino and the computer
- SSerial2Mobile - send text messages or emails using a cell phone (via AT commands over software serial)
- Webduino - extensible web server library (for use with the Arduino Ethernet Shield)
- X10 - Sending X10 signals over AC power lines
- XBee - for communicating with XBees in API mode
- SerialControl - Remote control other Arduinos over a serial connection

Ilustración 2.23. Librerías no estándar de Arduino

En esta página se detalla una gran cantidad de librerías de Arduino que permiten el fácil control de diversos componentes de hardware, librerías para ejecutar diversos cálculos matemáticos, geométricos, conversiones, entre otras.

En el listado anterior, no están disponibles muchas librerías no estándar que pueden ser útiles para el proyecto que se desee realizar. Mediante el uso de un navegador web se puede realizar la búsqueda de librerías para cualquier elemento de hardware (shield / escudos) compatible con tarjetas Arduino.

Existe diversos repositorios donde se puede realizar una búsqueda centralizada de librerías no estándar para Arduino, entre las más comunes:

- Playground Arduino
- Repositorio de GitHub

2.5.1.3. Estructura de una librería de Arduino

Una librería de Arduino está constituida básicamente por dos archivos (Se analizará la librería para el manejo y adquisición de temperatura a partir del circuito integrado MAX6675).

El primer archivo contiene las definiciones de las funciones y presenta una extensión **.cpp*, el cual hace referencia a una codificación en C++ (C plus plus).

El segundo archivo contiene las definiciones de la librería, las cuales son básicamente un listado de todo el contenido existente en la librería, presenta una extensión **.h*,

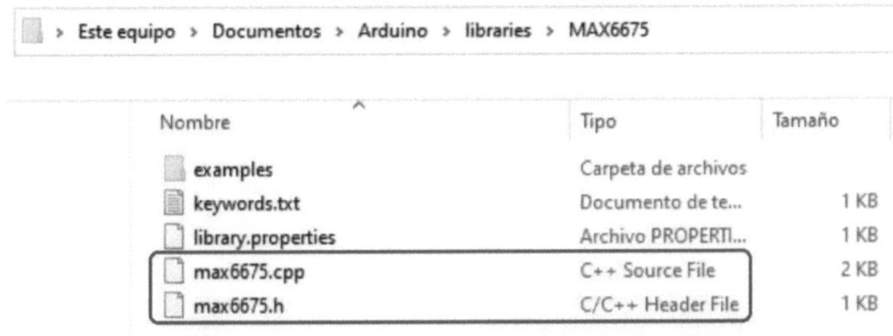

Ilustración 2.24. Estructura de una librería de Arduino

Por lo general, las librerías de Arduino incorporan diversos ejemplos que permiten mostrar cómo se debe utilizar la librería, estos ejemplos suelen estar disponibles dentro de una carpera denominada *examples* (ejemplos).

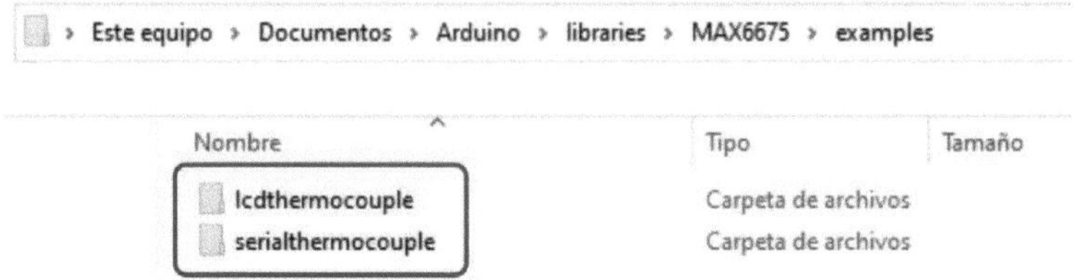

Ilustración 2.25. Código ejemplo de una librería de Arduino

Si se ingresa a una de las carpetas de los ejemplos, se podrá abrir el programa modelo mediante el IDE de Arduino, para lo cual se debe ejecutar el archivo con extensión **.ino.*

Mediante el IDE de Arduino se tiene acceso a todos los ejemplos que incluyen en las librerías instaladas, para lo cual debemos ir al menú **Archivo /Ejemplos/**.

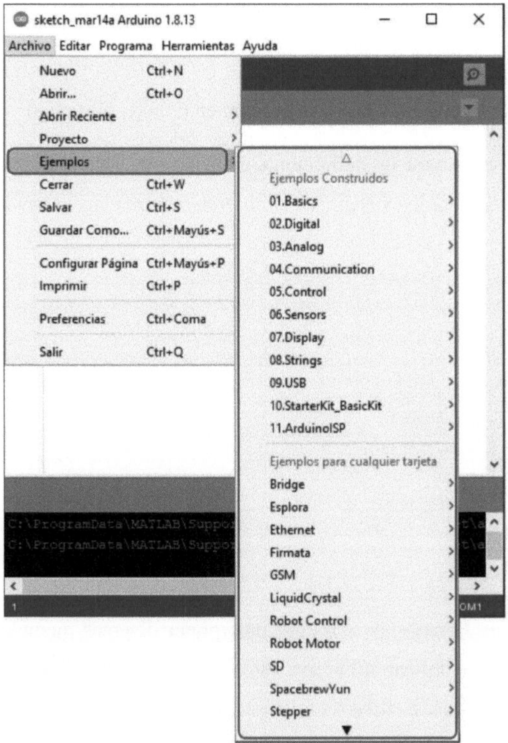

Ilustración 2.26. Ejemplos de las librerías Arduino

2.5.1.4. Instalación de librerías no estándar de Arduino

En el IDE de Arduino las librerías no estándar no vienen preinstaladas, el desarrollador las debe instalar para ser usadas.

Para identificar la ruta donde deben ser instaladas las librerías no estándar, se debe acceder al menú, **Archivo /Preferencias** de IDE de Arduino.

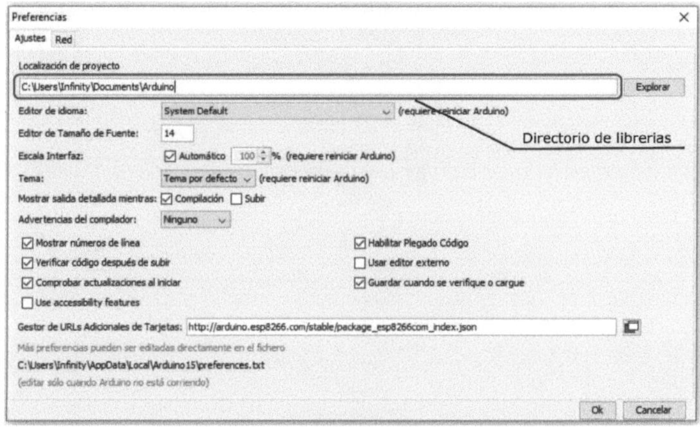

Ilustración 2.27. Directorio de las librerías Arduino

La opción *Localización de proyecto* muestra el directorio donde deberán ser instaladas las librerías no estándar, además este directorio almacena las diferentes librerías instaladas mediante el *Gestor de Librerías.*

- ***Instalación de librerías: método manual***

En sistemas operativos Windows, las librerías se instalan por defecto en la dirección: *Documents\Arduino\libraries.*

Muchas de las librerías desarrolladas por terceros están disponibles en diversas páginas web, estos archivos regularmente son descargados a nuestro computador en un formato del tipo *.zip.

Para instalar una librería no estándar en Arduino, se debe realizar el siguiente procedimiento:

1. Una vez finalizada la descarga de la librería, esta debe ser descomprimida, para lo cual se utiliza un software de descompresión de datos, se recomienda tener previamente instalado el software WinRar.

   Para descomprimir la librería, dar *click* sobre el archivo descargado con el botón secundario del mouse, al desplegarse el menú, seleccionar la opción *Extraer aquí.*

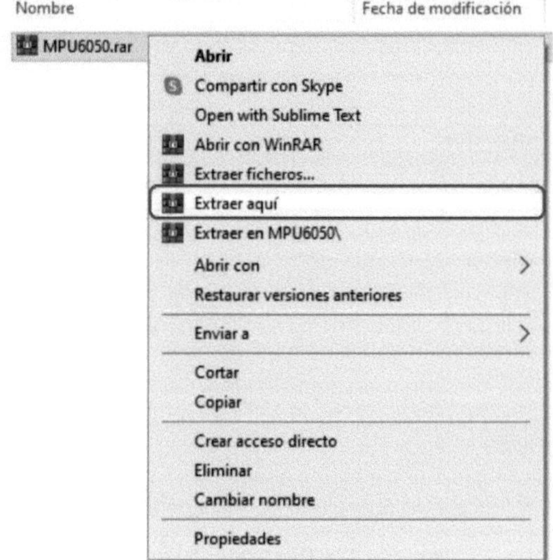

Ilustración 2.28. Descomprimir librería descargada

2. En un sistema operativo Windows, la carpeta descomprimida debe ser copiada al directorio ***Documents\Arduino\libraries***.

Ilustración 2.29. Carpeta copiada en el directorio de librerías de Arduino

La carpera de la nueva librería copiada debe contener los archivos *.cpp y *.h, estos archivos no deben estar dentro de una subcarpeta ya que el IDE de Arduino no reconocerá la librería.

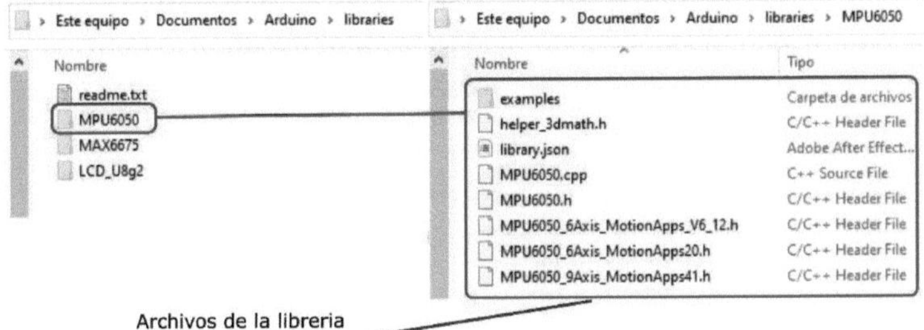

Ilustración 2.30. Archivos que constituyen la librería

3. Iniciar el Entorno de Desarrollo Integrado de Arduino: durante el proceso de inicialización el IDE de Arduino actualizar la base de datos de las librerías presentes en su directorio. Si el proceso de instalación manual de la librería se realizó con éxito, la librería podrá ser incluida al código mediante el menú *Programa/ Incluir Librería/,*

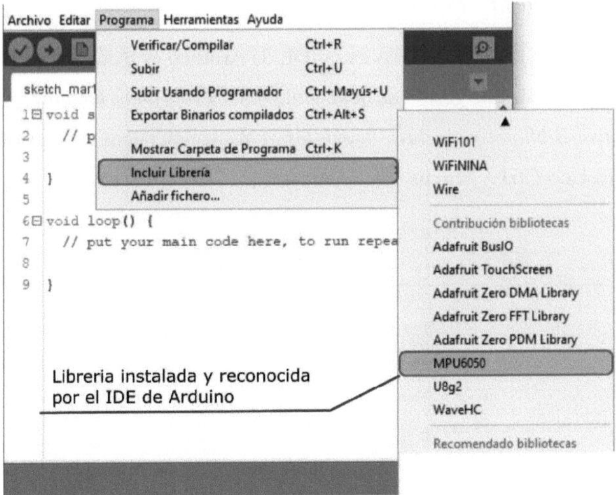

Ilustración 2.31. Librería instalada y reconocida por el IDE de Arduino.

Mientras que los ejemplos incorporados en la librería pueden ser abiertos mediante el menú *Archivo /Ejemplos/.*

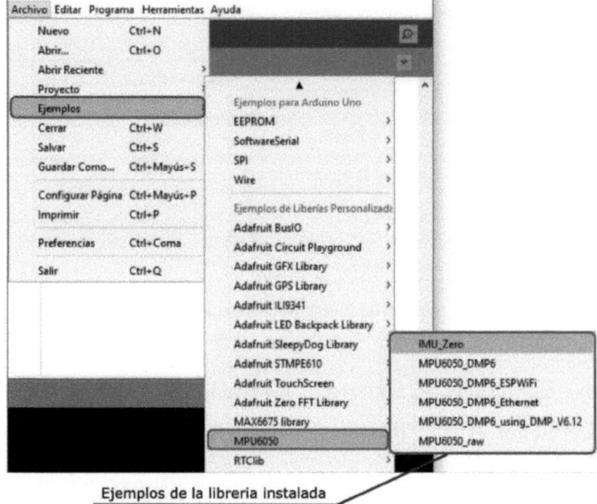

Ilustración 2.32. Ejemplos de la librería instalada.

- ***Instalación de librerías: Gestor de librerías***

Otro método para instalar librerías en el IDE de Arduino es mediante el *Gestor de librerías*, para abrir este gestor, se debe ir al menú, *Programa/ Incluir Librería /Administrar Bibliotecas Archivo /Ejemplos/.* Esta acción puede ser ejecuta mediante el atajo de teclado **Ctrl + Mayus + I**.

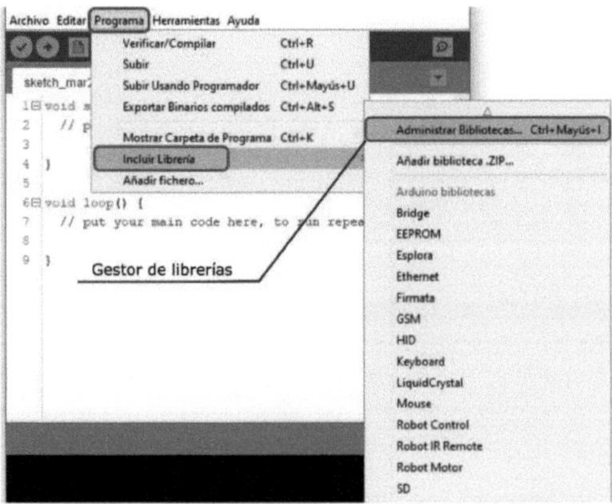

Ilustración 2.33. Gestor de librerías IDE Arduino.

Este proceso abre una nueva ventana, la cual permite buscar e instalar diversas librerías no estándar que han sido verificadas y aprobadas por Arduino.

La ilustración siguiente muestra las funciones y filtros de búsqueda que presenta al usuario el gestor de librerías.

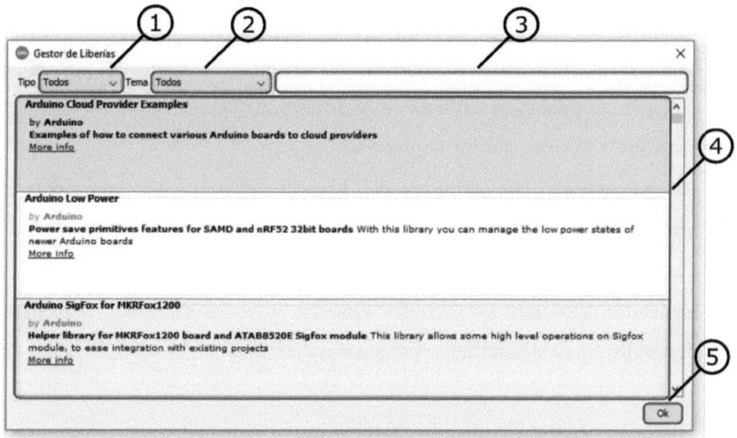

Ilustración 2.34. Funciones y filtros del gestor de librerías.

1. **Filtrar por tipo:** Permite realizar la búsqueda de librerías que se encuentran clasificadas según características definidas.

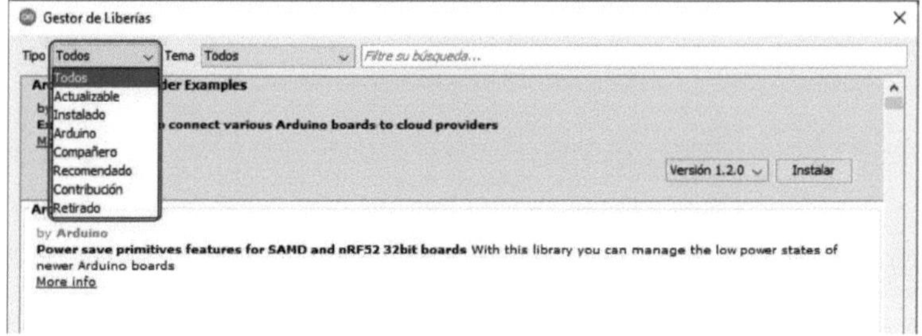

Ilustración 2.35. Filtrado de librerías por tipo

A continuación de describe los tipos de filtros disponibles

- **Todos:** Muestra el listado de todas las librerías disponibles que pueden ser instaladas en el IDE de Arduino.

- **Actualizable:** Visualiza las librerías que dispone de una nueva versión y puede ser actualizada.
- **Instalado:** Muestra las librerías que se encuentran instaladas en el entorno de desarrollo integrado de Arduino.
- **Arduino:** Presenta el listado de las librerías estándar instaladas en el entorno de Arduino.
- **Compañero:** Visualiza las librerías no estándar desarrolladas por empresas asociadas o afiliadas a Arduino como Microsoft, SmartEverything que proveen servicios y soporte para sus tarjetas electrónicas.
- **Recomendado:** Lista librerías del tipo no estándar que son revisadas y recomendadas por Arduino.
- **Contribución:** Muestra librerías no estándar desarrollados por terceros.
- **Retirado:** Visualiza las librerías estándar o no estándar que no siguen en desarrollo o han sido retiradas por sus desarrolladores.

2. **Filtrar por tema:** Clasifica las librerías según su temática, esta sección dispone de once (11) categorías: *Todos, Comunicación, Procesando Datos, Datos Almacenados, Control de Dispositivos, Pantalla, Otro, Sensores, Señal Entrada/Salida, Temporización, Sin categoría.*

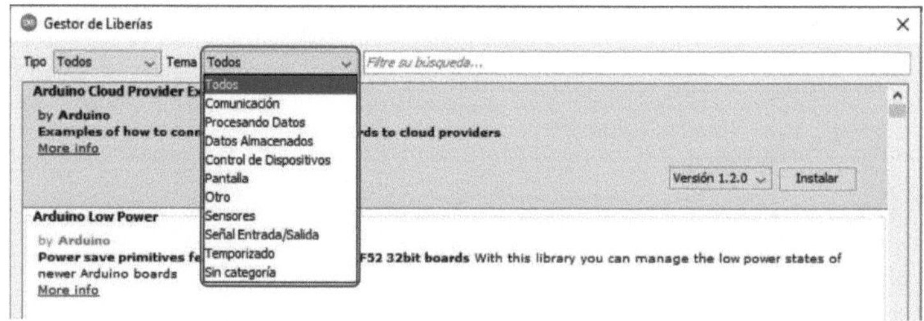

Ilustración 2.36. Filtrado de librerías por tema

3. **Filtrar por palabra:** Permite realizar la búsqueda de librerías en base a una o varias palabras, el *Gestor de Librerías* filtra las librerías que presentan coincidencia con la palabra clave ingresada.

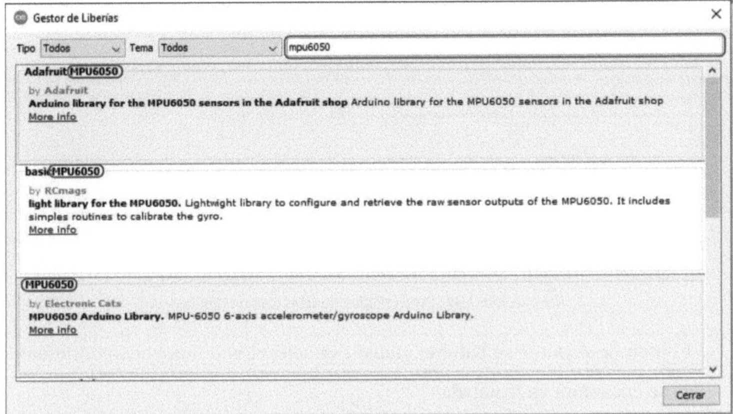

Ilustración 2.37. Filtrado de librerías por palabra

4. **Listado de librerías:** En esta sección se visualiza el listado de las librerías que corresponden al filtro aplicado. Según el estado de la librería se mostrará si esta se encuentra: *instalada, sin instalar o pendiente de actualización.*

- Una librería que no se encuentra instalada sólo permite realizar la acción de iniciar el proceso para su instalación. Al realizar un *click* sobre una librería en este estado, se visualiza un selector que permiten elegir la versión de la librería y un botón que permite su instalación. Se recomienda seleccionar la ultima versión de la biblioteca disponible.

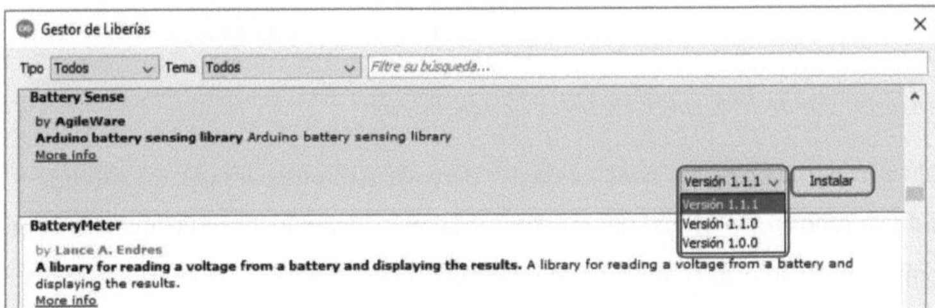

Ilustración 2.38. Propiedades de librerías no instaladas

- Una librería instalada únicamente permite realizar el cambio de la versión, al hacer *click* sobre una librería en este estado, se muestra en la parte izquierda las opciones para seleccionar e instalar la nueva versión. Además, mediante un texto se indica que la librería está instalada.

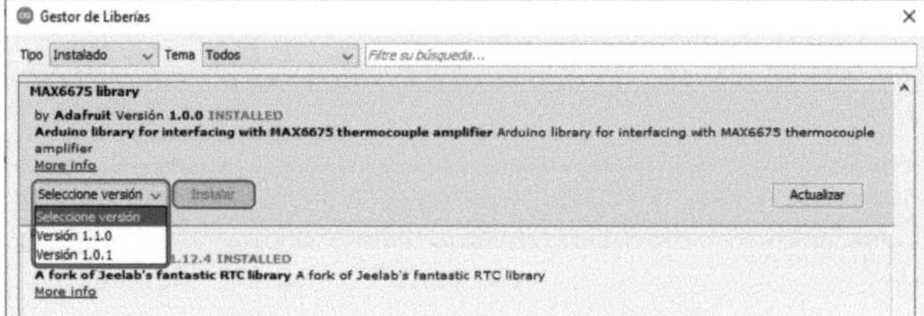

Ilustración 2.39. Propiedades de librerías instaladas

El botón de *Instalar* se habilita cuando se seleccionar una versión diferente a la que se encuentra ya instalada.

- Al existir una nueva versión disponible de una librería instalada, en la parte derecha inferior se muestra un botón denominado *Actualizar*.

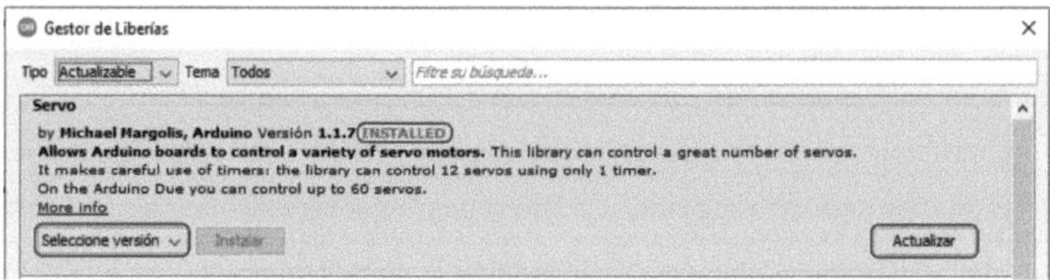

Ilustración 2.40. Propiedades de librerías actualizables

5. **Botón Cerrar:** Finalizado el proceso de gestión de las librerías, para cerrar la ventana del asistente, se debe hacer *click* en el botón de *Cerrar*.

- ***Instalación de librerías: Archivos comprimidos***

Debido a la estricta política establecida por parte de Arduino para que una librería forme parte de su repositorio oficial, en muchas ocasiones, diversas librerías no se encuentran disponibles para su instalación en dicho repositorio.

En este caso, las librerías pueden ser instaladas de mediante un archivo comprimido (*.zip) o de forma manual. En esta sección se explica la manera correcta de instalar una librería a través de un archivo (*.zip) mediante el IDE de Arduino.

Nota: GitHub es uno de los repositorios en los cuales se pueden descargar diversas librerías para Arduino, su descarga es gratuita.

Una vez definida la librería no estándar del tipo archivo comprimido (*.zip) a ser utilizada en el proyecto, la descarga se realiza mediante el botón *Code* y posterior un *click* en *Download ZIP*.

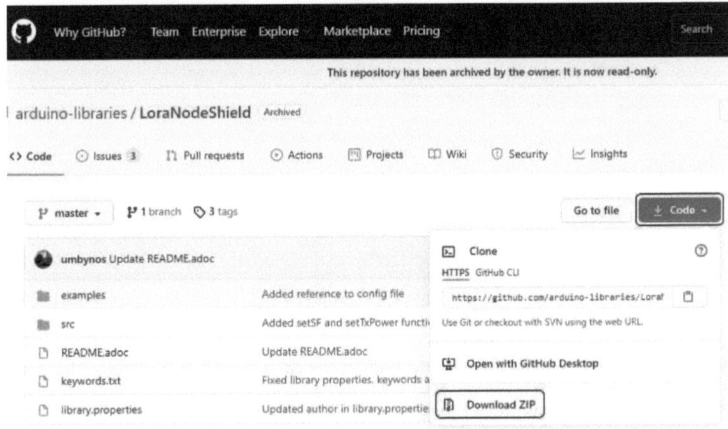

Ilustración 2.41. Descarga de librería Arduino (*.zip)

Para instalar la librería del tipo archivo comprimido, debe abrir el IDE de Arduino, ir al menú *Programa/ Incluir Librería/ Añadir biblioteca .ZIP ...*

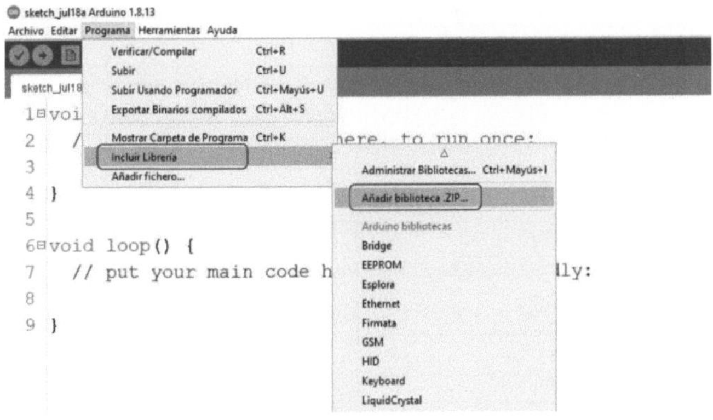

Ilustración 2.42. Instalación de librería Arduino (*.zip)

Este proceso abre una ventana mediante la cual selecciona el archivo (*.zip) de la librería descargada, seleccionar la librería y dar *click* en *Abrir.*

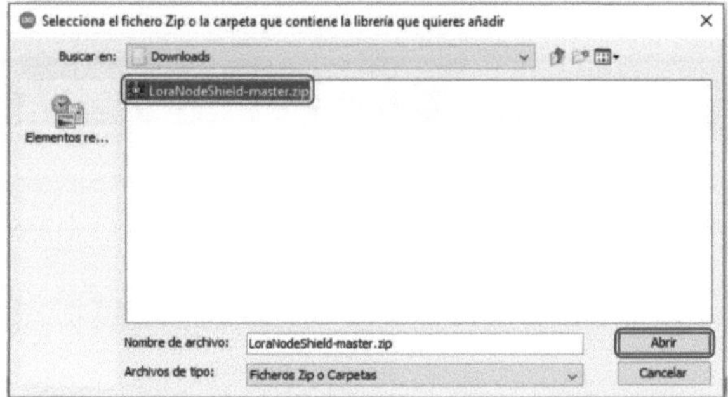

Ilustración 2.43. Selección del fichero de librería Arduino (*.zip)

Finalizado el proceso de instalación, se puede comprobar que la librería se ha instalado de manera correcta accediendo a la carpeta de librerías de Arduino.

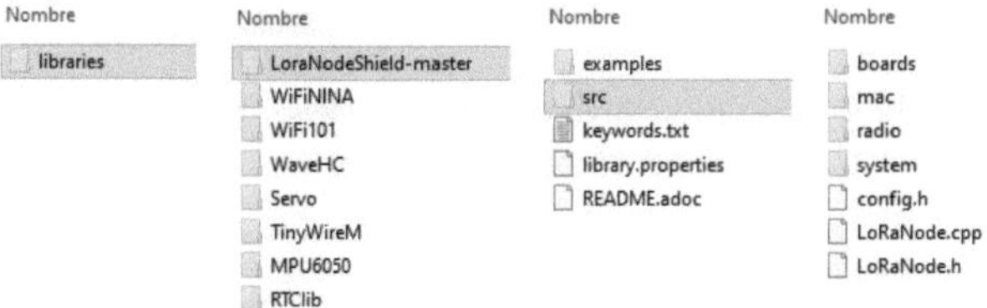

Ilustración 2.44. Verificación de instalación de librería Arduino (*.zip)

La librería instalada puede ser añadida al proyecto mediante el menú *Programa/ Incluir Librería.*

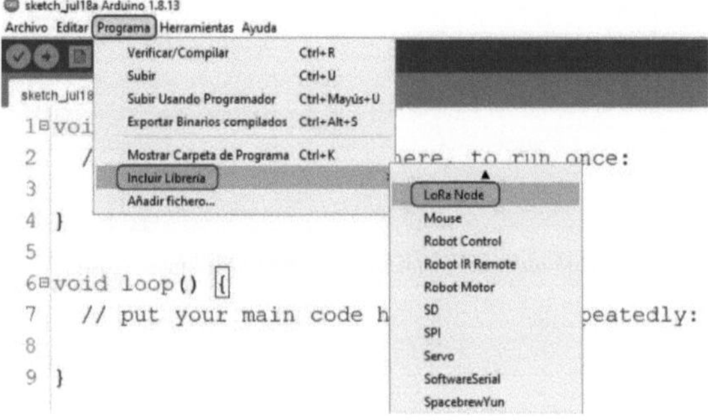

Ilustración 2.45. Incluir a proyecto librería Arduino (*.zip)

Una librería comprimida (*.zip) puede ser instalada en el IDE de Arduino de forma manual mediante el siguiente proceso:

a) Descargar la librería (*.zip) de Arduino.
b) Descomprimir la librería mediante un software de compresión de datos (7-Zip, WinZip, WinRar, PeaZip, etc).
c) Copiar a la carpeta de librerías de Arduino (*...\Documentos\Arduino\libraries*) la librería descomprimida.
d) Reiniciar o iniciar el IDE de Arduino.
e) Comprobar que la librería se ha instalado de manera correcta (realizar el procedimiento antes detallado).

2.5.1.5.- Añadir una librería al código mediante el IDE de Arduino

La librería instalada puede ser añadida al proyecto mediante el menú *Programa/ Incluir Librería*.

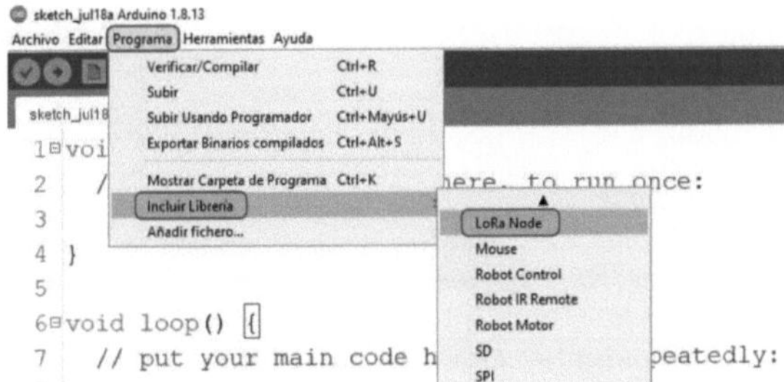

Ilustración 2.46. Incluir a proyecto librería Arduino (*.zip)

Este proceso añade líneas de código al inicio del programa con el cual se invoca a la librería correspondiente.

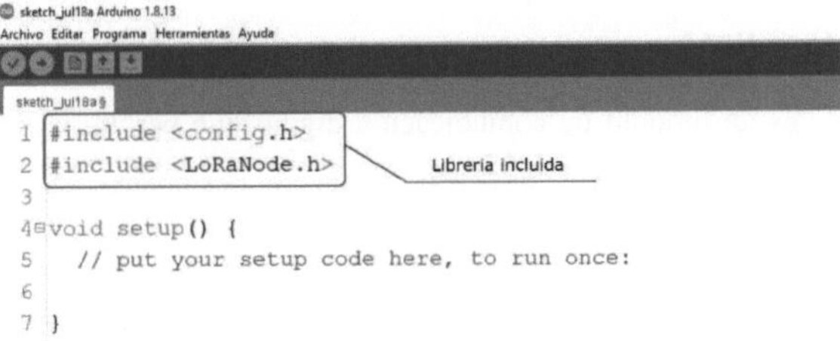

Ilustración 2.47. Librería incluida en el proyecto

La extensión ***.h** significa *header*, el cual añade una cabecera con los métodos, funciones y variables para que el código pueda hacer uso de la correspondiente librería.

2.5.1.6.- Archivo keywords

Varias librerías incluyen un archivo denominado ***keywords.txt*** *(palabras claves),* este archivo plano contiene las **palabras claves de la librería**, la cual indica al IDE de Arduino que dicha palabra al ser usada en el código debe adquirir un color diferente en el editor.

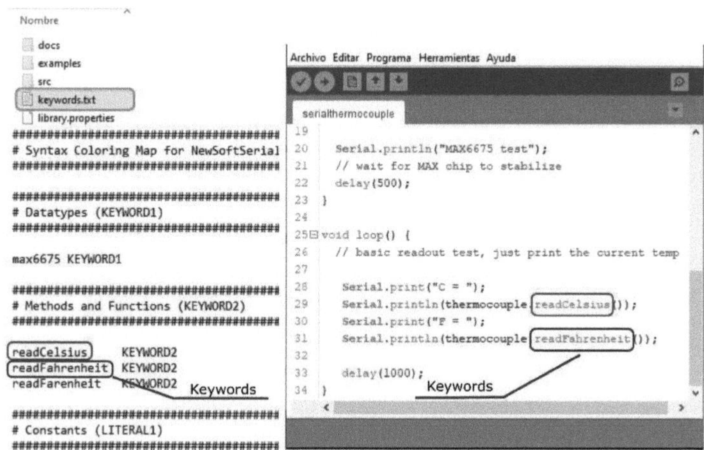

Ilustración 2.48. Archivo keywords e IDE de Arduino

Para la librería **max6675.h**, hay cuatro palabras claves (keywords) descritas en el archivo de texto, una hace referencia al tipo de datos (*Datatypes*): "max6675" y tres palabras claves referentes a métodos y funciones (Methods and Functions): "*readCelsius, readFahrenheit, readFarenheit*"

2.6. PUERTO SERIAL

Un puerto serial es un módulo de comunicación digital que permite el intercambio de información entre dos dispositivos digitales. Cuenta con dos conexiones, transmisión de datos (TX) y recepción de datos (RX).

El protocolo de comunicación serial opera mediante tres condiciones digitales básicas: inicio de transmisión (IT), paridad (P) y fin de transmisión (FT). Estas condiciones se sincronizan mediante un oscilador interno. El oscilador permite el control de la velocidad del puerto serial, la velocidad se mide en BAUD's o BAUDIOS. Al modulo serial se le denomina también como UART, USART o EUSART.

- **UART:** Universal Asyncronos Receiver and Transmitter (Transmisor y Receptor Universal Asíncrono).
- **USART:** Universal Syncronos and Asyncronos Receiver and Transmitter (Transmisor y Receptor Universal Síncrono y Asíncrono).
- **EUART:** Enhanced Universal Asyncronos Receiver and Transmitter (Transmisor y Receptor Universal Asíncrono Mejorado).

2.6.1. Estructura interna

Una UART estructuralmente está formado por un generador de paridad, registros de corrimiento, oscilador variable, verificadores de las tres condiciones y lógica de control.

La ilustración siguiente muestra un diagrama de bloques general para una UART. Una trama de datos se transmite a través del registro de corrimiento, la velocidad de transmisión está controlada por el generador de BAUD, la lógica de control agrega los bits de inicio, paridad y de fin de transmisión. La recepción serial de datos realiza el proceso opuesto.

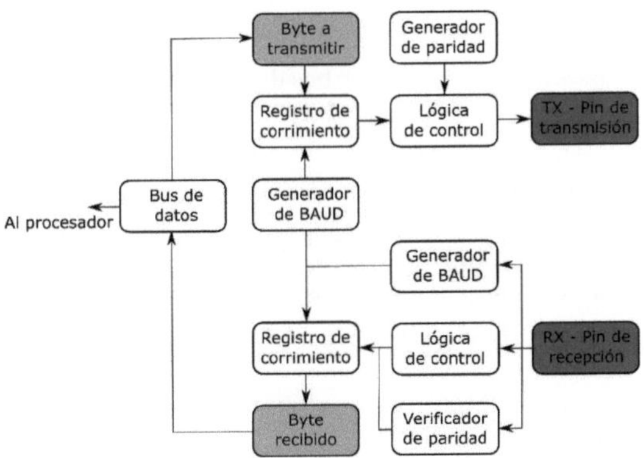

Ilustración 2.49. Diagrama de bloque de una UART

2.6.2. Configuración del puerto

Para configurar el módulo de comunicación serial se requiere determinar la tasa de baudios (baud rate) a la cual se transmitirá o se recibirá los datos.

2.6.2.1. Baud rate

El baud rate determina la cantidad de bits por segundo que se podrá intercambiar entre dos dispositivos. Las velocidades más comunes son: 300 baudios, 1200 baudios, 2400 baudios, 4800 baudios, 9600 baudios, 19200 baudios, 38400 baudios, 57600 baudios, 115200 baudios entre otros valores.

Por ejemplo, 9600 baudios representan 9600 bits por segundo.

En una comunicación serial también es necesario configurar la cantidad de bits de parada a ser utilizados y si habrá o no bit de paridad.

Una de las configuraciones más usadas en un puerto serial es:

- Velocidad de 9600 Baudios
- 8 bits de datos
- Sin bit de paridad
- 1 bit de inicio

Esta configuración puede ser expresada como: **9600/8N1**

2.6.2.2. Bits de datos

Los bits de datos es la cantidad de bits usados en la transmisión de información serial, los paquetes de datos pueden contener 5,7 u 8 bits dependiendo del tipo de información que se requiere transmitir.

La representación de caracteres ASCII estándar (American Standart Code for Information Interchange – Código Americano Estándar para el Intercambio de Información) utiliza 7 bits para representar letras mayúsculas, letras minúsculas, números y algunos caracteres de control, los cuales permiten la escritura del idioma inglés.

El ASCII extendido utiliza 8 bits para representar los caracteres del ASCII estándar y caracteres nuevos como, símbolos, signos, gráficos adicionales, letras latinas, los cuales permiten la escritura en otros idiomas, entre ellos el español.

2.6.2.3. Bits de paro

El bit de paro indica a la interfase serie el final de la transferencia de un carácter y cuándo puede comenzar la transferencia del siguiente, los valores típicos son de 1, 1.5 o 2 bits.

Los bits de parada también proveen de un margen de tolerancia de tiempo para la sincronización de los relojes internos de cada dispositivo. Mientras mayor sea la cantidad de bits de paro usados, mayor es la tolerancia a la sincronización de los relojes. Debido a que se transmitirá más bits, la comunicación será más lenta.

2.6.2.4. Paridad

Permite verificar si se han generado errores durante la transmisión serial. En una comunicación serial se puede configurar de cinco formas la paridad:

- Paridad par
- Paridad impar
- Paridad marcada
- Paridad espaciada, y
- Sin paridad.

El bit de paridad corresponde al bit posterior al último bit de datos.

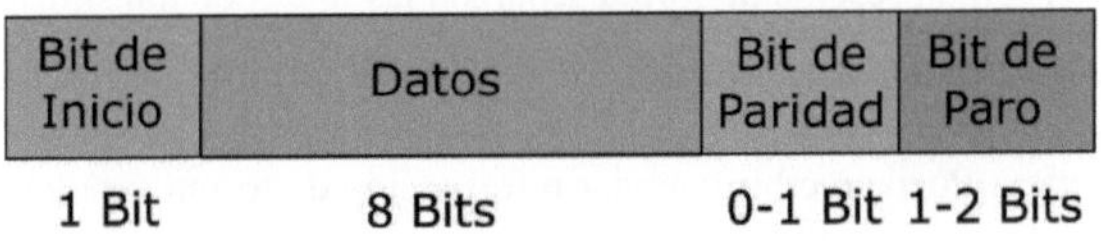

Bit de Inicio	Datos	Bit de Paridad	Bit de Paro
1 Bit	8 Bits	0-1 Bit	1-2 Bits

Ilustración 2.50. Marco lógico trama de datos de 8 bits

La habilitación de la *paridad par o impar* determinará el valor que deberá adoptar el bit de paridad para que el número de bits en estado lógico alto sea par o impar respectivamente.

Ejemplo:

- Si se ha seleccionada *paridad par* y se transmitirá una trama de datos de 8 bits con los siguientes valores 100000101. ¿Cuál será el valor que debe adoptar el bit de *paridad*?

  $Trama\ de\ datos$: 100000101

  $Número\ de\ bits\ en\ estado\ lógico\ alto$: 3

  Para mantener el número de bits en estado alto lógico como par, el bit de *paridad* debe adoptar un valor de estado lógico alto (Bit de paridad sería 1).

- Si se ha seleccionada *paridad impar* y se transmitirá una trama de datos de 8 bits con los siguientes valores 111100100. ¿Cuál será el valor que debe adoptar el bit de *paridad*?

  $Trama\ de\ datos: 111100100$

  $Número\ de\ bits\ en\ estado\ lógico\ alto: 5$

  Para mantener el número de bits en estado alto lógico como impar, el bit de *paridad* debe adoptar un valor de estado lógico bajo (Bit de paridad sería 0).

La habilitación de la *paridad marcada* fija el bit de paridad en estado lógico alto, mientras que la habilitación de la *paridad espaciada* fija el bit de paridad en estado lógico bajo, este tipo de paridades permite determinar la desincronización de los relojes de los dispositivos o si existe ruido que este afectando a la comunicación.

2.6.3. Modos de comunicación

La comunicación serial presenta de forma separada las líneas de transmisión y recepción de datos, esta característica permite mantener una comunicación asíncrona en tres modos:

- **Full duplex:** Puede recibir y enviar información de forma simultáneamente.
- **Duplex o Half-duplex:** Permite solo transmitir o recibir información a la vez.
- **Simplex:** Es posible la transmisión de información en un solo sentido, sólo se puede recibir o transmitir información.

2.6.4. Tramas de comunicación

El protocolo de comunicación serial hace referencia a la forma o a la cantidad de bits que forman un paquete de datos. La trama de datos para transmitir un byte de información puede variar ya que en una comunicación serial básicamente se tiene que agregar tres tipos de bits al byte de información (un bit de inicio, un bit de paridad, uno o dos bits de parada).

Ejemplo 1:

Se configura el puerto serial según el parámetro **9600/8N1**

- Velocidad de 9600 BAUD
- 1 bit de inicio
- 8 bits de datos

- Sin bit de paridad.
- 1 bit de parada

Para este caso, la trama de datos seria:

$$Paquete\ de\ datos\ =\ Bit\ de\ inicio + 8\ bits\ de\ datos\ +\ 1\ bit\ de\ parada$$

Esta configuración trabaja con un paquete de datos de 11 bits. Debido a que la velocidad de la comunicación serial se configuró a 9600 bits/s (bits por segundo), la tasa real de transferencia de información es:

- $\frac{9600\ bits/s}{10\ bits}$
- $960\ Bytes/s\ (bytes\ por\ segundo)$.

Ejemplo 2:

Se configura el puerto serial según el parámetro **9600/8N2**

- Velocidad de 115200 BAUD
- 1 bit de inicio
- 8 bits de datos
- Sin bit de paridad.
- 2 bits de parada

Para este caso, la trama de datos seria:

$$Paquete\ de\ datos\ =\ Bit\ de\ inicio + 8\ bits\ de\ datos\ +\ 2\ bits\ de\ parada$$

Esta configuración trabaja con un paquete de datos de 11 bits. Debido a que la velocidad de la comunicación serial se configuró a 115200 bits/s (bits por segundo), la tasa real de transferencia de información es:

- $\frac{115200\ bits/s}{11\ bits}$
- $10472{,}72\ Bytes/s\ (bytes\ por\ segundo)$.

CAPITULO III

3.1. ESTRUCTURA BÁSICA DE UN SKETCH

Un *sketch,* es una lista de instrucciones de un programa de Arduino, el cual posee una extensión ***.ino**. (**Importante**: para que el sketch funcione, el nombre del fichero debe estar en un directorio con el mismo nombre que el sketch).

Ilustración 3.1. Designación del nombre del directorio y del sketch

Un *sketch* no necesariamente debe estar en un único fichero, pero si obligadamente todos los ficheros del proyecto deben estar contenidos en el mismo directorio que el fichero principal.

Todo *sketch* desarrollado en el lenguaje de programación de Arduino está dividido en al menos dos partes obligatorias, las cuales presentan bloques que contienen declaraciones e instrucciones.

En el primer bloque de programación se declarar los recursos a ser utilizados en el programa, estos recursos pueden ser la declaración de las variables, constantes a ser utilizadas, asignación de nombres de los terminales de la tarjeta utilizada, etc.

El segundo bloque de programación es el programa principal, el cual está constituido por la función ***void setup ()*** y la función ***void loop ().***

- Función **void setup():** La palabra reservada *void* indica que la función no devuelve un valor, la palabra *setup* es el nombre asignado a la función. La función void setup() se ejecuta una sola vez al energizar la tarjeta Arduino o al presionar el botón de Reset, esta función es utilizada para iniciar los diversos protocolos de comunicación (Serial, I2C, ISP, etc), declarar el modo de funcionamiento de los terminales GPIO del Arduino (como entradas y/o salidas), entre otras funciones.

- Función **void loop():** Es una función que se ejecuta de manera secuencia, de forma indefinida y es utilizada para realizar el control activo de la tarjeta electrónica Arduino, contiene la codificación (instrucciones) a ser ejecutada (lectura de entradas digitales y/o analógicos, escritura de salidas digitales y/o analógicos, envío y/o recepción e datos). La función *void loop()* se ejecuta posterior a la función *void setup()*.

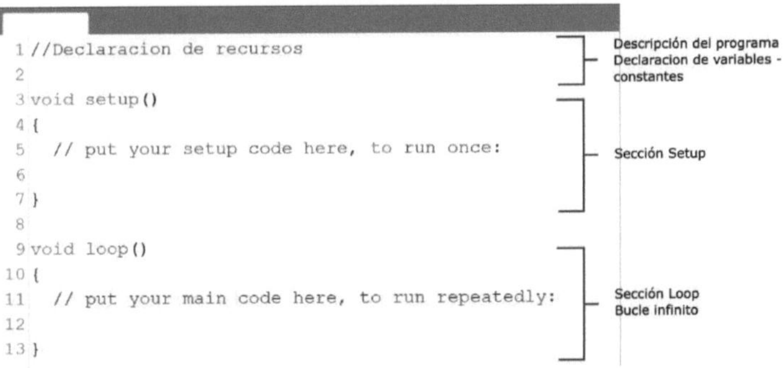

Ilustración 3.2. Estructura del sketch de Arduino

Un sketch de Arduino presenta principales los siguientes componentes:

- Variables: espacio en memoria designado para el almacenamiento de datos, los cuales pueden variar.
- Constantes: espacio en memoria designado para el almacenamiento de datos, los cuales no pueden variar.
- Funciones: sección de código que puede ser usado/invocado desde cualquier parte del sketch. Las funciones pueden o no recibir parámetros, esto depende de cómo las defina el programador.
- setup() y loop(): funciones especiales que deben ser declaradas obligatoriamente en el sketch.
- Comentarios: permite documentar el proyecto

El diagrama de flujo siguiente resume un sketch

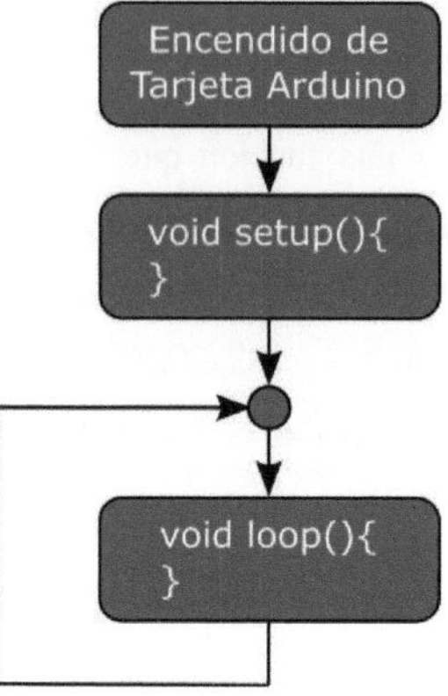

Ilustración 3.3. Diagrama de flujo del sketch de Arduino

3.2. DOCUMENTACIÓN DEL CÓDIGO

Documentar el código de un programa de Arduino es añadir información detallada que permitirá explicar su funcionamiento.

La documentación de un programa puede ser interna y externa. La documentación interna se realiza mediante líneas de comentarios en el código desarrollado. La documentación externa incluye análisis, diagramas de flujo y/o pseudocódigos, manuales de usuario, etc.

3.2.1. Comentario multilínea (/* */)

Todo lo que se encuentra entre /* y */ es ignorado por Arduino cuando ejecuta el sketch. El texto o código dispuesto en dicha sección puede constituir varias líneas y es utilizado para que las personas que leen el código conozcan su funcionamiento.

Es recomendable comentar los códigos y siempre mantener los comentarios actualizados cuando se modifique el código.

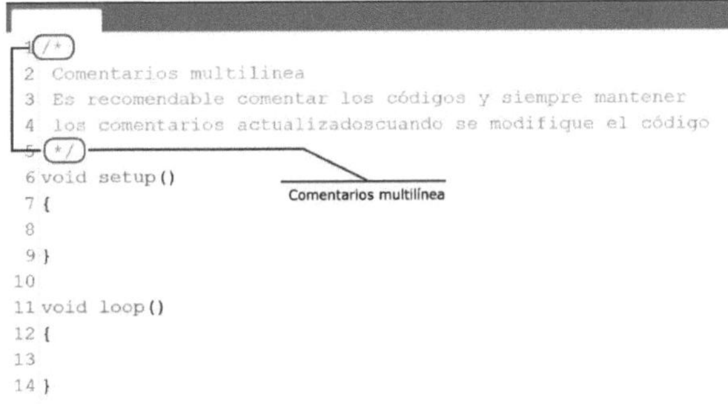

Ilustración 3.4. Comentario multilínea

3.2.2. Comentario corto (//)

Todo lo que se encuentra en la misma línea posterior a // es ignorado por Arduino cuando ejecuta el sketch. El texto o código dispuesto puede constituir una sola línea y es utilizado para que las personas que leen el código conozcan su funcionamiento.

```
//Comentario corto de una sola línea
void setup()
{
//ponga su código de configuración aquí, para que se ejecute una sola vez:
}

void loop()
{
//ponga su código principal aquí, para que se ejecute repetidamente:
}
```

Comentario corto

Ilustración 3.5. Comentario corto

3.3. MAYÚSCULAS, TABULACIONES, PUNTO Y COMA

Al momento de programar en Arduino hay que considerar varios detalles que nos permitirá evitar varios errores durante la programación.

- El lenguaje Arduino es del tipo "*case-sensitive*", esto quiere decir que el compilador de Arduino distingue mayúsculas de minúsculas ya que para el microcontrolador se trata de caracteres distintos. Para el lenguaje Arduino las palabras "Octavio", "OCTAVIO" y "OctaviO" son distintas y pueden ser declaras simultáneamente en la codificación.

- El uso de tabulaciones durante la codificación en las secciones void setup() y void loop() no son necesarias para que la compilación del sketch se ejecute de manera correcta, el uso de tabulaciones permite codificar de manera estructurada y ordenada, lo que facilita la lectura y el entendimiento del código.
- La declaración de variables, constantes y las diversas instrucciones finalizan con un punto y coma (;), este símbolo identifica el final de cada instrucción y es indispensable ser añadido para evitar la generación de errores durante la compilación del sketch.
- Las llaves {} definen el inicio y el final de un bloque de instrucciones, se utilizan para los bloques de programación setup(), loop(), if.., etc. Una llave de apertura "{" siempre debe presentar una llave de cierre "}", si no se cumple dicha condición se generaría errores al momento de compilar el código.

3.4. VARIABLES EN PROGRAMACIÓN

Una variable en programación es un elemento de datos con nombre cuyo valor puede cambiar durante el curso de la ejecución de un programa. El nombre de la variable debe seguir el convenio de denominación de un identificador:

- No debe iniciar con un número
- No debe presentar espacios
- No puede ser una palabra reservada

Cada declaración de una variable debe finalizar con un signo de punto y coma.

3.4.1. Características de una variable

Las variables en programación presentan tres características principales

1. **Asignación de memoria:** El microcontrolador asigna una localidad de memoria a la variable en función del tipo de dato.
2. **Declaración:** Es la asignación de un nombre y un tipo que otorga una abstracción de la memoria para almacenar los datos y su valor.
3. **Alcance:** El alcance de la variable determina hasta donde se puede leer o manipular el valor o la información de una variable, esto depende si es del tipo

global o *local*. Una variable del tipo *global* presenta un mayor alcance y puede ser accedida en todo el programa; una variable *local* puede ser accedida solo en determinado bloque de código.

3.4.2. Tipos de valores en variables

Las variables se dividen según el tipo de valor que contienen:

1. **Numérica:** Son aquellas que representan o almacenan números, con las cuales se pueden efectuar operaciones aritméticas.
2. **Cadena de texto:** Son aquellas que representan o almacenan texto, el cual debe estar dentro de comillas (" ").
3. **Booleana:** Son aquellas que almacenan un valor lógico que representan la dicotomía de verdadero o falso, generalmente se representan con *true* o *false*.

3.4.3. Tipos de datos

Arduino puede procesar y trabajar con diversos tipos de datos, los cuales se detallan a continuación:

Tipo de dato: **BOOL**
Descripción: Una variable booleana (bool) almacena solo dos valores lógicos (True y False), este tipo de variable es imprescindible para el procesamiento de problemas lógicos y permite plantear programas en el cual se presente toma de decisiones.
Sintaxis: bool Variable = Valor; Donde: **bool:** Tipo de dato que será almacenado **Variable:** Nombre de la variable **Valor**: Puede almacenar valores de ***true / false, HIGH / LOW***

Ejemplo:
bool Estado = true;
bool Dato = false;
bool Estado = HIGH;
bool Dato = LOW;

Tipo de dato: **BYTE**
Descripción: Una variable del tipo byte almacena valores enteros sin signo de hasta 8 bits (valores comprendidos entre 0 y 255).
Sintaxis: byte Variable = Valor; Donde: **byte:** Tipo de dato que será almacenado **Variable:** Nombre de la variable **Valor:** Puede almacenar valores enteros comprendidos entre 0 y 255

Ejemplo:
byte Numero = 89;
byte Hora = 22;
byte Temperatura = 220;
byte Frecuencia = 60;

Tipo de dato: **CHAR**
Descripción: Una variable tipo char almacena un carácter alfanumérico que se relacionan con la tabla de caracteres ASCCI, dicho carácter debe estar descrito entre comillas simples (' '). Una variable del tipo char almacena valores enteros con signo de hasta 8 bits (valores comprendidos entre -128 y 127), estos valores también se relacionan con la tabla de caracteres ASCCI.
Sintaxis: char Variable = Valor; Donde: **char:** Tipo de dato que será almacenado **Variable:** Nombre de la variable **Valor:** Puede almacenar valores enteros comprendidos entre -128 y 127, también almacena caracteres alfanuméricos.

Ejemplo:
char Inicial = 'A';
char Letra = 80; // Carácter 80 de la tabla ASCII – Equivale a la letra P
char Numero = -170; // Carácter 86 (256-170) de la tabla ASCII – Equivale a la letra V

La información referente a la codificación ASCII puede ser analiza mediante el siguiente link: https://elcodigoascii.com.ar/

Tipo de dato: **UNSIGNED CHAR**
Descripción: Una variable tipo unsigned char almacena valores alfanuméricos (caracteres ASCCI) y valores enteros sin signo de hasta 8 bits (valores comprendidos entre 0 y 255), los caracteres ASCCI almacenados en la variable son representados mediante valores enteros.
Sintaxis: unsigned char Variable = Valor; Donde: **unsigned char:** Tipo de dato que será almacenado **Variable:** Nombre de la variable **Valor**: Puede almacenar valores enteros comprendidos entre 0 y 255, también almacena caracteres alfanuméricos.

Ejemplo:
unsigned char Inicial = 'A'; // Se almacena el valor numérico 65 (ASCII del carácter A)
unsigned char Letra = 80; // Se almacena el valor numérico 80
unsigned char Numero = -170; //Se almacena el valor numérico 86 (256-170)

Tipo de dato: **INT**
Descripción: Para placas con microcontrolador ATmega una variable del tipo int almacena valores enteros con signo de hasta 16 bits (2 Bytes) (valores comprendidos entre -32768 y 32767). En placas basadas en el Arduino Due y SAMD una variable del tipo int almacena valores enteros con signo de hasta 32 bits (4 Bytes) (valores comprendidos entre -2147'483.648 y 2147'483.647).
Sintaxis: int Variable = Valor; Donde: **int:** Tipo de dato que será almacenado **Variable:** Nombre de la variable **Valor**: Puede almacenar valores enteros con signo comprendidos entre -32768 y 32767 para microcontroladores ATmega.

Ejemplo:
int Contador = 12456;
int Dato = -4678;

Tipo de dato: **UNSIGNED INT**
Descripción: Para placas con microcontrolador ATmega una variable del tipo unsigned int almacena valores enteros sin signo de hasta 16 bits (2 Bytes) (valores comprendidos entre 0 y 65535). En placas basadas en el Arduino Due y SAMD una variable del tipo unsigned int almacena valores enteros sin signo de hasta 32 bits (4 Bytes) (valores comprendidos entre 0 y 4294'967.295).
Sintaxis: unsigned int Variable = Valor; Donde: **unsigned int:** Tipo de dato que será almacenado **Variable:** Nombre de la variable **Valor**: Puede almacenar valores enteros sin signo comprendidos entre 0 y 65535 para microcontroladores ATmega.

Ejemplo:
unsigned int Velocidad = 60000;
 	
unsigned int Usuarios_dia = 42000;

Tipo de dato: **WORD**
Descripción: Para placas con microcontrolador ATmega una variable del tipo wold almacena valores enteros sin signo de hasta 16 bits (2 Bytes) (valores comprendidos entre 0 y 65535). En placas basadas en el Arduino Due y SAMD una variable del tipo word almacena valores enteros sin signo de hasta 32 bits (4 Bytes) (valores comprendidos entre 0 y 4294'967.295).
Sintaxis: word Variable = Valor; Donde: **wold:** Tipo de dato que será almacenado **Variable:** Nombre de la variable **Valor**: Puede almacenar valores enteros sin signo comprendidos entre 0 y 65535 para microcontroladores ATmega.

Ejemplo:
word Velocidad = 34000;
 	
word Usuarios_dia = 44560;

Tipo de dato: **LONG**
Descripción: Una variable del tipo long almacena valores enteros de hasta 32 bits (4 Bytes) (valores comprendidos entre -2147'483.648 y +2147'483.647).
Sintaxis: long Variable = Valor; Donde: **long:** Tipo de dato que será almacenado **Variable:** Nombre de la variable **Valor**: Puede almacenar valores enteros con signo de hasta 32 bits.

Ejemplo:
long Dato1 = -2147483648;
long Dato2 = 2147483647;

Tipo de dato: **UNSIGNED LONG**
Descripción: Una variable del tipo unsigned long almacena valores enteros de hasta 32 bits (4 Bytes) (valores comprendidos entre 0 y +4294'967295).
Sintaxis: unsigned long Variable = Valor; Donde: **unsigned long:** Tipo de dato que será almacenado **Variable:** Nombre de la variable **Valor**: Puede almacenar valores enteros sin signo de hasta 32 bits.

Ejemplo:
unsigned long Dato1 = 2147483648;
unsigned long Dato2 = 4294967295;

Tipo de dato: **DOUBLE**
Descripción: Para placas con microcontrolador ATmega una variable del tipo double almacena valores de punto flotante de doble precisión de hasta 32 bits (4 Bytes) En placas basadas en el Arduino Due y SAMD una variable del tipo double almacena valores de coma flotante de doble precisión de hasta 64 bits (8 Bytes)
Sintaxis: double Variable = Valor; Donde:

double: Tipo de dato que será almacenado **Variable:** Nombre de la variable **Valor:** Puede almacenar valores de coma flotante de doble precisión de hasta 32 bits para microcontroladores ATmega.

Ejemplo:
double Temperatura = 180.65;
double pi = 3.14;

Tipo de dato: **ARRAY**
Descripción: Una matriz (array) es una colección de datos del mismo tipo o clase a las que se accede con un número de índice, tiene un nombre de variable único que representa a cada elemento, los cuales son almacenados en posiciones de memoria de forma continua.
Sintaxis: Tipo_dato Nombre_array [Posicion] = {var1, var2, …, var_n} Donde: **Tipo_dato:** Tipo de dato que será almacenado **Nombre_array:** Nombre de la variable **Posición:** define la posición del dato o la cantidad de datos a ser almacenados, la posición del dato inicia en 1.
Ejemplo: int Contador[6]; int Pines[] = {2, 4, 8, 3, 6}; int Temperaturas[5] = {2, 4, -8, 3, 2}; char Mensaje[6] = "Array";

Tipo de dato: **STRING**
Descripción: Una variable del tipo string almacena cadena de textos.
Sintaxis: String Variable = Cadena; Donde: **String:** Tipo de dato que será almacenado **Variable:** Nombre de la variable **Cadena:** Cadena de texto a ser almacenado, el texto debe estar entre comillas ("Texto")

Ejemplo: String Nombre = "Octavio"; String Apellido = "Guijarro";

3.5. CONSTANTES EN PROGRAMACIÓN

Una constante en programación es un elemento de datos con nombre cuyo valor no puede cambiar durante el curso de la ejecución de un programa. El nombre de la constante debe seguir el convenio de denominación de un identificador denotado en la sección 3.4.

Las constantes que se definen se basan en las reglas de alcance de variables que gobiernan otras variables.

Tipo de dato: **CONST**
Descripción: Al definirse un tipo de dato como una constante, este presenta un acceso de solo lectura y no puede ser modificado durante la ejecución del código.
Sintaxis: const Tipo_dato Nombre = Valor; Donde: **const:** El tipo de dato se define como constante **Tipo_dato:** Tipo de dato que será almacenado **Nombre:** Nombre de la constante **Valor**: Puede almacenar valores dependientes del tipo de dato definido.
Ejemplo: const int Temperaturas[5] = {2, 4, -8, 3, 2}; const char Mensaje[6] = "Array"; const double pi = 3.14;

3.6. OPERADORES ARITMÉTICOS

Los operadores aritméticos permiten manipular datos numéricos enteros y reales. Existen dos (02) tipos de operadores aritméticos:

- **Operadores unarios:** Este tipo de operadores realizan una acción sobre un solo operando.

Tabla 3.1. *Tabla de operadores aritméticos unarios*

Símbolo	Operación
+	Signo positivo
−	Signo negativo

Los operadores de prefijo permiten aumentar o reducir el valor de la variable primitivamente a eliminar la referencia al objeto.

Tabla 3.2. *Ejemplo de operadores de prefijo*

A = 1;	A es igual a 1
B = ++A;	B es igual a 2, A es igual a 2

Los operadores de postfijo permiten aumentar o reducir el valor de la variable posterior de hacer referencia a la misma.

Tabla 3.3. *Ejemplo de operadores de posfijo*

A = 1;	A es igual a 1
B = A++;	B es igual a 1, A es igual a 2

- **Operadores binarios:** Este tipo de operadores realizan una acción sobre dos o más operandos.

Tabla 3.4. *Tabla de operadores aritméticos binarios*

Símbolo	Operación
+	Suma
−	Resta
*	Multiplicación
/	División
%	Devuelve el resto de la división
=	Asignación

Los operadores binarios de suma (+), resta (-), multiplicación (*) y división (/) admiten datos enteros y reales; la operación de resto (%) sólo admite expresiones enteras, por lo que devuelven expresiones enteras.

Tabla 3.5. *Ejemplo de operadores binarios*

A + B;	Suma los dos operadores
A - B;	Resta el segundo operador del primero
A * B;	Multiplica los dos operadores
A / B;	Divide el primer operador por el segundo
A %B;	Divide el primer operando por el segundo y dar como resultado la parte restante

La operación de suma (+) al ser usada con datos del tipo string, el resultado es la concatenación de las cadenas.

Tabla 3.6. *Ejemplo de operadores suma con datos tipo string*

A = "Octavio"; B = "Guijarro"; C = A+B;	A es igual al texto Octavio B es igual al texto Guijarro C es igual a A+B; por ende C es igual a OctavioGuijarro

3.7. OPERADORES COMPUESTOS

Los operadores compuestos se constituyen de uno o varios operadores aritméticos que efectúan de forma conjunta una única acción. Los operadores que forman un operador compuesto se denominan suboperadores.

3.7.1. Incremento (++)

El operador compuesto incremento, es un operador monario (Son operadores que actúan sobre un sólo operando para producir un nuevo valor.) y de asignación.

El operador incremento, hace que su operando se incremente en uno (1).

El operador incremento puede ser utilizado de dos maneras diferentes, y el resultado depende de la posición del operador, antes o después del operando.

- Si el operador antecede al operando (Ejemplo: ++x), el valor del operando se modificará antes de que se utilice con otro propósito.
- Si el operador precede al operando (Ejemplo: x++), el valor del operando se modificará después de ser utilizado.

Operador: **INCREMENTO**
Sintaxis: Variable Operador; o Operador Variable; Donde: **Variable:** Variable acumuladora **Operador:** Operador incremento (++) **Nota**: **Variable:** Admite datos del tipo: int, float, double, byte, short, long
Ejemplo1: int x = 1;

x = ++; // x se incrementa en uno (1)

Ejemplo2:
int x = 5;
int y = 0;
y = ++x; // x contiene el valor de 6; y contiene el valor de 6
y =x++; // x contiene el valor de 7; y contiene el valor de 6

3.7.2. Decremento (--)

El operador compuesto decremento, es un operador monario (Son operadores que actúan sobre un sólo operando para producir un nuevo valor.) y de asignación.

El operador decremento, hace que su operando se decremente en uno (1).

El operador decremento puede ser utilizado de dos maneras diferentes, y el resultado depende de la posición del operador, antes o después del operando.

- Si el operador antecede al operando (Ejemplo: --x), el valor del operando se modificará antes de que se utilice con otro propósito.
- Si el operador precede al operando (Ejemplo: x--), el valor del operando se modificará después de ser utilizado.

Operador: **DECREMENTO**
Sintaxis: Variable Operador; o Operador Variable; Donde: **Variable:** Variable acumuladora **Operador:** Operador decremento (--) **Nota**: **Variable:** Admite datos del tipo: int, float, double, byte, short, long

Ejemplo1:
int x = 2;
x = --; // x se decrementa en uno (1)

Ejemplo2:
int x = 5;
int y = 0;
y = --x; // x contiene el valor de 4; y contiene el valor de 4
y = x--; // x contiene el valor de 3; y contiene el valor de 4

3.7.3. Suma compuesta (+=)

Realiza una operación matemática de una variable con otra variable o constante, el operador de suma compuesta (+=) es un método rápido de la sintaxis de operación matemática descrita a continuación:

```
x += y;
la expresión equivale a
x = x + y;
```

Operador: **SUMA COMPUESTA**
Sintaxis: Donde: Variable1 Operador Variable2/Constante; Donde: **Variable1:** Variable acumuladora **Operador:** Operador suma compuesta (+=) **Variable2/Constante**: Constante o variable con la cual se realizará la operación de suma. **Nota**: **Operando1**; Admite datos del tipo: int, float, double, byte, short, long **Operando2**; Admite datos del tipo: int, float, double, byte, short, long

Ejemplo1:
int x = 5;
x += 2;   // x contiene el valor de 7; x = 5 + 2

Ejemplo2:
int x = 5;
int y = 15;
x += y;   // x contiene el valor de 20; x = 5 + 15

3.7.4. Resta compuesta (-=)

Realiza una operación matemática de una variable con otra variable o constante, el operador de resta compuesta (-=) es un método rápido de la sintaxis de operación matemática descrita a continuación:

```
x -= y;
la expresión equivale a
x = x - y;
```

Operador: **RESTA COMPUESTA**
Sintaxis: Donde: Variable1 Operador Variable2/Constante; Donde: **Variable1:** Variable acumuladora **Operador:** Operador resta compuesta (-=) **Variable2/Constante**: Constante o variable con la cual se realizará la operación de resta. **Nota**: **Operando1**; Admite datos del tipo: int, float, double, byte, short, long **Operando2**; Admite datos del tipo: int, float, double, byte, short, long

Ejemplo1:
int x = 5;
x -= 2; // x contiene el valor de 3; x = 5 - 2

Ejemplo2:
int x = 15;
int y = 5;
x -= y; // x contiene el valor de 10; x = 15 - 5

3.7.5. Multiplicación compuesta (*=)

Realiza una operación matemática de una variable con otra variable o constante, el operador de multiplicación compuesta (*=) es un método rápido de la sintaxis de operación matemática descrita a continuación:

```
x *= y;
la expresión equivale a
x = x * y;
```

Operador: **MULTIPLICACIÓN COMPUESTA**
Sintaxis: Donde: Variable1 Operador Variable2/Constante; Donde: **Variable1:** Variable acumuladora **Operador:** Operador multiplicación compuesta (*=) **Variable2/Constante**: Constante o variable con la cual se realizará la operación de multiplicación. **Nota**: **Operando1**; Admite datos del tipo: int, float, double, byte, short, long

Operando2; Admite datos del tipo: int, float, double, byte, short, long

Ejemplo1:
int x = 10;
x *= 2;   // x contiene el valor de 20; x = 10 * 2

Ejemplo2:
int x = 15;
int y=10;
x *= y;   // x contiene el valor de 150; x = 15 * 10

3.7.6. División compuesta (/=)

Realiza una operación matemática de una variable con otra variable o constante, el operador de división compuesta (/=) es un método rápido de la sintaxis de operación matemática descrita a continuación:

```
x /= y;
la expresión equivale a
x = x / y;
```

Operador: **DIVISIÓN COMPUESTA**
Sintaxis: Donde: Variable1 Operador Variable2/Constante; Donde: **Variable1:** Variable acumuladora **Operador:** Operador división compuesta (/=) **Variable2/Constante**: Constante o variable con la cual se realizará la operación de división. **Nota**: **Operando1**; Admite datos del tipo: int, float, double, byte, short, long **Operando2**; No puede ser un valor de cero (0). Admite datos del tipo: int, float, double, byte, short, long

Ejemplo1:
int x = 8;
x /= 4;   // x contiene el valor de 2; x = 8 / 4

Ejemplo2:
int x = 15;
int y = 3;
x /= y;   // x contiene el valor de 5; x = 15 / 3

3.7.7. Resto compuesto (%=)

Realiza una operación matemática de una variable con otra variable o constante que permite calcular el resto cuando un número entero se divide por otro, el operador de resto compuesta (%=) es un método rápido de la sintaxis de operación matemática descrita a continuación:

```
x %= divisor;
la expresión equivale a
x = x % divisor;
```

Operador: **RESTO COMPUESTO**
Sintaxis: Donde: Variable1 Operador Variable2/Constante; Donde: **Variable1:** Variable acumuladora **Operador:** Operador resto compuesto (%=) **Variable2/Constante**: Constante o variable con la cual se realizará la operación de resto compuesto. **Nota**: **Operando1**; Admite datos del tipo: int, float, double, byte, short, long **Operando2**; No puede ser un valor de cero (0). Admite datos del tipo: int, float, double, byte, short, long

Ejemplo1:
int x = 9;
x %= 2; // x contiene el valor de 1; x contiene el valor del resto (residuo) de la división de 9 / 2

Ejemplo2:
int x = 14;
int y = 3;
x /= y; // x contiene el valor de 2; x contiene el valor del resto (residuo) de la división de 14 / 3

La siguiente tabla muestra un ejemplo en el cual se aplica diversos operadores compuestos

```
x = 2;
x += 4;    // x ahora contiene el valor de 6
x -= 3;    // x ahora contiene el valor de 3
x *= 10;   // x ahora contiene el valor de 30
x /= 2;    // x ahora contiene el valor de 15
x %= 5;    // x ahora contiene el valor de 0
```

3.8. OPERADORES DE COMPARACIÓN

Los operadores de comparación cotejan dos tipos de expresiones y retorna un valor booleano (true / false) que representa la relación entre dichos valores. Los operadores de comparación admiten datos del tipo booleana, numérica, cadenas de caracteres, entre otros.

3.8.1. Operador: igualdad (==)

Realiza la comparación de igualdad entre la variable o el valor de la izquierda del operador con el valor o la variable que se encuentra a la derecha del mismo. Si los dos operandos son iguales se devuelve un valor de verdadero, si no son iguales el valor resultante es falso.

Tipo de operador: **IGUALDAD**
Sintaxis: Operando1 Operador Operando2; Donde: **Operando1:** Valor o variable a ser comparada **Operador:** Operador de igualdad (==) **Operando2:** Valor o variable referencia con el cual se comparará
Ejemplo1: 22 == 35; // No se cumple la igualdad, se retorna un valor de Falso (false)
Ejemplo2: A = 56; B = 56; A == B; // Se cumple la igualdad, se retorna un valor de Verdadero (true)

3.8.2. Operador: desigualdad (!=)

Realiza la comparación de desigualdad entre la variable o el valor de la izquierda del operador con el valor o la variable que se encuentra a la derecha del mismo. Si los dos operandos son diferentes se devuelve un valor de verdadero, si son iguales el valor resultante es falso.

Tipo de operador: **DESIGUALDAD**
Sintaxis: Operando1 Operador Operando2; Donde: **Operando1:** Valor o variable a ser comparada

Operador: Operador de desigualdad (!=)
Operando2: Valor o variable referencia con el cual se comparará

Ejemplo1:
22 != 35; // Se cumple la desigualdad, se retorna un valor de Verdadero (true)

Ejemplo2:
A = 56;
B = 56;
A != B; // No se cumple la desigualdad, se retorna un valor de Falso (false)

3.8.3. Operador: Mayor que (>)

Realiza la comparación entre la variable o el valor de la izquierda del operador con el valor o la variable que se encuentra a la derecha del mismo. Si el operador de la izquierda es mayor que el operador de la derecha se devuelve un valor de verdadero, si es menor o igual, el valor resultante es falso.

Tipo de operador: **MAYOR QUE**

Sintaxis:
Operando1 Operador Operando2;
Donde:
Operando1: Valor o variable a ser comparada
Operador: Operador de mayor que (>)
Operando2: Valor o variable referencia con el cual se comparará

Ejemplo1:
22 > 35; // No se cumple la condición, se retorna un valor de Falso (false)

Ejemplo2:
A = 56;
B = 54;
A > B; // Se cumple la condición, se retorna un valor de Verdadero (true)

3.8.4. Operador: Menor que (<)

Realiza la comparación entre la variable o el valor de la izquierda del operador con el valor o la variable que se encuentra a la derecha del mismo. Si el operador de la izquierda es menor que el operador de la derecha se devuelve un valor de verdadero, si es mayor o igual, el valor resultante es falso.

Tipo de operador: **MENOR QUE**

Sintaxis:
Operando1 Operador Operando2;
Donde:
Operando1: Valor o variable a ser comparada
Operador: Operador de menor que (<)
Operando2: Valor o variable referencia con el cual se comparará

Ejemplo1:
22 < 35; // Se cumple la condición, se retorna un valor de Verdadero (true)

Ejemplo2:
A = 56;
B = 54;
A < B; // No se cumple la condición, se retorna un valor de Falso (false)

3.8.5. Operador: Mayor o igual que (>=)

Realiza la comparación entre la variable o el valor de la izquierda del operador con el valor o la variable que se encuentra a la derecha del mismo. Si el operador de la izquierda es mayor o igual que el operador de la derecha se devuelve un valor de verdadero, si es menor el valor resultante es falso.

Tipo de operador: **MAYOR O IGUAL QUE**

Sintaxis:
Operando1 Operador Operando2;
Donde:
Operando1: Valor o variable a ser comparada
Operador: Operador de mayor o igual que (>=)
Operando2: Valor o variable referencia con el cual se comparará

Ejemplo1:
22 >= 35; // No se cumple la condición, se retorna un valor de Falso (false)

Ejemplo2:
A = 56;
B = 54;
A >= B; // Se cumple la condición, se retorna un valor de Verdadero (true)

Ejemplo3:
A = 38;
B = 38;
A >= B; // Se cumple la condición, se retorna un valor de Verdadero (true)

3.8.6. Operador: Menor o igual que (<=)

Realiza la comparación entre la variable o el valor de la izquierda del operador con el valor o la variable que se encuentra a la derecha del mismo. Si el operador de la izquierda es menor o igual que el operador de la derecha se devuelve un valor de verdadero, si es mayor el valor resultante es falso.

Tipo de operador: **MENOR O IGUAL QUE**
Sintaxis: Operando1 Operador Operando2; Donde: **Operando1:** Valor o variable a ser comparada **Operador:** Operador de menor o igual que (<=) **Operando2:** Valor o variable referencia con el cual se comparará
Ejemplo1: 22 <= 35; // Se cumple la condición, se retorna un valor de Verdadero (true)
Ejemplo2: A = 56; B = 54; A < B; // No se cumple la condición, se retorna un valor de Falso (false)
Ejemplo3: A = 72; B = 72; A <= B; // Se cumple la condición, se retorna un valor de Verdadero (true)

3.9. OPERADORES LÓGICOS

Los operadores lógicos al ser aplicados en operandos que presentan valores lógicos o asimilables a ellos producen un resultado del tipo booleano. La combinación de dos o más operadores lógicos conforma una función lógica.

Los operadores lógicos son tres:

- Dos binarios (AND, OR)
- Un unario (NOT)

Tabla 3.7. *Tabla de operadores lógicos*

Operador	Acción	Ejemplo	Resultado
&&	AND Lógico	*A && B*	Sin ambos son verdaderos se obtiene como resultado un valor verdadero (true)

||	OR Lógico	*A || B*	Si uno es verdadero se obtiene como resultado un valor verdadero (true)
!	Negación Lógico	!A	Negación de A

3.9.1. Operador: AND

El operador lógico AND retorna un valor lógico verdadero (true) si los operandos (dos o más) son ciertos, caso contrario el resultado es falso (false).

Tabla 3.8. *Tabla del operador lógico AND*

Operador	Acción	Ejemplo
&&	AND Lógico	*A && B*

La operatoria es la siguiente: El primer operando (de la izquierda) de la función lógica es evaluado para obtener el resultado bool (true/false), si el resultado obtenido es false, el proceso se suspende y ese sería el resultado, en dicho caso, no es necesario valorar la expresión de la derecha. Si el resultado de la evaluación del operando izquierdo es true, se continúa con la evaluación de la expresión de la derecha. Si el nuevo resultado es true, entonces el resultado del operador es true. En caso contrario el resultado es false.

3.9.2. Operador: OR

El operador lógico OR retorna un valor lógico verdadero (true) si uno de los operandos (puede existir dos o más operandos) o todos los operandos son ciertos, caso contrario el resultado es falso (false).

Tabla 3.9. *Tabla del operador lógico OR*

Operador	Acción	Ejemplo
||	OR Lógico	*A || B*

La operatoria es la siguiente: El primer operando (de la izquierda) de la función lógica es evaluado para obtener el resultado bool (true/false), si el resultado obtenido es true, el proceso se suspende y ese sería el resultado, en dicho caso, no es necesario valorar la expresión de la derecha. Si el resultado de la evaluación del operando izquierdo es false, se continúa con la evaluación de la expresión de la derecha. Si el nuevo resultado es true, entonces el resultado del operador es true. En caso contrario el resultado es false.

3.9.3. Operador: Negación (NOT)

El operador negación es denominado también operador NOT lógico y se representa por la palabra inglesa NOT . El operando que puede ser una expresión o un valor lógico es evaluado y el resultado puede ser true o false. A continuación, el operador cambia su valor; Si es true es convertido a false y viceversa.

Tabla 3.10. *Tabla del operador lógico NOT*

Operador	Acción	Ejemplo
!	Negación Lógico	!A

3.10. ESTRUCTURAS DE CONTROL

Las estructuras de control son bloques de instrucciones que se ejecutan secuencialmente y pueden ser del tipo: Repetitivo o Decisivo. Este tipo de estructuras son utilizadas cuando es necesario ejecutar determinadas instrucciones una serie de veces o en dependencia de una condición.

A continuación, se describirán las estructuras de control compatibles con el lenguaje de programación en Arduino.

3.10.1. IF e IF/ELSE

El bloque *"if"* es utilizado para verificar si una condición en particular es verdadera ("true", 1) o falsa ("false", 0). Si la condición es verdadera, las instrucciones escritas dentro de las llaves se ejecutarán. Si la condición no se cumpliera, no se ejecutará el código. Si se codificara un bloque *"else"* después del bloque *"if"* (opcional), se ejecutarán las instrucciones escritas dentro de este bloque *"else"*.

Es decir, si solo se escribiera el bloque *"if"*, el sketch solo obtendrá una respuesta cuando se cumpla la condición; Pero, al escribir el bloque *"else"*, entonces el sketch tendrá respuesta cuando se cumpla la condición y cuando no.

Si en la estructura de control, después de declarar el bloque *"if"* se omitiera las llaves, la línea siguiente de código se convierte en la única instrucción a ejecutarse dependiente de la declaración condicional.

Estructura de control: **IF**

Sintaxis:
if (condición) {
//instrucción(es) que se ejecutaran si se cumple la condición
}
Donde:
condición: Expresión booleana que utiliza operadores de comparación
instrucción: Línea de código a ser ejecutada si la condición es verdadera

Ejemplo1:
int A = 0;
if (A < = 100) // Si A es menor a 100, ejecútese el código
A++; // La variable A se incrementa en uno
// Debido a que se omite las llaves posteriores al bloque if, la instrucción A++ es la
// única instrucción dependiente del resultado de la condicionante.

Ejemplo2:
int A = 0;
int B = 1
if (A < = 200 && B >0) // Si A es menor a 200 y B es mayor a 0, ejecútese el código
{
A++; // La variable A se incrementa en uno
B = A*2; // La variable B es el producto aritmético entre la variable A y 2.
}

Estructura de control: **IF/ELSE**

Sintaxis:
if (condición) {
//instrucción1(es)
}
else {
//instrucción2(es)
}
Donde:
condición: Una expresión booleana que utiliza operadores de comparación
instrucción1: Línea de código a ser ejecutada si la condición es verdadera
instrucción2: Línea de código a ser ejecutada si la condición no es verdadera

Ejemplo1:
int A = 0;
if (A < = 100) // Si A es menor a 100, ejecútese el código
A++; // La variable A se incrementa en uno
else

```
A--; // La variable A se decrementa en uno
```

Ejemplo2:

```
int A = 0;
int B = 1

if (A < = 200 && B >0) // Si A es menor a 200 y B es mayor a 0, ejecútese el código
{
 A++;        // La variable A se incrementa en uno
 B = A*2;  // La variable B es el producto aritmético entre la variable A y 2.
}
else
{
 A--;        // La variable A se decrementa en uno
 B = A*3;  // La variable B es el producto aritmético entre la variable A y 3.
}
```

3.10.2. SWITCH … CASE

La estructura *"switch ... case"* controla el flujo del programa permitiendo la ejecución de diversos códigos en dependencia de diferentes condiciones. La sentencia *"switch"* compara el valor de una variable con los valores especificados en las instrucciones *"case"*, si el valor de sentencia "*case"* concuerda con el de la variable, el código presente en la declaración *"case"* se ejecuta.

La estructura *"switch ... case"* presenta la palabra reservada *"break"*, la cual permite finalizar la ejecución de la instrucción switch, regularmente se utiliza al final de cada *"case"*. Sin la palabra reservada *"break"*, la sentencia *"switch"* ejecutara la codificación presente en las siguientes expresiones ("falling-through") hasta que se presente un *"break"* o se llegue al final de la sentencia *"switch"*. El uso de la palabra reservada *"default"* es opcional y permite ejecutar líneas de código si no se cumpliera las condiciones definidas.

Estructura de control: **SWITCH CASE**

Sintaxis:

```
switch (variable) {
 case valor1:
 // Instrucciones a ejecutarse cuando la "variable" sea igual a "valor1"
 break;
```

```
  case valor2:
  // Instrucciones a ejecutarse cuando la "variable" sea igual a "valor2"
  break;
  //Añadir los case que sean necesarios
  default:
  // Instrucciones a ejecutarse cuando las condiciones no se cumplen (opcional)
  break;
}
```

Donde:
variable: Una variable cuyo valor será comparado con varios casos
valor1, valor2, ...: Constantes con el cual la variable realiza la comparación

Ejemplo1:

```
int x = 0;
int z = 10
switch (x)
{
  case 0:
  x = x + 10;  // La variable x se incrementa en 10
  z = z + x;   // La variable z es la suma entre x y z
  break;
  case 10:
  x = x + 20;  //La variable x se incrementa en 20
  z = z + 2;   // La variable z se incrementa en 2
  break;
  default:
  // Se ejecuta si no se cumple las condiciones anteriores (opcional)
  z = 0;  // La variable z adquiere el valor de 0
  x = 0;  // La variable x adquiere el valor de 0
}
```

3.10.3. WHILE

La estructura *"while"* ("mientras", en inglés) ejecuta el código descrito dentro de las llaves de manera indefinida mientras que la condición especificada entre sus paréntesis sea verdadera ("true",1).

Si se ejecutara por primera vez una estructura *"while"* y la condición resulta falsa, la codificación dispuesta dentro de las llaves no se ejecutará.

Las líneas de código dentro de un bucle *"while"* pueden ser tantas como se requieran y de cualquier tipo, incluyendo otros bucles *"while"*.

Estructura de control: **WHILE**

Sintaxis:

```
while (condición) {
  // Instrucciones a ejecutarse mientras la condición sea verdadera "true"
}
```

Donde:

condición: Expresión booleana que utiliza operadores de comparación

Ejemplo1:

```
int contador = 0;
while (contador < 100)
{
  //Se ejecuta la codificación mientras se cumple la condición
  contador ++; // La variable se incrementa en 1
}
```

Ejemplo2:

```
int temperatura = 40;
int alarma = 0;
while (temperatura > 30 && temperatura < 100)
{
  //Se ejecuta la codificación mientras se cumple la condición
  temperatura = temperatura + 10; // La variable se incrementa en 10
  if (temperatura > 70)
  {
    alarma = 1;
  }
  else
  {
    alarma = 0;
  }
}
```

3.10.4. DO ...WHILE

El ciclo *"do-while"* al igual que el *"while"* son una *estructura de control* que permite ejecutar una o varias líneas de código de forma cíclica, sin embargo, el ciclo *"do-while"* posibilita ejecutar primero el bloque de instrucciones antes de evaluar la condición necesaria. Las líneas de código dentro de un bucle *"do-while"* pueden ser tantas como se requieran.

Si el resultado de la evaluación de la condición del ciclo *"do-while"* resulta falsa, la codificación dispuesta dentro de las llaves no se volverá a ejecutará, mientras que,

Si el resultado de la evaluación de la condición del ciclo *"do-while"* resulta verdadera, la codificación dispuesta dentro de las llaves se volverá a ejecutará nuevamente.

Estructura de control: **DO … WHILE**

Sintaxis:
do {
  // Instrucciones a ejecutarse mientras la condición sea verdadera "true"
} while (condición);
Donde:
condición: Expresión booleana que utiliza operadores de comparación

Ejemplo1:
int contador = 0;
do
{
  //Se ejecuta la codificación mientras se cumple la condición
  contador ++; // La variable se incrementa en 1
} while (contador < 100) ;

Ejemplo2:
int temperatura = 40;
int alarma = 0;
do
{
  //Se ejecuta la codificación mientras se cumple la condición
  temperatura = temperatura + 10; // La variable se incrementa en 10
  if (temperatura > 70)
  {
    alarma = 1;
  }
  else
  {
    alarma = 0;
  }
} while (temperatura > 30 && temperatura < 100) ;

3.10.5. FOR

El ciclo *"for"* es conocido como una estructura de control de flujo cíclica que permite ejecutar una o varias líneas de código de forma iterativa. El ciclo *"for"* se diferencia del ciclo while, do-while en que las operaciones de control del ciclo se sitúan en la cabecera de la sentencia.

Para implementar una estructura cíclica *"for"* debe ser especificado entre paréntesis tres parámetros diferentes, los cuales se encuentran separadas mediante el símbolo ";" (punto y coma).

Estructura de control: **FOR**

Sintaxis:
for (inicialización ; condición ; incremento) {
// Instrucciones a ejecutarse mientras la condición sea verdadera "true"
}
Donde:
inicialización: Este parámetro se ejecuta una única vez, en ella se puede declarar una variable o definir el valor inicial de una variable existente, la cual será utilizada como contador de iteraciones del bucle.
Nota: El uso del parámetro de inicialización no es de carácter obligatorio.
condición: En esta sección se define una condición; antes de ejecutar la iteración se comprueba la condición, si esta es verdadera "true" se ejecuta el grupo de sentencias. Si la condición es evaluada como falsa "false", el bucle *"for"* finalizará.
incremento: Este parámetro define el incremento de la variable usada como contador por cada iteración del bucle.

En la sentencia *"for"* se ejecuta primero la parte de la inicialización y se evalúa la condición, si ésta es verdadera, se ejecuta el grupo de sentencias; posterior se ejecuta la sección del incremento, volviéndose a comprobar la condición, y así sucesivamente hasta que la condición evaluada resulte falsa, en dicho caso la sentencia *"for"* finalizara.

Ejemplo1:

int contador = 0;
// inicialización: se declara una variable denominada "x" y se inicializa con el valor "0" (cero).
// condición: ejecutarse el ciclo *"for"* mientras x < 10 (variable "x" debe ser menor a 10)
// incremento: la variable "x" presenta un incremento en 1 (uno)
for (int x = 0; x < 10; x++)
{
//Se ejecuta la codificación mientras se cumple la condición
contador ++; // La variable se incrementa en 1
}

Ejemplo2: **// Se realizará una tabla de multiplicar, en el cual el multiplicando variará de 1 a 10, y el multiplicador variará de 1 a 12.** int producto = 0;

```
int valor1 = 1;
int valor2 = 1;
// ciclo for 1
// inicialización: la variable "valor1" se inicializa con el valor de 1 (uno).
// condición: ejecutarse el ciclo "for" mientras valor1 <= 10 (variable "valor1"
// debe ser menor o igual a 10)
// incremento: la variable "valor1" presenta un incremento en 1 (uno)
// ciclo for 2
// inicialización: la variable "valor2" se inicializa con el valor de 1 (uno).
// condición: ejecutarse el ciclo "for" mientras valor2 <= 12 (variable "valor2"
// debe ser menor o igual a 10)
// incremento: la variable "valor2" presenta un incremento en 1 (uno)

// Multiplicando
for (valor1 = 1;valor1<=10; valor1++)
{
  //Multiplicador
  for (valor2 = 1;valor2<=12; valor2++)
  {
    producto = valor1 * valor2;
  }
}
```

3.11. FUNCIONES DE TIEMPO

Las funciones de tiempo permiten que el microcontrolador espere durante un determinado tiempo previo a continuar ejecutando el programa almacenado en su memoria.

3.11.1. DELAY( )

La función *"delay( )"* es un comando de código que en base al uso de temporizadores genera un retardo que detiene la operación secuencial del programa por un intervalo de tiempo en milisegundos, el cual está especificado entre paréntesis.

Función de tiempo: **DELAY()**
Sintaxis: delay (ms) Donde: delay: Palabra reservada del Arduino IDE **ms:** Numero de milisegundos que el programa se pausara. **Nota**: Ninguna otra lectura de sensores, cálculos matemáticos o manipulación de pines podrá ser procesado mientras la función de *"delay"* se esté ejecutando, por lo que, en efecto, detiene la mayoría de las actividades codificadas.

La función *"delay( )"* admite un valor máximo de hasta $4294967295\,ms$, que es aproximadamente el equivalente a 50 días.

Ejemplo1:
// Se declara una variable denominada temporizador
// que inicializa su valor en cero (0)
int temporizador = 0;
// Se detiene todos los procesos durante 1000 milisegundos (1 segundo)
delay (1000);
// La variable temporizador se incrementa en uno (1)
temporizador ++;

Ejemplo2:
// Se declara una variable denominada proceso
// que inicializa su valor en cero (0)
int proceso = 0;
// Se detiene todos los procesos durante 200 milisegundos (0,2 segundo)
delay (200);
// A la variable temporizador se le asigna el valor de dos (2)
proceso =2;
// Se detiene todos los procesos durante 12000 milisegundos (12 segundo)
delay (12000);

3.11.2. DELAYMICROSECONDS( )

La función *"delayMicroseconds( )"*, al igual que la función *"delay( )"* es un comando de código que en base al uso de temporizadores genera un retardo que detiene la operación secuencial del programa por un intervalo de tiempo en microsegundos especificado entre paréntesis.

Función de tiempo: **DELAYMICROSECONDS( )**
Sintaxis: delayMicroseconds (us) Donde: delayMicroseconds: Palabra reservada del Arduino IDE **us:** Numero de microsegundos que el programa se pausara. **Nota**: Ninguna otra lectura de sensores, cálculos matemáticos o manipulación de pines podrá ser procesado mientras la función de *"delayMicroseconds"* se esté ejecutando, por lo que, en efecto, detiene la mayoría de las actividades codificadas.

La función *"delayMicroseconds( )"* admite un valor máximo es 16383, que es de 16 milisegundos.

<table>
<tr><td>Ejemplo1:
// Se declara una variable denominada temporizador
// que inicializa su valor en cero (0)
int temporizador = 0;
// Se detiene todos los procesos durante 500 microsegundos (0,0005 segundo)
delayMicroseconds (500);
// La variable temporizador se incrementa en uno (1)
temporizador ++;</td></tr>
<tr><td>Ejemplo2:
// Se declara una variable denominada proceso
// que inicializa su valor en cero (0)
int proceso = 0;
// Se detiene todos los procesos durante 16000 microsegundos (0,016 segundo)
delayMicroseconds (16000);
// A la variable temporizador se le asigna el valor de cuatro (4)
proceso =4;
// Se detiene todos los procesos durante 12000 microsegundos (0,012 segundo)
delayMicroseconds (12000);</td></tr>
</table>

3.11.3. MILLIS()

La función *"millis( )"* permite realizar un retardo sin detener la ejecución del programa, evitando así las desventajas de la función *"delay( )"* y *"delayMicroseconds( )"*. El valor máximo que admite la función *"millis( )"* es de 4294967295 milisegundos, esto indica que después de aproximadamente 50 días el valor de *millis()* se desborda e inicia su valor desde cero.

Con función *"millis( )"* no detenemos la ejecución de todo el sketch, sólo se especifica el tiempo en el que determinado código se ejecutara o será pausado. A diferencia de *delay( )"*, *"millis( )"* no detiene la ejecución del código. Esta función retorna el número de milisegundos que han transcurridos desde que el microcontrolador fue encendido e inicio a ejecutar su código o desde que se generó un *reset* interno o externo.

<table>
<tr><td>Función de tiempo: MILLIS()</td></tr>
<tr><td>Sintaxis:
millis ( )
Donde:</td></tr>
</table>

millis: Palabra reservada del Arduino IDE
Nota: La función *"millis( )"* retorna el número de milisegundos desde que se inició a ejecutar el *sketch.*

El uso de la función *"millis( )"* requiere más líneas código que la función *"delay( )"*, pero puede ser utiliza para ejecutar cualquier código que requiera generar algún tipo de pausa en el sketch sin detener la ejecución de todo el programa.

Nota: Los siguientes ejemplos son los planteados en la función *"delay( )",* pero se utilizará la función *"millis( )"* para su codificación.

Ejemplo1:

```
// Se declara una variable denominada "prev_temp" que inicializa su valor en cero (0)
int prev_temp = 0;
// Se declara una variable denominada "tiempo" que inicializa su valor en mil (1000)
// esta variable define el tiempo que se desea pausar el código.
int tiempo = 1000;
//Si, la diferencia entre el valor retornado por la función "millis()" y el valor
// de la variable "prev_temp" es mayor a 1000
if (millis() – prev_temp > 1000)
{
   // A la variable "prev_temp" se asigna el valor que retorna la función "millis()"
    prev_temp = millis();
    // La variable temporizador se incrementa en uno (1)
   temporizador ++;
}
```

3.12. ENTRADAS Y SALIDAS DIGITALES

Una señal digital es aquella que sólo puede proporcionar dos estados lógicos (ALTO y BAJO) (HIGH y LOW), o en efecto "0" y "1".

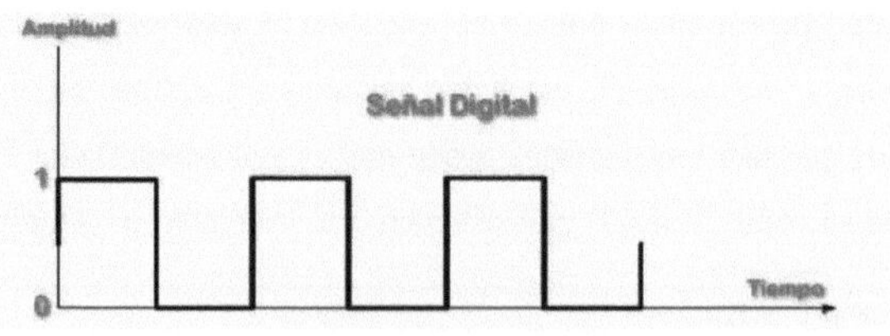

Ilustración 3.6. Señal digital

Las entradas digitales en Arduino son los pines en los cuales se puede conectar sensores o dispositivos que detecten algún cambio o una variación de variables físicas del mundo real.

Una salida digital en Arduino son los pines que permite variar su tensión a uno de los dos estados lógicos mediante programación, y por tanto nos permite realizar acciones con el entorno físico.

Todos los pines digitales de Arduino pueden actuar como salidas digitales (por ello se denominan GPIO, Entradas y Salidas de Propósito General), se debe destacar que los pines analógicos de entrada también pueden ser usados como entradas y salidas digitales. El número de pines de entrada y salida digital, depende del modelo de cada una de las tarjetas Arduino.

Nota: Para implementar circuitos, debe ser considerado la corriente máxima de entrada y salida que soporta los pines de Arduino

3.12.1. PINMODE( )

La función *"pinMode( )"*, generalmente es utilizada en la función *"void setup( )"* para configurar el modo de operación de un pin, el cual puede trabajar como entrada (INPUT) o salida (OUTPUT).

A partir de la versión 1.0.1 del IDE de Arduino, es posible habilitar las resistencias pullup internas con el modo INPUT_PULLUP.

Nota: El modo INPUT deshabilita explícitamente los pullups internos.

Función: PINMODE( )
Sintaxis: pinMode (pin, mode) Donde: pinMode: Palabra reservada del Arduino IDE que permite definir el comportamiento de un pin de la tarjeta Arduino. **pin:** Numero del pin a ser configurado su modo de operación. **mode**: Modo de operación del pin, puede ser INPUT, OUTPUT, INPUT_PULLUP

INPUT: Los pines de la tarjeta de desarrollo Arduino se establecen de forma predeterminada como INPUT, por lo que si van a trabajar como entradas, no es necesario declararlos explícitamente utilizando la función pinMode( ). Los pines configurados como entrada presentan un estado de alta impedancia de aproximadamente 100 Mega Ohmios, lo que permite que se requiera una mínima cantidad de corriente para su conmutación de un estado a otro.

Sin embargo, esto también significa que los pines configurados como entradas que no presenten una conexión física a unos de los estados lógicos digitales presentaran cambios aparentemente aleatorios en el estado del pin, captando ruido eléctrico del entorno, o acoplando capacitivamente el estado de un pin cercano.

INPUT_PULLUP: Es necesario conectar un pin de entrada a un estado definido para evitar la generación de señales aleatorias, esto se puede realizar agregando al pin de entrada una resistencia pullup a Vcc o una resistencia pulldown GND. Una resistencia de $10K\Omega$ es un valor recomendable para una resistencia pullup o pulldown.

Los chips ATmega integran resistencias pullup de 20K, a las que se puede acceder mediante programación. Se accede a estas resistencias pullup integradas configurando pinMode() como INPUT_PULLUP.

El valor de la resistencia de pullup depende del microcontrolador utilizado. En la mayoría de las placas basadas en AVR, el valor está garantizado entre $20\ k\Omega$ y $50\ k\Omega$. En Arduino DUE, está entre $50\ k\Omega$ y $150\ k\Omega$. Para conocer el valor exacto, debe consultar la hoja de datos del microcontrolador de su tarjeta de desarrollo.

OUTPUT: Los pines configurados como SALIDA (OUTPUT) mediante la función pinMode() se encuentran en un estado de baja impedancia. Esto significa que pueden proporcionar una cantidad sustancial de corriente a otros circuitos. Los pines Atmega pueden proporcionar hasta 40 mA (miliamperios) de corriente a otros dispositivos y/o circuitos. Esta es suficiente corriente para encender un o hacer funcionar diversos sensores, pero no es suficiente corriente para hacer funcionar la mayoría de los relés, solenoides o motores.

Intentar accionar dispositivos que requieren de una corriente superior a la máxima que un pin está diseñado para suministrar puede dañar o destruir los transistores de salida en el pin, o dañar todo el chip ATmega. A menudo, esto dará como resultado un pin "muerto" en el microcontrolador, pero los demás pines del chip podrán seguir funcionando adecuadamente. Por esta razón, es una recomendable conectar los pines de SALIDA a otros dispositivos mediante el uso de resistencias o elementos de acoplamiento.

Ejemplo1:
void setup( )
{
// Se define al pin 13 como salida
pinMode(13, OUTPUT)
}

Ejemplo2:
void setup( )
{
// Se define al pin 8 como entrada
pinMode(8, INPUT)
}

Ejemplo3:
void setup( )
{
// Se define al pin 5 como entrada y con resistencia pullup activada
pinMode(8, INPUT_PULLUP)
}

3.12.2. DIGITALREAD()

La función *"digitalRead( )"* permite leer el estado o condición lógica de una entrada digital de Arduino. Esta función retorna como resultado, "1" (*"HIGH"*) si en el pin configurado como entrada se presenta un voltaje que corresponde a un nivel lógico alto. Por ejemplo, para un Arduino UNO, un nivel lógico comprende valores de voltaje entre: 3V y 5.5V. El resultado de la función será "0" (*"LOW"*) si el voltaje de entrada corresponde a un nivel lógico bajo, para un Arduino UNO comprende entre un rango de: $-0.5V\ a\ 1.5V$. Estos parámetros considerando un voltaje de alimentación (Vcc) del microcontrolador de la tarjeta Arduino de exactamente 5V.

Función: DIGITALREAD( )
Sintaxis: digitalRead (pin) Donde: digitalRead: Palabra reservada del Arduino IDE que lee el estado de un pin definido **pin:** Numero del pin digital a ser leído.

Ejemplo1:

```
void setup( )
{
   // Se define al pin 13 como entrada digital
   pinMode(13, INPUT)
   // Leer el estado lógico del pin 13
   digitalRead(13);

}
```

Ejemplo2:

```
// Se declara una variable denominada "estado_pin"
int estado_pin;
void setup( )
{
   // Se define al pin 8 como entrada digital
   pinMode(8, INPUT)
   // Leer el estado lógico del pin 8 y asignar el valor a la variable "estado_pin"
   estado_pin = digitalRead(8);
}
```

3.12.3. DIGITALWRITE()

La función *"digitalWrite( )"* permite escribir un estado lógica (*"HIGH" o "LOW"*) en un pin digital de Arduino. El estado *"HIGH"* establece en un determinado pin un valor de tensión de 5 Vcc (3,3Vcc en placas que funcionan con 3,3 Vcc) y el estado *"LOW"* lo establece a 0 Vcc.

Función: DIGITALWRITE( )
Sintaxis: digitalWrite (pin) Donde: digitalWrite: Palabra reservada del Arduino IDE que escribe un estado lógico en un pin definido **pin:** Numero del pin digital a ser escrito.

Ejemplo1:

```
void setup( )
{
   // Se define al pin 13 como salida digital
   pinMode(13, OUTPUT)
```

```
    // Escribe el estado lógico HIGH en el pin 13
    digitalWrite(HIGH);
}
```

Ejemplo2:

```
void setup( )
{
    // Se define al pin 4 como salida digital
    pinMode(4, OUTPUT)
}
void setup( )
{
    // Escribe el estado lógico LOW en el pin 4
    digitalWrite(LOW);
    // Genero una pausa de 1 segundo
    delay(1000);
    // Escribe el estado lógico HIGH en el pin 4
    digitalWrite(HIGH);
    // Genero una pausa de 1 segundo
    delay(1000);
}
```

3.12.4. INTERRUPCIÓN EXTERNA POR HARDWARE

Una interrupción externa es un mecanismo que permite a un dispositivo o componente externo enviar una señal a procesador o al microprocesador para interrumpir la ejecución normal del programa y realizar una acción específica.

Cuando ocurre una interrupción externa, el microprocesador suspende temporalmente la ejecución del programa en curso y atiende la solicitud del dispositivo externo. Una vez que se ha manejado la interrupción, el microprocesador retoma la ejecución del programa desde donde se detuvo.

Las interrupciones externas son comunes en sistemas embebidos y en dispositivos que necesitan responder rápidamente a eventos externos. Los eventos pueden generarse mediante interrupciones externas generadas por:

- **Señales de hardware:** Dispositivos de entrada/salida (por ejemplo, teclados, mouse, sensores) pueden enviar señales al microprocesador para indicar que se ha producido un evento.

- **Temporizadores**: Un temporizador puede generar una interrupción en momentos predefinidos para realizar ciertas tareas en intervalos específicos.
- **Comunicaciones**: En sistemas de comunicación, como redes o puertos seriales, pueden recibir datos o mensajes que generan interrupciones para su procesamiento.

El uso de interrupciones externas permite una programación más eficiente y rápida al liberar al microprocesador de la necesidad de estar constantemente revisando si ocurren eventos externos. En su lugar, el microprocesador puede continuar con otras tareas hasta que una interrupción externa lo notifique de la ocurrencia de un evento importante que requiere su atención inmediata.

La cantidad de pines de interrupciones externas disponibles en las tarjetas de desarrollo Arduino está en dependencia del modelo de Arduino con el cual se esté trabajando.

Tabla 3.11. *Distribución de pines de interrupciones externas*

Interrupción	Arduino UNO	Arduino Nano	Arduino LEONARDO	Arduino MEGA
INT0	Pin 2	Pin 2	Pin 3	Pin 2
INT1	Pin 3	Pin 3	Pin 2	Pin 3
INT2			Pin 0	Pin 21
INT3			Pin 1	Pin 20
INT4			Pin 7	Pin 19
INT5				Pin 18

No es necesario incluir bibliotecas adicionales en el código de Arduino para poder utilizar interrupciones externas, únicamente es necesario hacer uso de determinadas funciones o métodos incorporados en el IDE de Arduino.

La función *"attachInterrupt()"* permite habilitar las interrupciones externas incorporadas en las tarjetas de desarrollo Arduino.

Función: ATTACHINTERRUP()
Sintaxis: attachInterrupt (pin, ISR, modo) Donde:

attachInterrupt: Palabra reservada del Arduino IDE que habilita una interrupción externa.
pin: Para utilizar las interrupciones en Arduino, es necesario tener en cuenta los pines asignados a ellas. En el caso del Arduino UNO, hay dos pines disponibles para interrupciones, que son el 2 y el 3. Sin embargo, al referenciarlos en el código, se debe usar un valor ordinal específico. Si se desea utilizar el pin 2, se debe usar el valor 0, y si desea utilizar el pin 3, debe usar el valor 1.
Para simplificar dicho proceso, se puede utilizar la función "*digitalPinToInterrupt(pin)*". Esta función devuelve el valor ordinal correspondiente al pin deseado.
Por ejemplo, si se desea utilizar el pin 2, se invoca a la función" *digitalPinToInterrupt(2"),* y esto devolverá el valor 0, que es el valor ordinal correspondiente. Este enfoque es recomendado por Arduino para asegurar la correcta asignación de los pines en las interrupciones.
ISR: ISR (Interrupt Service Routine) es una abreviatura que se refiere a la rutina de servicio de interrupción. Es una función o método que se ejecuta cuando se produce una interrupción. Esta rutina es de un tipo especial, ya que no admite parámetros y no devuelve ningún valor.
modo: Define las características que permite que la interrupción se active, puede tomar uno de los cuatro vales definidos:

- **LOW**: La interrupción se activará cuando el pin esté en estado bajo.
- **CHANGE**: La interrupción se activará cuando el pin cambie de valor, ya sea de alto a bajo o de bajo a alto.
- **RISING**: La interrupción se activará cuando el pin cambie de estado de bajo a alto.
- **FALLING**: La interrupción se activará cuando el pin cambie de estado de alto a bajo.

Ejemplo1:

```
void setup( )
{
   // Habilito interrupción del pin 2, cuando la interrupción se realiza, ejecutar el
   // código existente dentro de la función "Menos".
   attachInterrupt(digitalPinToInterrupt (2), Menos, RISING);
}

void loop( )
{
   // Ejecutar código principal

}
```

```
void Menos()
{
    // Código ejecutar cuando se haya ejecutado la interrupción
}
```

Ejemplo2:

```
void setup( )
{
    // Habilito interrupción del pin 2, cuando la interrupción se realiza, ejecutar el
    // código existente dentro de la función "Mas".
    attachInterrupt(digitalPinToInterrupt (3), Mas, FALLING);
}

void loop( )
{
    // Ejecutar código principal

}


void Mas( )
{
    // Código ejecutar cuando se haya ejecutado la interrupción
}
```

3.13. ENTRADAS Y SALIDAS ANALÓGICAS

Una señal analógica es una señal que varía de forma continua en función del tiempo. Muchas señales que representan una magnitud física (temperatura, velocidad, humedad, etc.) son señales analógicas. Las señales analógicas pueden tomar todos los valores posibles de un intervalo, mientras que las señales digitales solo pueden tomar dos valores posibles.

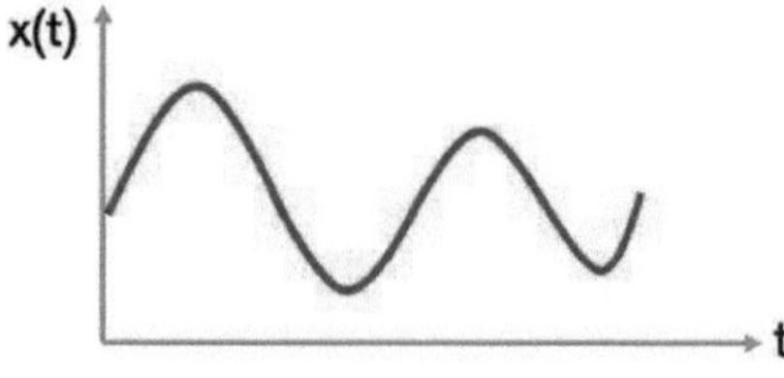

Ilustración 3.7. Señal analógica

Las tarjetas de desarrollo Arduino, así como otro tipo de tarjetas electrónicas utilizan Conversores Analógicos Digital (DAC) para convertir la señal analógica de voltaje en un valor binario.

La señal analógica, se conecta a la entrada del dispositivo y se somete a un muestreo a una velocidad fija. La digitalización consiste básicamente en realizar de forma periódica medidas de la amplitud (tensión) de una señal, redondear sus valores a un conjunto finito de niveles preestablecidos de tensión (conocidos como niveles de cuantificación) y registrarlos como números enteros en cualquier tipo de memoria o soporte. Los procesos que dan lugar a esta conversión son el muestreo, la retención, la cuantificación y la codificación:

Muestreo: el muestreo (en inglés, *sampling*) consiste en tomar muestras periódicas de la amplitud de onda. La velocidad con que se toma esta muestra, es decir, el número de muestras por segundo, es lo que se conoce como frecuencia de muestreo ("Condición de Nyquist"). El ingeniero sueco Harry Nyquist formuló el siguiente teorema para obtener una grabación digital de calidad. "La frecuencia de muestreo mínima requerida para realizar una grabación digital de calidad, debe ser igual al doble de la frecuencia de audio de la señal analógica que se pretenda digitalizar y grabar". Al no cumplirse este requisito aparecerá el fenómeno de *aliasing*, el cual propiciará la aparición de frecuencias "alias", y la señal original no puede ser reconstruida de forma unívoca a partir de la señal digital.

Retención (en inglés, hold): las muestras tomadas han de ser retenidas (*retención*) por un circuito de retención (*hold*) el tiempo suficiente para permitir evaluar su nivel (*cuantificación*).

Cuantificación: en este proceso se mide el nivel de voltaje de cada una de las muestras. Consiste en asignar un margen de valor de una señal analizada a un único nivel de salida.

Error de cuantificación: incluso en su versión ideal, añade, como resultado, una señal indeseada a la señal de entrada.

Ruido de cuantificación: señal en tiempo discreto y amplitud continua que resulta de igualar los niveles de las muestras de amplitud continua a los niveles de cuantificación más próximos.

Codificación: la codificación consiste en traducir los valores obtenidos durante la cuantificación al código binario. Hay que tener presente que el código binario es el más utilizado, pero también existen otros tipos de códigos que también son utilizados.

3.13.1. ANALOGREAD( )

La función *"analogRead( )"*, lee el valor de un pin analógico especificado. Arduino contienen un convertidor de analógico a digital multicanal de 10 bits. Esto significa que mapeará voltajes de entrada entre 0 y el voltaje de operación del microcontrolador (5V o 3.3V) en valores enteros entre 0 y 1023, generándose una resolución entre las lecturas de: $5\,voltios\ /\ 1024\,unidades\ =\ 0.0049\,voltios\ (4{,}9\,mV)$ por unidad. El rango de entrada y la resolución se pueden cambiar mediante la función *"analogReference( )"*.

El microcontrolador aproximadamente tarda 100 microsegundos ($0.0001\ s$) para realizar la lectura de una entrada analógica, por lo que la velocidad de lectura máxima es de alrededor de 10.000 veces por segundo.

La tabla siguiente muestra las características de diversas tarjetas Arduino en relación a su capacidad de conversión analógica digital.

Tabla 3.12. *Características de conversión analógica digital de tarjetas Arduino.*

Tarjeta Arduino	Tensión de operación	Pines utilizables	Resolución máxima
UNO	5 Vcc	6 (A0 a A5)	10 bits
Mini Nano	5 Vcc	8 (A0 a A7)	10 bits
Mega, Mega 2560, Mega ADK	5 Vcc	15 (A0 a A14)	10 bits
Micro	5 Vcc	12 (A0 a A11)*	10 bits
Leonardo	5 Vcc	12 (A0 a A11)*	10 bits
Zero	3,3 Vcc	6 (A0 a A5)	12 bits**
Due	3,3 Vcc	12 (A0 a A11)	12 bits**
Familia de tarjetas MKR	3,3 Vcc	7 (A0 a A6)	12 bits**

*A0 a A5 están etiquetados en la placa, A6 a A11 están disponibles respectivamente en los pines 4, 6, 8, 9, 10 y 12.

**La resolución predeterminada *"analogRead( )"* para estas placas es de 10 bits, por compatibilidad. Debe usar *"analogReadResolution( )"* para cambiarlo a 12 bits.

3.13.2. ANALOGREADRESOLUTION( )

La función *"analogReadResolution( )"* es una extensión de la interfaz de programación de aplicaciones (API) de Arduino diseñado para las tarjetas de desarrollo Arduino Zero, Due y familia MKR. Esta función permite configurar la resolución (número de bits) del valor que retorna la función *"analogRead( )"*, por defecto, la resolución está configurado a 10 bits (valores entre 0 y 1023).

Las tarjetas de desarrollo Arduino Zero, Due y familia MKR presentan conversores analógico digital (ADC) de 12 bits (valores entre 0 y 4095).

Función: ANALOGREADRESOLUTION( )
Sintaxis: digitalReadResolution (bits) Donde: digitalReadResolution: Palabra reservada del Arduino IDE que configura el número de bits del ADC. **bits:** Determina el número de bits del ADC.

Ejemplo1:

```
// Conversor Analógico Digital configurado en 10 bits de resolución
digitalReadResolution(10);
```

Ejemplo2:

```
void setup( )
{
   // Se define al pin 4 como salida digital
   pinMode(4, OUTPUT)
}
void setup( )
{
   // Escribe el estado lógico LOW en el pin 4
   digitalWrite(LOW);
   // Genero una pausa de 1 segundo
   delay(1000);
   // Escribe el estado lógico HIGH en el pin 4
   digitalWrite(HIGH);
   // Genero una pausa de 1 segundo
   delay(1000);
}
```

3.13.3. ANALOGREFERENCE( )

La función *"analogRead( )"* mediante el uso de los pines de entrada analógica del Arduino permite medir el voltaje de una señal eléctrica proveniente de algún tipo de sensor. El valor devuelto por *"analogRead( )"* puede variante entre 0 y 1023, el valor de cero representando cero voltios y 1023 representa el voltaje al cual el ADC de la placa Arduino está referenciado $(Aref)$.

La resolución de un convertidor analógico digital (ADC) se expresa en número de bits y establece el número de niveles en los que se puede dividir una señal analógica.

Para determinar la resolución de un ADC de n-bit, se divide 1 entre 2^n.

$$resolucion = \frac{1}{2^n} A_{ref}$$

Donde:

$2 \; es \; una \; constante$

$n \; es \; el \; número \; de \; bits \; del \; ADC$

$A_{ref} \; es \; el \; voltaje \; de \; referencia$

Por ejemplo, un convertidor analógico digital (ADC) de 10 bit que esta referenciado a $5Vcc$ presenta una resolución de:

$$resolucion = \frac{1}{2^{10}} 5V$$

$$resolucion = 0{,}004882 \; V$$

$$resolucion = 4{,}882 \; mV$$

En un Arduino con un ADC de $10 \; bits$ referenciado a $5V_{cc}$ cada escalón de medida es de $0{,}004882 \; V$ $(4{,}882 \; mV)$, lo que significa que no puede discriminar entre valores de tensión cuya diferencia sea menor que dicho valor.

Cada vez más, la industria produce elementos electrónicos de $3{,}3V$, sí usamos un ADC que se encuentre referenciado a $5V_{cc}$ para digitalizar señales de $3{,}3V$ se pierde precisión y resolución, ya que se desprecia un tercio de las posibles comparaciones. En la práctica, al ser $3{,}3V$ el máximo valor de la tensión de entrada nunca se obtendrán lecturas mayores de $1.024 * \frac{3{,}3}{5} = 675$ y se seguirá teniendo una resolución de $4{,}882\ mV$.

En este caso, si el valor del voltaje de referencia $(Aref)$ del ADC pudiera ser cambiado a $3{,}3V$, la resolución seria:

$$resolucion = \frac{1}{2^{10}} 3{,}3V$$

$$resolucion = 0{,}003222\ V$$

$$resolucion = 3{,}222\ mV$$

Es decir, se ha mejorado la resolución del Convertidor Analógico Digital sin tener que realizar una modificación al hardware de la tarjeta.

La instrucción *"analogReference()"* configura el nivel de referencia $(Aref)$ del ADC de Arduino, la cual dispone de un único parámetro, en la placa Arduino UNO, MEGA, LEONARDO entre otros puede tener los siguientes valores:

- **DEFAULT:** es la referencia del ADC por defecto, $5V$ (en placas Arduino alimentadas a 5 V) o $3{,}3V$ (en placas Arduino alimentadas a 3.3 V)
- **INTERNAL:** el voltaje de referencia interna es de $1{,}1V$en el ATmega168 o ATmega328 y $2{,}56V$ en el ATmega8 (no disponible en el Arduino Mega)
- **INTERNAL1V1:** el voltaje de referencia interna es de $1{,}1V$ (solo Arduino Mega)
- **INTERNAL2V56:** el voltaje de referencia interna es de 2.56 V (solo Arduino Mega)
- **EXTERNAL:** el voltaje de referencia para el ADC es el aplicado en el pin $Aref$, admite valores entre 0 y 5V.

Función: ANALOGREFERENCE( )
Sintaxis: analogReference (parámetro) Donde: analogReference: Palabra reservada del Arduino IDE que configura la referencia del ADC. **parámetro:** Determina el parámetro de referencia del ADC.

Ejemplo1: // Configuro al ADC con el parámetro INTERNAL analogReference (INTERNAL);
Ejemplo2: // Configuro al ADC con el parámetro EXTERNAL analogReference (EXTERNAL);

3.13.4. ANALOGWRITE( )

La función *"analogWrite()"* está vinculada directamente a los pines del Arduino por donde se puede generar por hardware una señal modulada por ancho de pulso (PWM).

3.14. NÚMEROS ALEATORIOS

Un número aleatorio se utiliza en muchos contextos diferentes, dependiendo del campo en el que se esté trabajando. A continuación, se presentan algunos ejemplos:

- En estadística y probabilidad, los números aleatorios se utilizan para simular eventos que son inciertos o impredecibles. Por ejemplo, se pueden generar números aleatorios para modelar el lanzamiento de un dado o para simular el comportamiento de un sistema complejo.
- En la criptografía, los números aleatorios se utilizan para generar claves de cifrado y firmas digitales. Los números aleatorios se consideran esenciales para garantizar la seguridad de los sistemas criptográficos.
- En la informática, los números aleatorios se utilizan en aplicaciones que requieren una cierta aleatoriedad. Por ejemplo, se pueden utilizar para generar contraseñas aleatorias, para seleccionar elementos de una lista de forma aleatoria, o para simular eventos aleatorios en un juego.
- En la simulación numérica, los números aleatorios se utilizan para modelar eventos estocásticos en modelos matemáticos. Por ejemplo, se pueden utilizar para simular el comportamiento del mercado financiero o el flujo de tráfico en una ciudad.

Arduino presenta dos funciones que permiten generar números *pseudoaleatorios*. Los números pseudoaleatorios son una secuencia de números que parecen ser aleatorios, pero que en realidad son generados a través de un algoritmo determinista. Es decir, aunque los números generados parecen ser aleatorios, en realidad están determinados por una fórmula matemática y un número inicial, conocido como semilla.

Aunque los números pseudoaleatorios son una buena aproximación a la aleatoriedad, no son perfectos y pueden contener patrones repetitivos si se utilizan de forma incorrecta. Por esta razón, es importante utilizar algoritmos de generación de números pseudoaleatorios que sean robustos y estén diseñados para minimizar la presencia de patrones en la secuencia generada.

3.14.1. RANDOM( )

La función *"random( )"* genera un número pseudoaleatorio, en Arduino esta función presenta dos sintaxis posibles.

Función: RANDOM ( )
Sintaxis: random (max) Donde: random: Palabra reservada del Arduino IDE que permite generar un número pseudoaleatorio. max: Límite superior del valor aleatorio.

La función *"random"* genera un numero entre cero (0) y el valor del parámetro $max - 1$

Ejemplo1:
//Se declara una variable del tipo long
long RandNumero;
// Genera un número pseudoaleatorio entre 0 y 399
RandNumero = random(400);

Ejemplo1:
//Se declara una variable del tipo long
long RandNumero;
// Genera un número pseudoaleatorio entre 0 y 99
RandNumero = random(100);

La segunda sintaxis de la función *"random()"* es definiendo el parámetro mínimo (min) y máximo (max) para la generación de los números pseudoaleatorio

Función: RANDOM ( )
Sintaxis: random (min, max) Donde: random: Palabra reservada del Arduino IDE que permite generar un número pseudoaleatorio.

min: Límite inferior del valor aleatorio. max: Límite superior del valor aleatorio.

La función *"random"* genera un numero entre el valor mínimo definido (min) y el valor del parámetro $max - 1$

Ejemplo1:
//Se declara una variable del tipo long
long RandNumero;
// Genera un número pseudoaleatorio entre 100 y 199
RandNumero = random(100, 200);

Ejemplo1:
//Se declara una variable del tipo long
long RandNumero;
// Genera un número pseudoaleatorio entre 10 y 19
RandNumero = random(10, 20);

3.15. FUNCIONES MATEMÁTICAS

Arduino dispone de diversas funciones matemáticas que pueden ser utilizadas

3.15.1. MAP( )

La función *"map( )"* se utiliza para redimensionar un valor de un rango inicial *"límites inferiores"* a un rango deseado *"límites superiores"*. Es importante destacar que los valores definidos como *"límites inferiores"* en cualquiera de los rangos pueden ser superiores o inferiores a los valores establecidos como *"límites superiores"*. Por lo tanto, la función *"map( )"* se puede emplear para cambiar el orden de los valores de entrada y obtener valores de salida en un orden inverso.

Función: MAP( )
Sintaxis: map (valor, fromLow, fromHigh, toLow, toHigh) Donde: map: Palabra reservada del Arduino IDE que redimensiona un valor entero **valor**: Número a mapear. **fromLow**: Límite inferior del valor actual

fromHigh: Límite superior del valor actual **toLow:** Límite inferior del valor objetivo **toHigh:** Límite superior del valor objetivo

Ejemplo1:
```
void loop( )
{
    // Lectura del conversor análogo a digital A0
    int Val = analogRead(0);
    // Redimensionar el valor de la variable Val
    Val = map(val, 0, 1023, 0, 255);
}
```

3.15.2. ABS( )

La función *"abs()"* es utilizada para calcular el valor absoluto de un número. El valor absoluto también es conocido como módulo, el cual es una magnitud numérica que no presenta signo (positivo o negativo).

Función: ABS( )
Sintaxis: abs (valor) Donde: abs: Palabra reservada del Arduino IDE que calcula el valor absoluto. **valor:** Número.

Ejemplo1:
```
int ValorABS;
void loop( )
{
    // Declaro variable con número negativo
    int Val = -10;
    // Obtener el valor absoluto
    ValorABS = abs(Val);
}
```

Ejemplo2:
```
int ValorABS;
void loop( )
{
    // Declaro variable con número negativo
    int Val = 25;
```

```
    // Obtener el valor absoluto
    ValorABS = abs(Val);
}
```

3.15.3. POW( )

En Arduino, la función *"pow()"* se utiliza para calcular la potencia de un número, es decir, elevar un número a una potencia específica. Es importante tener en cuenta que la función *"pow()"* devuelve un valor en punto flotante (tipo de dato *double*).

Función: POW( )
Sintaxis: pow (base, exponente) Donde: pow: Palabra reservada del Arduino IDE que calcula la potencia de un número. **base:** Número que se va a elevar a una potencia específica (soporta números del tipo float). **exponente**: Número que indica a cuál potencia se elevará la base (soporta números del tipo float).

Ejemplo1:

```
double Potencia;
int Base = 2;
int Exponente = 4;
void loop( )
{
    // Calculo la potencia (2^4)
    Potencia = pow(Base, Exponente);
}
```

Ejemplo2:

```
double Potencia;
int Base = -3;
int Exponente = 2;
void loop( )
{
    // Calculo la potencia (-3^2)
    Potencia = pow(Base, Exponente);
}
```

CAPITULO IV

Para implementar proyectos electrónicos con microcontroladores es necesario que el lector conozca conceptos básicos de electricidad y electrónica, en este capítulo se tratará una introducción básica a la electricidad y electrónica, se expondrá el principio de funcionamiento de diversos componentes empleados en la electrónica que serán utilizados para la generación de proyectos prácticos.

4.1. TENSIÓN ELÉCTRICA

La tensión eléctrica, también denominada como diferencia de potencial eléctrico o voltaje, se refiere a la energía eléctrica que se transporta en un circuito eléctrico por unidad de carga. Su medida se realiza en voltios (V) y se define como la diferencia de potencial eléctrico existente entre dos puntos en un circuito.

La tensión eléctrica puede ser de corriente continua o corriente alterna.

4.1.1. TENSIÓN ELÉCTRICA DE CORRIENTE ALTERNA

La corriente alterna (CA o AC, por sus siglas en inglés de Alternating Current) es aquella que cambia de manera cíclica su magnitud y sentido en función del tiempo.

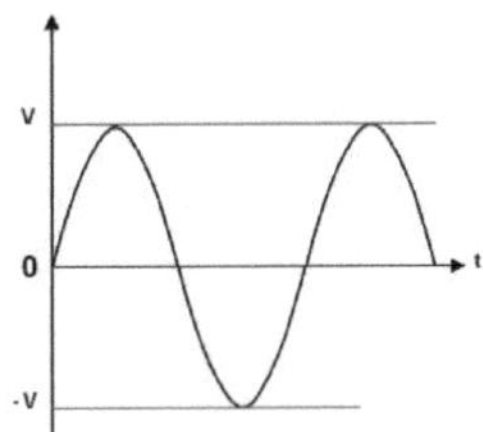

Ilustración 4.1. Señal de corriente alterna

Este tipo de corriente presenta las siguientes características:

- **Frecuencia:** es el número de ciclos de la señal medida por unidad de tiempo, la unidad de tiempo es el segundo, su unidad de medida es el Hercio (Hz).
- **Periodo:** Es el tiempo que dura un periodo, su unidad de medida es el segundo.
- La corriente alterna presenta otros parámetros como la tensión de pico V_p, pico a pico V_{pp}, tensión eficaz V_{rms}.

- La CA de la red eléctrica presenta una forma de onda del tipo Senoidal.
- Dependiendo de la región, la amplitud del voltaje de corriente eléctrica monofásica puede ser de $110Vac$ y $220Vac$.

La corriente alterna no puede ser almacenada en baterías, su generación es más fácil y económica gracias al uso de alternadores; para elevar o reducir la corriente alterna se utiliza transformadores eléctricos.

4.1.2. TENSIÓN ELÉCTRICA DE CORRIENTE CONTINUA

Se denomina corriente continua (CC) o corriente directa (CD) al flujo de carga eléctrica a través de un conductor que no cambia su sentido con el tiempo, este tipo de corriente es la más utilizada para energizar equipos electrónicos.

La corriente continua puede ser almacena en baterías, para poder aumentar su amplitud se requiere de dispositivos electrónicos complejos y de alto costo.

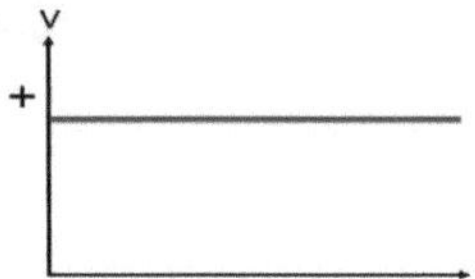

Ilustración 4.2. Señal de corriente continua

4.2. INTENSIDAD DE CORRIENTE ELÉCTRICA

La intensidad de corriente eléctrica es la cantidad de electricidad o carga eléctrica (Q) que circula por un circuito en la unidad de tiempo (t). Una corriente de 1 amperio significa que 1 $culombio$ de electrones, que equivale a $6{,}24\ trillones$ $(6{,}24\ x\ 10^{18})$ de electrones, pasa por un punto de un circuito en 1 segundo.

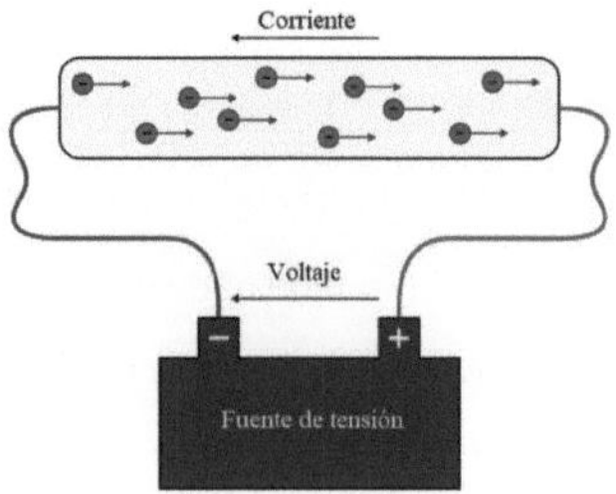

Ilustración 4.3. Corriente eléctrica

4.3. RESISTENCIA ELÉCTRICA

La resistencia eléctrica es la oposición que un cuerpo presenta al flujo de corriente, su unidad de medida es el Ohmio y es representada por el símbolo griego **Ω**. El nombre de esta unidad Ohmio, rinde homenaje al físico alemán Georg Simon Ohm, quien investigó la relación que existe entre el voltaje, la corriente y la resistencia.

Ilustración 4.4. La resistencia eléctrica - simbología

4.3.1. LEY DE OHM

La ley de Ohm fue postulada por el alemán Georg Simon Ohm, esta ley expone la relación entre la que existe entre la Tensión, Intensidad y Resistencia de un circuito eléctrico. La ilustración siguiente muestra dicha relación.

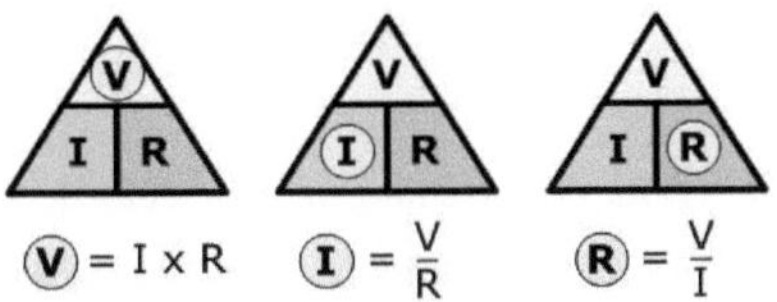

Ilustración 4.5. Ley de Ohm (Fuente: www.pardell.es)

4.4. DIODO EMISOR DE LUZ - LED

Un diodo emisor de luz o LED (del inglés light emitting diode), es un elemento semiconductor comúnmente de dos terminales denominados Ánodo (A) y Cátodo (K) que tiene la capacidad de generar energía luminosa.

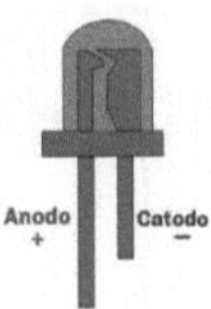

Ilustración 4.6. Diodo emisor de luz - LED

Según el material semiconductor utilizado en el LED se pueden obtener la emisión de distintos colores de luz. La tabla siguiente muestra el color, la longitud de onda, consumo de corriente y voltaje de operación de diversos tipos de LED.

Tabla 4.1. *Características de los diodos emisores de luz*

Color	Longitud de onda (mm)	Voltaje de operación (V)	Corriente (mA)
Infrarrojo	$\lambda > 760$	$V < 1{,}63$	$10 < I < 20$
Rojo	$610 < \lambda < 760$	$1{,}63 < V < 2{,}03$	
Naranja	$590 < \lambda < 610$	$2{,}03 < V < 2{,}10$	
Amarillo	$570 < \lambda < 590$	$2{,}10 < V < 2{,}18$	
Verde	$500 < \lambda < 570$	$1{,}90 < V < 4{,}00$	
Azul	$450 < \lambda < 500$	$2{,}48 < V < 3{,}70$	
Violeta	$400 < \lambda < 450$	$2{,}76 < V < 4{,}00$	
Morado	$Varias\ longitudes$	$2{,}48 < V < 3{,}70$	
Ultravioleta	$\lambda < 400$	$3{,}10 < V < 4{,}40$	
Rosa	$Varias\ longitudes$	$V\ aprox\ 3{,}3$	
Blanco	Todo el espectro	$V\ aprox\ 3{,}5$	

Para evitar daños en los GPIO del Arduino, al momento de implementar proyectos utilizando LEDs y otros elementos actuadores o acondicionadores, es necesario la utilización de resistencias eléctricas, el valor óhmico de las mismas que deben ser calculadas.

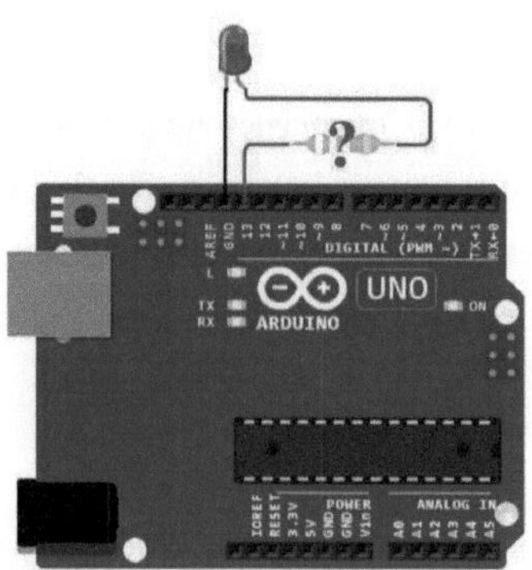

Ilustración 4.7. Circuito Arduino con LED

Los datos presentes en la tabla 4.1, dan a conocer que el diodo emisor de luz de color rojo tiene un voltaje de operación mínimo de 1,63 V_{DC} y un voltaje máximo de 2,03 V_{DC} con una corriente de consumo entre $10\ mA$ y $20\ mA$, para este análisis se ha tomado como referencia el Arduino UNO, el cual trabaja con un nivel lógico alto de 5 V_{DC}.

Para el caso de estudio se considera que el LED deberá funcionar con un voltaje de 2 V_{DC} y una corriente de $10\ mA$, la siguiente ilustración muestra el circuito eléctrico equivalente al circuito de la ilustración anterior.

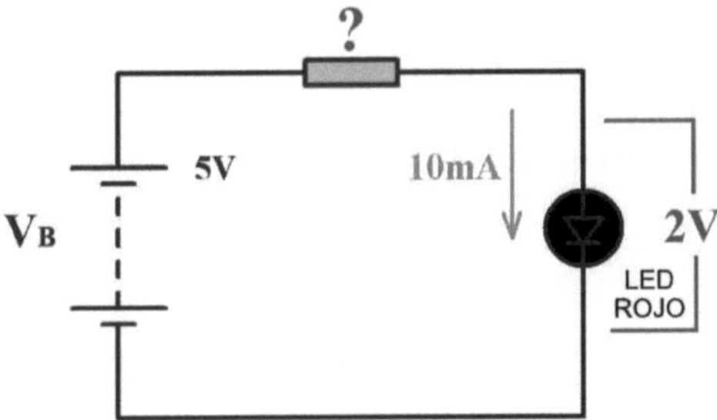

Ilustración 4.8. Circuito eléctrico - LED

Para analizar este circuito se aplicará la segunda ley de Kirchhoff o Ley de Voltaje, la cual se basa en el principio de la conservación de la energía, Kirchhoff establece que "*la suma algebraica de las tensiones en una trayectoria cerrada (o malla) es cero*".

$$V_B - V_R - V_{LED} = 0\ V \tag{1}$$

Donde:

$V_B: Voltaje\ de\ la\ fuente\ de\ energia\ (5V_{DC})$

$V_R: Voltaje\ de\ la\ resistencia$

$V_{LED}: Voltaje\ del\ LED\ (2V_{DC})$

Remplazando los datos en la ecuación 1,

$$5V_{DC} - V_R - 2V_{DC} = 0V$$

$$3V_{DC} - V_R = 0V$$

$$V_R = 3V_{DC}$$

El cálculo realizado permitió determinar que en la resistencia limitadora de corriente existirá una caída de tensión eléctrica de 3 V_{DC}.

Aplicando la ley de Ohm se definirá el valor en Ohmios de la resistencia eléctrica del circuito, para lo cual los parámetros deben estar en la unidad base (Voltios y Amperio).

$$R = \frac{V_R}{I} \tag{2}$$

Donde:

$R: Valor\ de\ la\ resistencia\ (Ohmios)$

$I: Corriente\ del\ LED\ (10\ mA = 0{,}01\ A)$

Remplazando los datos en la ecuación 2,

$$R = \frac{3\ V_{DC}}{0{,}01\ A}$$

$$R = 300\ \Omega$$

El cálculo realizado establece que el valor de la resistencia del circuito debe ser de 300 Ω, en el mercado no existe una resistencia de dicho valor, por lo cual se recomienda utilizar una resistencia con un valor estándar próximo al calculado, la resistencia a ser utilizada es la de 330 Ω.

Nota: Para implementar un circuito electrónico se debe considerar la corriente máxima que cada GPIO puede suministrar, la cual varia en dependencia del modelo de Arduino a utilizar (ver Tabla 1.1).

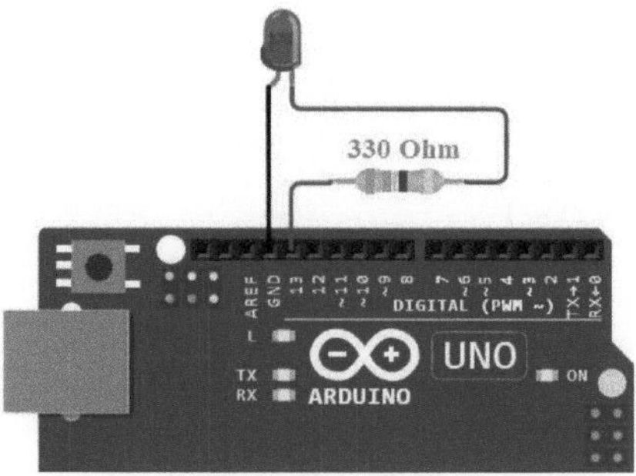

Ilustración 4.9. Calculo circuito Arduino con LED

4.5. PULSADOR

Un pulsador es un componente mecánico que permite o impide de forma momentánea la circulación de corriente eléctrica cuando este es presionado o pulsado, los contactos del pulsador se abren o cierra cuando el operador lo presiona, al soltarlo, vuelven a su posición inicial.

Ilustración 4.10. Pulsadores eléctricos

Existen principalmente dos tipos de pulsadores según el estado de sus contactos:

Pulsador normalmente abierto (NO): Por defecto los contactos se encuentran en estado abierto, al ser presionado, los contactos se cierran, permitiendo el paso de corriente eléctrica.

Pulsador normalmente cerrado (NC): Por defecto los contactos se encuentran en estado cerrado permitiendo el paso de corriente eléctrica, al ser presionado, los contactos se abren.

4.6. INTERRUPTOR

Un interruptor es un componente mecánico que permite o impide de forma constante la circulación de corriente eléctrica cuando este es presionado, los contactos del interruptor se abren o cierra cuando el operador lo presiona. Por lo general, estos interruptores se accionan manualmente, aunque existen versiones con tecnología avanzada que posibilitan la apertura o el cierre del circuito de forma inteligente.

El interruptor se compone de dos contactos metálicos y una pieza móvil, que a menudo es un balancín. Al presionar la tecla del interruptor, se acciona el balancín, lo que produce la apertura o cierre de su contacto.

Ilustración 4.11. Interruptores eléctricos

4.7. DISPLAY DE 7 SEGMENTOS

El display 7 segmentos es un componente opto-electrónico que se emplea para mostrar información visual al usuario, regularmente es utilizado para mostrar números del 0 al 9, por la configuración interna de los segmentos existen dos tipos de displays: cátodo común (CC) y ánodo común (CA).

El display de 7 segmentos sigue una estructura de nomenclatura estándar para identificar cada uno de sus segmentos. Este dispositivo consta de 7 LEDs, uno para cada segmento, y se asigna una letra desde la *"a"* hasta la *"g"* a cada uno de ellos. El símbolo del display de 7 segmentos se muestra a continuación.

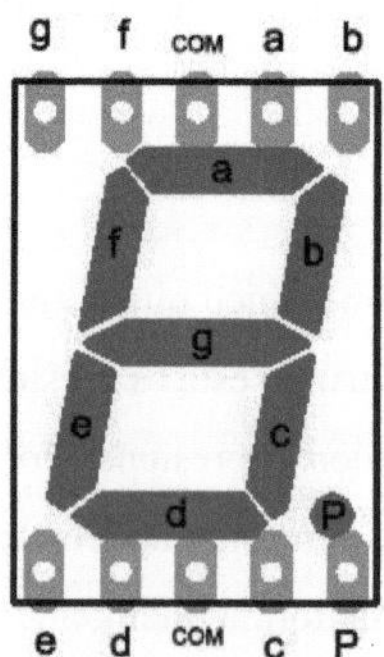

Ilustración 4.12. Distribución de segmentos

4.7.1. DISPLAY DE 7 SEGMENTOS – CÁTODO COMÚN

El Display de 7 segmentos en cátodo común presenta un arreglo de diodos LED's conectados en común el cátodo, el cual debe ir conectado a tierra. Esto significa que, este tipo de display es controlado mediante un "1" lógico (voltaje positivo) que será entregado por el controlador.

El arreglo para un display de cátodo común es el siguiente:

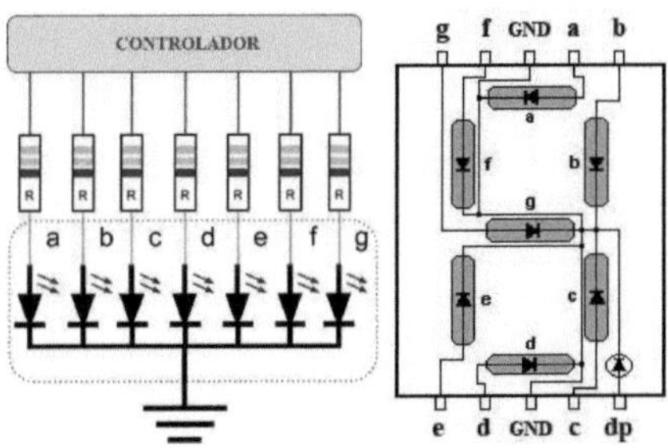

Ilustración 4.13. Display cátodo común

Es fundamental conocer la forma de controlar el Display del tipo cátodo común antes de iniciar la programación, ya que esto permitirá representar adecuadamente los números que se desea mostrar.

Tabla 4.2. *Control de Display cátodo común*

Display Ánodo Común							
Número	SEGMENTOS						
	a	b	c	d	e	f	g
0	1	1	1	1	1	1	0
1	0	1	1	0	0	0	0
2	1	1	0	1	1	0	1
3	1	1	1	1	0	0	1
4	0	1	1	0	0	1	1
5	1	0	1	1	0	1	1
6	0	0	1	1	1	1	1
7	1	1	1	0	0	0	0
8	1	1	1	1	1	1	1
9	1	1	1	0	0	1	1

Mediante los display de 7 segmentos se puede visualizar caracteres alfabéticos como las letras "A", "C", "E", "F", entre otras.

4.7.2. DISPLAY DE 7 SEGMENTOS – ÁNODO COMÚN

El Display de 7 segmentos en ánodo común presenta un arreglo de diodos LED's conectados en común el ánodo, el cual debe ir conectado a Vcc. Esto significa que, este tipo de display es controlado mediante un "0" lógico (voltaje negativo) que será entregado por el controlador.

El arreglo para un display de cátodo común es el siguiente:

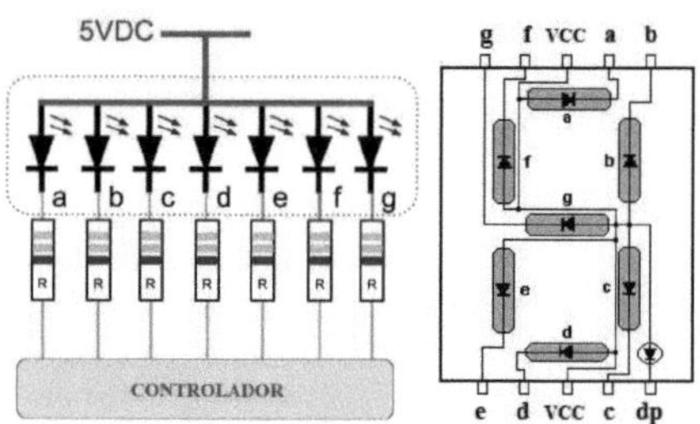

Ilustración 4.14. Display ánodo común

El Display del tipo ánodo común para representar adecuadamente los números deseados se debe controlar de acuerdo a la siguiente tabla.

Tabla 4.3. *Control de Display ánodo común*

Display Ánodo Común							
Número	SEGMENTOS						
	a	b	c	d	e	f	g
0	0	0	0	0	0	0	1
1	1	0	0	1	1	1	1
2	0	0	1	0	0	1	0
3	0	0	0	0	1	1	0
4	1	0	0	1	1	0	0
5	0	1	0	0	1	0	0
6	1	1	0	0	0	0	0
7	0	0	0	1	1	1	1
8	0	0	0	0	0	0	0
9	0	0	0	1	1	0	0

4.8. PANTALLA DE CRISTAL LIQUIDO (LCD)

La Pantalla de Cristal Líquido (LCD - Liquid Crystal Display) es un tipo de pantalla que utiliza la propiedad de los cristales líquidos para controlar la cantidad de luz que pasa a través de ellos y así tener la crear caracteres e imágenes en la pantalla.

Los cristales líquidos se encuentran contenidos entre dos capas de vidrio, en las que se han dispuesto patrones de líneas conductoras. Al aplicar un voltaje en uno de estos patrones, los cristales líquidos se alinean para permitir o bloquear la luz, según la polaridad del voltaje aplicado.

Existen diversos tipos de pantallas con este tipo de tecnología, entre las más utilizadas se encuentran:

4.8.1. LCD1602

La LCD1602 presenta una distribución de 16 Columnas y 2 Filas, en las cuales se puede visualizar caracteres alfanuméricos, especiales y personalizados. Este tipo de pantalla presenta 16 pines que permiten la comunicación bidireccional con el controlador, alimentación, control de la luz de fondo (backlight), etc.

La ilustración muestra el *pinout* del módulo LCD1602.

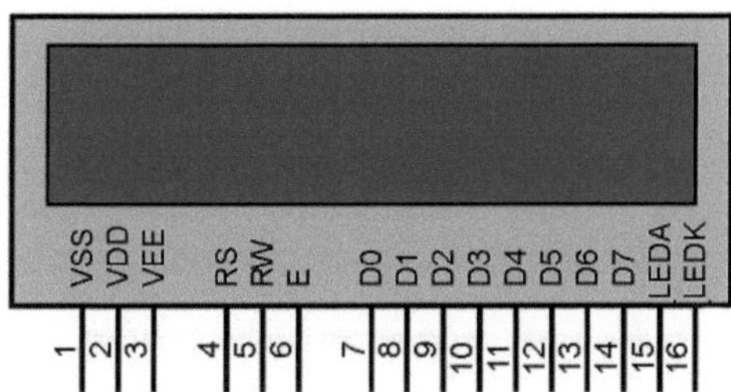

Ilustración 4.15. Pinout y descripción de la LCD1602

La pantalla LCD presenta 16 pines que cumplen diversas funciones, las cuales son descritas en la siguiente tabla.

Tabla 4.4. *Descripción de pines de LCD1602*

Número	Nombre	Tipo	Descripción
1	VSS	Alimentación	Pin de GND de la LCD Conectado a tierra de la MCU/fuente de alimentación
2	VDD	Alimentación	Pin de VCC de la LCD Conectado al positivo de la fuente de alimentación
3	VEE	Control	Ajusta el contraste de la pantalla LCD
4	RS	Control	Selector entre Comando/Registro de datos 0 -> Modo de comando 1-> Modo de datos
5	RW	Control	Alterna la pantalla LCD entre operación de Lectura/Escritura 0 -> Operación de escritura 1-> Operación de lectura

6	E	Control	Sincronización de lectura de datos Debe mantenerse alto para realizar la operación de lectura/escritura
7	D0	Dato/Comando	Pines de datos de 8-bits
8	D1	Dato/Comando	Pines de datos de 8-bits
9	D2	Dato/Comando	Pines de datos de 8-bits
10	D3	Dato/Comando	Pines de datos de 8-bits
11	D4	Dato/Comando	Pines de datos de 8-bits / 4-bits
12	D5	Dato/Comando	Pines de datos de 8-bits / 4-bits
13	D6	Dato/Comando	Pines de datos de 8-bits / 4-bits
14	D7	Dato/Comando	Pines de datos de 8-bits / 4-bits
15	A	Control	Alimentación luz de fondo - Vcc
16	K	Control	Alimentación luz de fondo - GND

Como se ha mencionado, la pantalla LCD consta de una disposición de 16 columnas y 2 filas de puntos, lo que da un total de 32 caracteres. Cada uno de los caracteres está compuesto por una matriz de 5 por 8 píxeles, dando un total de 1280 pixeles.

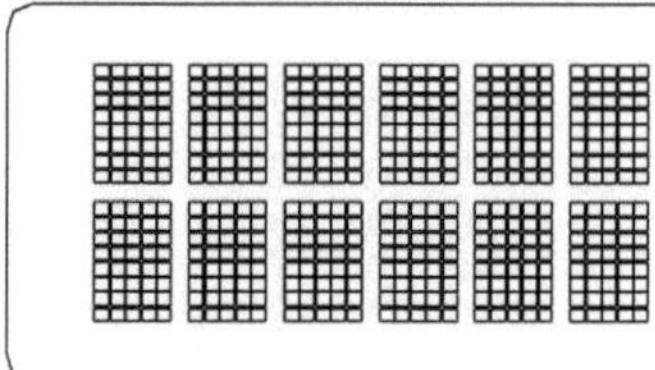

Ilustración 4.16. Matriz 5x8 pixeles - LCD1602

Se pueden utilizar dos modos distintos de operación en la pantalla LCD1602, uno de ellos es el modo de 4 bits y el otro es el modo de 8 bits. En el modo de 4 bits, la información se transmite en dos nibble (grupos de 4 bits), primero se envían los 4 bits más significativos y luego los 4 bits menos significativos del Byte. En el modo de 8 bits, el dato (Byte) se trasmite en un mismo instante a través de las 8 líneas de datos, sin la necesidad de ser enviado en dos nibble.

El modo de 8 bits es más eficiente y rápido que el modo de 4 bits, sin embargo, su principal desventaja es que requiere que se conecten las 8 líneas de datos al controlador. Esto puede limitar la cantidad de GPIO disponibles en la MCU, por lo que el modo de 4 bits es más comúnmente utilizado.

4.8.2. LCD2004

La LCD2004 presenta una distribución de 20 Columnas y 4 Filas, en las cuales se puede visualizar hasta 80 caracteres alfanuméricos, especiales y personalizados. Este tipo de pantalla presenta 16 pines que permiten la comunicación bidireccional con el controlador, alimentación, control de la luz de fondo (backlight), etc. Esta pantalla generalmente utiliza el controlador interno HD44780

La pantalla LCD2004 presenta la misma distribución de *pinout* y modo de control del módulo LCD1602.

Ilustración 4.17. Pantalla LCD2004

4.8.3. LCD - I2C

Las pantallas LCD de 1602 y 2004 son dispositivos muy comunes, que son utilizados en proyectos electrónicos con microcontroladores, sin embargo, este tipo de pantalla requiere la asignación de una cantidad considerable de pines del microcontrolador debido a que utiliza un bus paralelo para comunicarse.

El circuito integrado PCF8574 permite expandir las entradas o salidas digitales de un microcontrolador mediante la utilización del bus $I2C$ (SDA y SCL), el PCF8574 permite convertir datos en paralelo ($8\ E/S$) a $I2C$ y viceversa, lo que lo hace adecuado para controlar dispositivos como displays LCD alfanuméricos, teclados matriciales, Leds, relés, entre otros.

Al compartir el bus I2C con otros dispositivos, como RTC, memoria y sensores, se pueden ahorrar pines. Además, es posible manejar hasta 8 expansores PCF8574 en un mismo bus $I2C$, lo que permite controlar un total de 64 E/S utilizando solo 2 pines de la MCU. La dirección $I2C$ por defecto del módulo puede ser $0x3F$ o $0x27$.

El circuito integrado PCF8574 cuenta con salidas de tipo *latch* (conservan el valor asignado sin necesidad de actualizarse constantemente), lo que reduce la carga computacional. Las salidas *latch* son especialmente útiles cuando se trabajan con relés o LEDs.

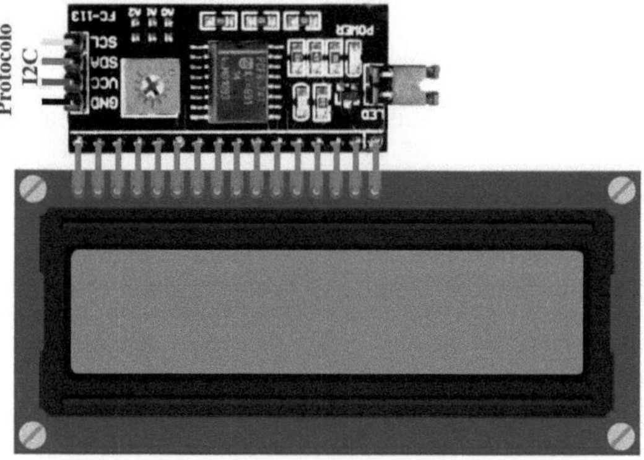

Ilustración 4.18. Pantalla LCD y módulo I2C

CAPITULO V

Este capítulo es el más importante y significativo de este libro, en el cual se aborda la programación de microcontroladores. Aprender a programarlos implica trabajar en prácticas reales, y no hay nada más emocionante y satisfactorio que ver funcionar un proyecto que se ha construido por cuenta propia.

"El aprendizaje es como un camino, si lo recorremos en orden y con paciencia, llegaremos a nuestro destino con éxito y sabiduría", con este dicho popular, se recomienda seguir en orden el avance de los proyectos, existen proyectos que requieren conocimientos adquiridos en proyectos previos; todos los proyectos requieren conocimientos de electricidad y electrónica básica.

En este capítulo se expondrá diversos proyectos implementados con las tarjetas Arduino, se detallará la conexión electrónica de los diversos periféricos mediante la utilización del simulador online WOKWI, TinkerCad y del software ISIS Proteus, todos los proyectos fueron implementados y se comprobó su funcionamiento en un ambiente real.

5.1. PROYECTOS CON LEDs

En este capítulo, exploraremos el control de Diodos Emisores de Luz (LED's) con Arduino. La manera más rápida de presentar información de un sistema o proceso al usuario de Arduino es a través de un LED. En esta sección del capítulo realizaremos diversas aplicaciones con LEDs y se expondrá diversas maneras de cómo usarlos eficientemente.

5.1.1. PARPADEO DE UN LED

Este ejemplo básico es el equivalente al clásico "Hola Mundo" en cualquier lenguaje de programación, ya que básicamente implica encender y apagar un LED. En este caso, el LED está conectado al pin 10 del Arduino, y parpadea cada segundo.

En una sección previa se expuso que la tarjeta Arduino cuenta con terminales GPIO que pueden se configurados como *entra o salía* y que permiten interactuar con dispositivos externos de tipo digital, los cuales trabajan con una señal binaria de dos estados: encendido (HIGH) y apagado (LOW).

Los pines configurados como salida, permiten el control y la conmutación de varios dispositivos actuadores. En la tarjeta Arduino UNO, se encuentra disponible 20 pines digitales, numerados en la tarjeta del 0 al 13 y de $A0$ a $A5$. En la placa Arduino MEGA, se dispone de 53 pines digitales, en los dos casos, los pines pueden ser configurados como entrada o salida digital.

La ilustración siguiente muestra el esquema de montaje del circuito electrónico, para el cual se utiliza los siguientes elementos:

```
1 Arduino UNO
1 Resistencia de 330Ω
1 LED
Cables
```

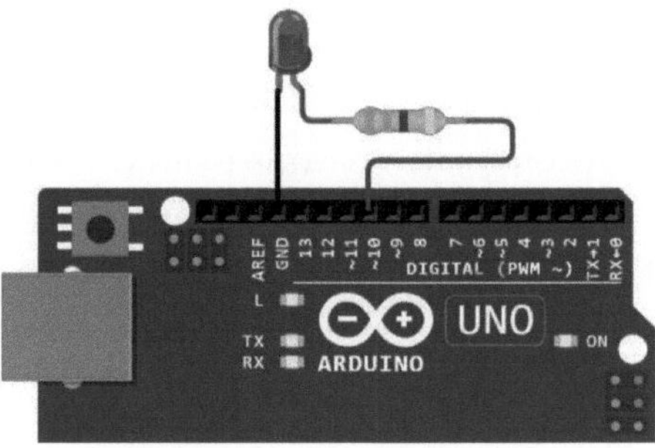

Ilustración 5.1. Circuito – Parpadeo LED

El siguiente código hará parpadear el LED conectado al Pin 10 del Arduino usando la función *delay( ):*

```
void setup()
{
  // SE EJECUTA UNA SOLA VEZ EL CÓDIGO DESCRITO DENTRO DEL VOID SETUP
  pinMode(10,OUTPUT);        //CONFIGURA EL PIN 10 COMO SALIDA
}

void loop()
{
  //SE EJECUTA CONTINUAMENTE EL CÓDIGO DESCRITO DENTRO DEL VOID LOOP
  digitalWrite(10,HIGH); //Enciende el pin 10
  delay(1000);             //Espera en milisegundo (1S -> 1000mS)
  digitalWrite(10,LOW);    //Apaga el pin 10
  delay(1000);             //Espera en milisegundo (1S -> 1000mS)
}
```

Cuando se establece el pin digital en ALTO, el Arduino proporciona un voltaje de $5V$ que viaja a través de la resistencia hacia el LED y GND, produciendo que el LED se encienda. La resistencia limita la cantidad de corriente que pasa a través del LED, sin ella, es posible que el LED (o peor aún, el pin del Arduino) se queme. Se debe evitar usar LEDs sin resistencias.

DESCRIPCIÓN DEL CÓDIGO

En la función *void setup()* se declara en pin 10 como salida, se debe considerar que el código descrito dentro de esta sección se ejecuta solo una vez al energizar o reiniciar el Arduino.

```
pinMode(10,OUTPUT);
```

En la *función void loop(),* mediante la función *digitalWrite()* se controla de manera continua el encendido y apagado cada 1000 milisegundos del pin 10, al cual se conecta el LED.

Colocar en estado lógico alto (HIGH) el pin 10 del Arduino.

```
digitalWrite(10,HIGH);
```

Detener la ejecución del programa durante 1000 milisegundos (1 segundo)

```
delay(1000);
```

Colocar en estado lógico bajo (LOW) el pin 10 del Arduino.

```
digitalWrite(10,LOW);
```

5.1.2. MANEJO DE CARGA DE ALTA CORRIENTE Y VOLTAJE

Es posible que necesite controlar cargas que excedan la capacidad de suministro de corriente de $40\ mA$ de la GPIO de la tarjeta Arduino. Para solucionar este problema, se puede emplear diversos circuitos electrónicos y electromecánicos.

Mediante la utilización de un transistor MOSFET, se puede controlar corrientes más elevadas, además este elemento electrónico soporta el control por modulación por ancho de pulso (PWM); los transistores MOSFET tienen mejores propiedades que los BJT cuando se utilizan en aplicaciones de encendido y apagado de cargas de alta corriente.

El esquema electrónico de la ilustración siguiente muestra un circuito para controlar cargas de corriente continua (DC) de baja corriente, el cual se basa en un transistor BJT del tipo P, para controlar corrientes y voltajes mayores, se recomienda la utilización de transistores Darlington.

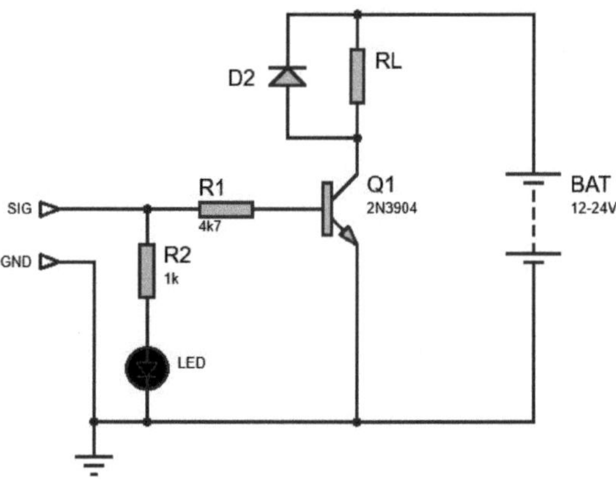

Ilustración 5.2. Circuito de control basado en un transistor BJT

La ilustración siguiente muestra un circuito electrónico basado en un transistor MOSFET del tipo N, el cual está diseñado para controlar cargas de corriente continua (DC), en dependencia de la corriente a ser controlada, el transistor MOSFET puede ser remplazado por uno que cumpla los requerimientos eléctricos del elemento carga.

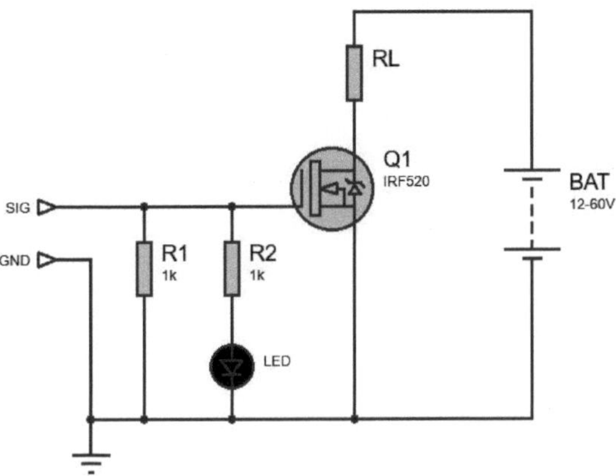

Ilustración 5.3. Circuito de control basado en un transistor MOSFET

Dentro de la gran variedad de proyectos que se pueden realizar con Arduino o con otro sistema microcontrolado, habrá momentos cuando se deba controlar elementos que se energicen con corriente alterna, en dicho caso es necesario la utilización de relés (relays), estos elementos electromecánicos pueden también controlar cargas de corriente continua.

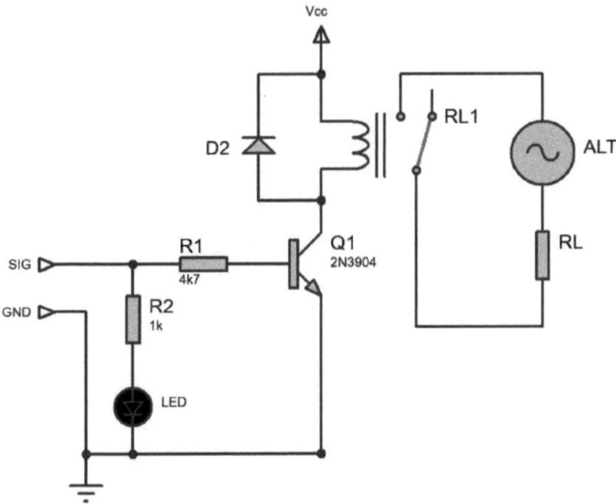

Ilustración 5.4. Circuito de control basado en un RELÉ

Los relés, al ser elementos electromecánicos, poseen contactos y piezas móviles, los cuales tienden a sufrir desgaste, presentan tiempos largos de conmutación en sus contactos; para el manejo de cargas de corriente alterna (AC) se puede utilizar elementos tiristores como el SCR (Rectificador Controlado de Silicio) y el TRIAC (Triodo de Corriente Alterna).

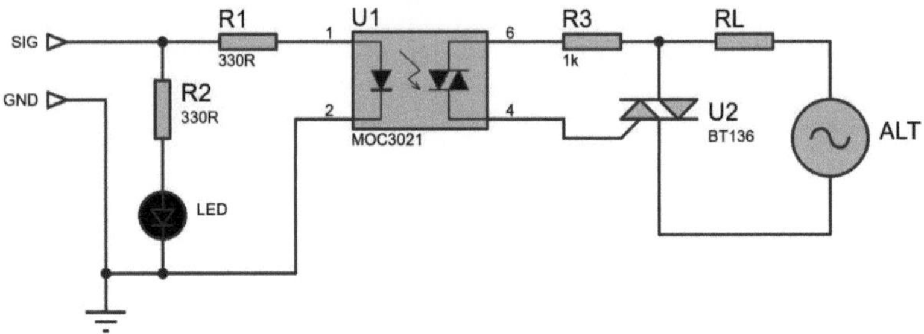

Ilustración 5.5. Circuito de control basado en un TRIAC

Para la implementación de los circuitos electrónico se debe considerar las siguientes terminologías:

- **SIG:** Señal de control proveniente desde el Arduino.
- **RL:** Elemento a ser controlado (Carga)
- **BAT:** Fuente de energía que suministrara el potencial eléctrico al elemento a ser controlado.
- **Vcc:** Voltaje de corriente continua
- **GND:** Terminal (GND) del Arduino, el mismo que se conecta al terminal negativo de la BAT.
- **ALT:** Fuente de energía de corriente alterna (AC).

5.1.3. SEMÁFORO DE UNA VIA

Un semáforo es un dispositivo de señalización que se utiliza para controlar el tráfico vehicular y peatonal en las intersecciones de calles o carreteras. Los semáforos están compuestos por luces de colores que se encienden y apagan en secuencia para indicar a los conductores y peatones cuándo deben detenerse, avanzar con precaución o tener el derecho de paso.

Los semáforos generalmente tienen tres luces de diferentes colores: rojo, amarillo y verde. El rojo significa "detenerse", el amarillo significa "precaución" y el verde significa "avanzar con precaución", los semáforos son una parte importante de la seguridad vial y ayudan a prevenir accidentes al controlar el flujo del tráfico.

El código desarrollado corresponde a un semáforo de una sola via, para su implementación se utiliza los siguientes elementos:

```
1 Arduino UNO
3 Resistencia de 330Ω
3 LEDs (1 Rojo, 1 Amarillo, 1 Verde)
```

La ilustración siguiente muestra el esquema de montaje del circuito electrónico.

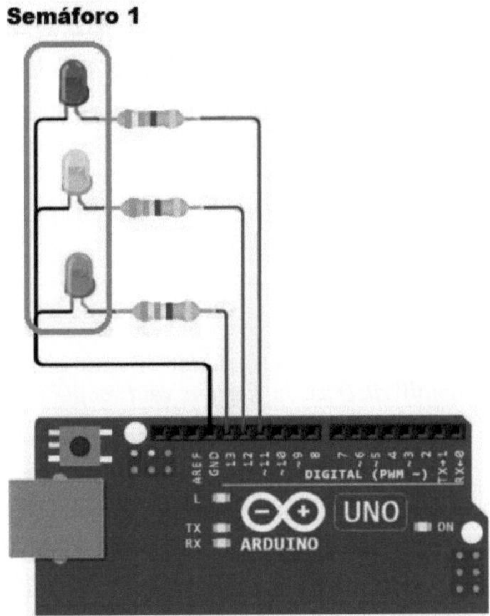

Ilustración 5.6. Circuito semáforo una via

El código detallado a continuación controla las luminarias de un semáforo, para lo cual se utiliza tres (03) salidas digitales.

```
void setup()
{
  //Semaforo 1
  pinMode(13,OUTPUT);    //CONFIGURA EL PIN 13 COMO SALIDA, LUZ VERDE     SEMAFORO 1
  pinMode(12,OUTPUT);    //CONFIGURA EL PIN 12 COMO SALIDA, LUZ AMARILLO  SEMAFORO 1
  pinMode(11,OUTPUT);    //CONFIGURA EL PIN 11 COMO SALIDA, LUZ ROJO      SEMAFORO 1
}

void loop()
{
  digitalWrite(11,HIGH);  //Enciende luz ROJA del semaforo 1
  digitalWrite(12,LOW);   //Apaga luz AMARILLO del semaforo 1
  delay(9000);            //Espera en milisegundo (9S -> 9000mS)
  digitalWrite(11,LOW);   //Enciende luz ROJA del semaforo 1
  digitalWrite(13,HIGH);  //Enciende luz VERDE del semaforo 1
  delay(9000);            //Espera en milisegundo (9S -> 9000mS)
  digitalWrite(13,LOW);   //Enciende luz VERDE del semaforo 1
  digitalWrite(12,HIGH);  //Enciende luz AMARILLO del semaforo 1
  delay(3000);            //Espera en milisegundo (3S -> 3000mS)
}
```

DESCRIPCIÓN DEL CÓDIGO

En la función *void setup()* se declara tres (03) GPIO como salidas digitales (pines, 13, 12, 11), el código descrito dentro de esta sección se ejecuta solo una vez al energizar o reiniciar el Arduino, los pines 13 (Luz verde), 12 (Luz amarilla), 11 (Luz roja) corresponden al Semáforo 1.

```
  //Semaforo 1
  pinMode(13,OUTPUT);
  pinMode(12,OUTPUT);
  pinMode(11,OUTPUT);
```

Mediante la función *digitalWrite()* en la *función void loop()* se gestiona de manera continua el encendido y apagado de cada uno de los 3 pines que controlan los diferentes LEDs.

Colocar en estado lógico alto (HIGH) el pin 11, encendiendo la luz roja del semáforo 1 y se apaga la luz amarilla del semáforo 1 que se encuentra en el pin 12 del Arduino.

```
  digitalWrite(11,HIGH);
  digitalWrite(12,LOW);
```

Detener la ejecución del programa durante 9000 milisegundos (9 segundo), interrumpiendo la movilidad de los vehículos.

```
delay(9000);
```

Apagar la luz roja del semáforo 1 (Pin 11) y consecutivamente coloca en estado lógico alto (HIGH) el pin 13, encendiendo la luz verde del semáforo 1.

```
digitalWrite(11,LOW);
digitalWrite(13,HIGH);
```

Detener la ejecución del programa durante 9000 milisegundos (9 segundo), permitiendo que exista movilidad de vehículos

```
delay(9000);
```

Apagar la luz verde del semáforo 1 (Pin 13) y consecutivamente coloca en estado lógico alto (HIGH) el pin 12, encendiendo la luz amarilla del semáforo 1.

```
digitalWrite(13,LOW);
digitalWrite(12,HIGH);
```

Detener la ejecución del programa durante 3000 milisegundos (3 segundo), alertando al conductor que debe estar preparado para detenerse antes de que la luz roja aparezca.

```
delay(3000);
```

5.1.4. SEMÁFORO DE DOS INTERSECCIONES

Un semáforo de dos intersecciones es un dispositivo de señalización de tráfico que controla el flujo vehicular y peatonal en dos intersecciones cercanas. Este tipo de semáforo suele ser utilizado en intersecciones de calles que forman una "T" o una "X", donde el tráfico de una intersección puede afectar el flujo de la otra intersección.

Este tipo de semáforo es común en áreas urbanas densamente pobladas, donde se requiere un mayor control del tráfico para evitar congestiones y accidentes. La sincronización adecuada de los semáforos de dos intersecciones puede mejorar significativamente la eficiencia del tráfico y reducir los tiempos de espera para los conductores.

En este apartado se aplicará los tipos de datos de Arduino que fueron analizados en la sección ***3.4.3. Tipos de datos*** de este libro, los cuales nos permiten definir constantes o variables que podrán ser accedidas desde cualquier parte del código.

Cuando el código desarrollado adquiere un mayor grado de complejidad o la cantidad de líneas de código aumenta, para el programador se complica recordar la función de cada uno de los GPIO utilizados como entradas o salidas, se recomienda la utilización de variables para ***declarar un Nombre*** a un pin es especifico, este tipo de variables deben ser declaras como ***globales***.

Una ***variable global*** en Arduino es aquella que se encuentra disponible en todo el programa y puede ser accedida y modificada desde cualquier módulo o función debido a su alcance amplio, mientras que, una ***variable local*** se declara dentro de un bloque de código específico, como una función o un bucle, y solo es visible y accesible dentro de ese bloque. Es decir, su alcance se limita al bloque de código en el que se define y no puede ser utilizada fuera de él. Las variables locales suelen utilizarse para almacenar valores temporales o intermedios necesarios para realizar una tarea específica en una parte específica del programa.

En Arduino, una ***variable global*** se declara al inicio del programa antes del void setup().

Los nombres de variables pueden tener letras, números y el símbolo "_", pueden llevar letras mayúsculas y minúsculas, una variable tiene un nombre, un valor y un tipo, una variable puede ser inicializada con un valor al momento de ser declarada. La **declaración de una variable** sólo debe ser realizada una vez en el programa, pero el valor de la variable puede ser modificada en cualquier parte del código utilizando aritmética y reasignaciones diversas.

El código desarrollado corresponde a un semáforo de dos intersecciones, para su implementación se utiliza los siguientes elementos:

```
1 Arduino UNO
6 Resistencia de 330Ω
6 LEDs (2 Rojos, 2 Amarillos, 2 Verdes)
```

La ilustración siguiente muestra el esquema de montaje del circuito electrónico.

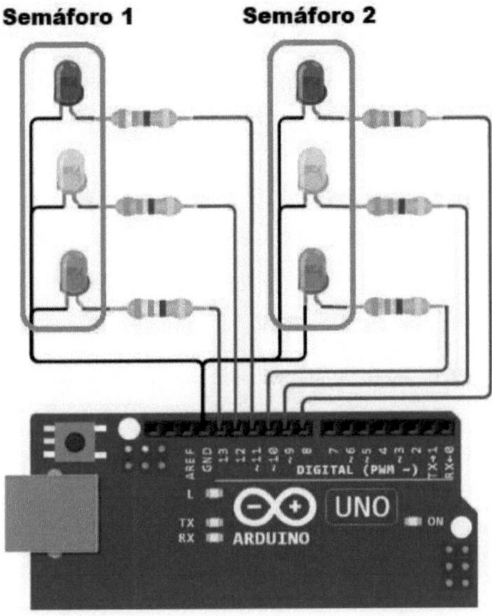

Ilustración 5.7. Circuito semáforo dos intersecciones

El código detallado a continuación controla las luminarias de dos semáforos, para lo cual se utiliza seis (06) salidas digitales.

```
//Declaro variable global llamada LuzVerdeSem1, se inicializa con el valor de 13
byte LuzVerdeSem1 = 13;
//Declaro variable global llamada LuzAmarillaSem1, se inicializa con el valor de 12
byte LuzAmarillaSem1 = 12;
//Declaro variable global llamada LuzRojoSem1, se inicializa con el valor de 11
byte LuzRojoSem1 = 11;

//Declaro variable global llamada LuzVerdeSem2, se inicializa con el valor de 10
byte LuzVerdeSem2 = 10;
//Declaro variable global llamada LuzAmarillaSem2, se inicializa con el valor de 9
byte LuzAmarillaSem2 = 9;
//Declaro variable global llamada LuzRojoSem2, se inicializa con el valor de 8
byte LuzRojoSem2 = 8;

void setup()
{
  //Semaforo 1
  //CONFIGURA EL PIN 13 (LuzVerdeSem1) COMO SALIDA, LUZ VERDE - SEMAFORO 1
  pinMode(LuzVerdeSem1,OUTPUT);
  //CONFIGURA EL PIN 12 (LuzAmarillaSem1) COMO SALIDA, LUZ AMARILLO - SEMAFORO 1
  pinMode(LuzAmarillaSem1,OUTPUT);
  //CONFIGURA EL PIN 11 (LuzRojoSem1) COMO SALIDA, LUZ ROJO - SEMAFORO 1
```

```
  pinMode(LuzRojoSem1,OUTPUT);

  //Semaforo 2
  //CONFIGURA EL PIN 10 (LuzVerdeSem2) COMO SALIDA, LUZ VERDE - SEMAFORO 2
  pinMode(LuzVerdeSem2,OUTPUT);
  //CONFIGURA EL PIN 9 (LuzAmarillaSem2) COMO SALIDA, LUZ AMARILLO - SEMAFORO 2
  pinMode(LuzAmarillaSem2,OUTPUT);
  //CONFIGURA EL PIN 8 (LuzRojoSem2) COMO SALIDA, LUZ ROJO - SEMAFORO 2
  pinMode(LuzRojoSem2,OUTPUT);
}

void loop()
{
  digitalWrite(LuzRojoSem2,LOW);         //Apaga luz ROJA del semaforo 2
  digitalWrite(LuzVerdeSem2,HIGH);       //Enciende luz VERDE del semaforo 2
  digitalWrite(LuzRojoSem1,HIGH);        //Enciende luz ROJA del semaforo 1
  digitalWrite(LuzAmarillaSem1,LOW);     //Apaga luz AMARILLO del semaforo 1
  delay(9000);                           //Espera en milisegundo (9S -> 9000mS)
  digitalWrite(LuzVerdeSem2,LOW);        //Apaga luz VERDE del semaforo 2
  digitalWrite(LuzAmarillaSem2,HIGH);    //Enciende luz AMARILLO del semaforo 2
  delay(3000);                           //Espera en milisegundo (3S -> 3000mS)
  digitalWrite(LuzAmarillaSem2,LOW);     //Apaga luz AMARILLA del semaforo 2
  digitalWrite(LuzRojoSem1,LOW);         //Apaga luz ROJA del semaforo 1
  digitalWrite(LuzVerdeSem1,HIGH);       //Enciende luz VERDE del semaforo 1
  digitalWrite(LuzRojoSem2,HIGH);        //Enciende luz ROJA del semaforo 2
  delay(9000);                           //Espera en milisegundo (9S -> 9000mS)
  digitalWrite(LuzVerdeSem1,LOW);        //Apaga luz VERDE del semaforo 1
  digitalWrite(LuzAmarillaSem1,HIGH);    //Enciende luz AMARILLO del semaforo 1
  delay(3000);                           //Espera en milisegundo (3S -> 3000mS)
}
```

DESCRIPCIÓN DEL CÓDIGO

Se crea seis (06) espacios de memoria, en el cual se almacenará datos numéricos, las variables creadas son del tipo ***byte***.

```
byte LuzVerdeSem1 = 13;
byte LuzAmarillaSem1 = 12;
byte LuzRojoSem1 = 11;
byte LuzVerdeSem2 = 10;
byte LuzAmarillaSem2 = 9;
byte LuzRojoSem2 = 8;
```

En la función *void setup()* se declara seis (06) GPIO como salidas digitales (pines, 13, 12, 11, 10, 9, 8), el código descrito dentro de esta sección se ejecuta solo una vez al energizar o reiniciar el Arduino, los pines 13 (LuzVerdeSem1), 12 (LuzAmarillaSem1), 11 (LuzRojoSem1) corresponden al Semáforo 1, mientras que los pines 10 (LuzVerdeSem2), 9 (LuzAmarillaSem2), 8 (LuzRojoSem2) corresponden al Semáforo 2.

```
  //Semaforo 1
  pinMode(LuzVerdeSem1,OUTPUT);
```

```
pinMode(LuzAmarillaSem1,OUTPUT);
pinMode(LuzRojoSem1,OUTPUT);

//Semaforo 2
pinMode(LuzVerdeSem2,OUTPUT);
pinMode(LuzAmarillaSem2,OUTPUT);
pinMode(LuzRojoSem2,OUTPUT);
```

Mediante la función *digitalWrite()* en la *función void loop()* se controla de manera continua el encendido y apagado de cada uno de los 6 pines que controlan los diferentes LEDs.

Colocar en estado lógico bajo (LOW) el pin 8 (LuzRojoSem2), apagando la luz roja del semáforo 2, simultáneamente enciente la luz verde del semáforo 2 conectado al pin 10 (LuzVerdeSem2), enciende la luz roja del semáforo 1 conectado al pin 11 (LuzRojoSem1) y se apaga la luz amarilla del semáforo 1 que se encuentra en el pin 12 (LuzAmarillaSem1) del Arduino.

```
digitalWrite(LuzRojoSem2,LOW);
digitalWrite(LuzVerdeSem2,HIGH);
digitalWrite(LuzRojoSem1,HIGH);
digitalWrite(LuzAmarillaSem1,LOW);
```

Detener la ejecución del programa durante 9000 milisegundos (9 segundo), permitiendo que exista movilidad de vehículos en el semáforo 2 y se detenga el tráfico en el semáforo 1.

```
delay(9000);
```

Apagar la luz verde del semáforo 2 (Pin 10 - LuzVerdeSem2) y consecutivamente coloca en estado lógico alto (HIGH) el pin 9 (LuzAmarillaSem2), encendiendo la luz amarilla del semáforo 2.

```
digitalWrite(LuzVerdeSem2,LOW);
digitalWrite(LuzAmarillaSem2,HIGH);
```

Detener la ejecución del programa durante 3000 milisegundos (3 segundo), alertando al conductor del Semáforo 2 que debe estar preparado para detenerse antes de que la luz roja aparezca.

```
delay(3000);
```

Colocar en estado lógico bajo (LOW) el pin 9 (LuzAmarillaSem2) apagando la luz amarilla del semáforo 2, simultáneamente se apaga la luz roja del semáforo 1 que se encuentra en el pin 11 (LuzRojoSem1), enciente la luz verde del semáforo 1 conectado al pin 13 (LuzVerdeSem1), enciende la luz roja del semáforo 2 conectado al pin 8 (LuzRojoSem2).

```
digitalWrite(LuzAmarillaSem2,LOW);
digitalWrite(LuzRojoSem1,LOW);
digitalWrite(LuzVerdeSem1,HIGH);
digitalWrite(LuzRojoSem2,HIGH);
```

Detener la ejecución del programa durante 9000 milisegundos (9 segundo), permitiendo que exista movilidad de vehículos en el semáforo 1 y se detenga el tráfico en el semáforo 2.

```
delay(9000);
```

Apagar la luz verde del semáforo 1 conectado al pin 13 (LuzVerdeSem1), enciende la luz amarilla del semáforo 1 conectado al pin 12 (LuzAmarillaSem1).

```
digitalWrite(LuzVerdeSem1,LOW);
digitalWrite(LuzAmarillaSem1,HIGH);
```

Detener la ejecución del programa durante 3000 milisegundos (3 segundo), alertando al conductor del Semáforo 1 que debe estar preparado para detenerse antes de que la luz roja aparezca.

```
delay(3000);
```

5.1.5. LUCES DEL AUTO FANTÁSTICO

"El Auto Fantástico" (en inglés, "Knight Rider") era una serie de televisión estadounidense de acción y ciencia ficción. La serie fue creada por Glen A. Larson y protagonizada por David Hasselhoff como Michael Knight, un agente secreto que lucha contra el crimen con la ayuda de un coche inteligente llamado KITT (Knight Industries Two Thousand).

KITT era un Pontiac Trans Am negro equipado con tecnología avanzada, como inteligencia artificial, comunicación de voz y armamento no letal. Además, tenía la capacidad de conducirse solo, gracias a sus sistemas de navegación y control remoto.

La serie fue un gran éxito en su época, especialmente entre el público joven, y se convirtió en un icono de la cultura pop de los años 80. La serie también inspiró varias películas y series de televisión relacionadas con automóviles inteligentes y tecnología futurista.

El auto KITT estaba equipado con una variedad de luces y efectos especiales que le daban una apariencia futurista y sofisticada, el efecto luminoso más atractivo era el famoso "scanner" en la parte frontal del automóvil, que consistía en una barra de luces rojas que se movían de un lado a otro para simular una especie de ojo. Esta luz se encendía cuando KITT estaba en modo "persecución" o cuando estaba buscando información.

El código desarrollado corresponde a la generación del efecto luminoso del auto fantástico, para su implementación se utiliza los siguientes elementos:

```
1 Arduino UNO
8 Resistencia de 330Ω
8 LEDs (Rojos)
```

La ilustración siguiente muestra el esquema de montaje del circuito electrónico.

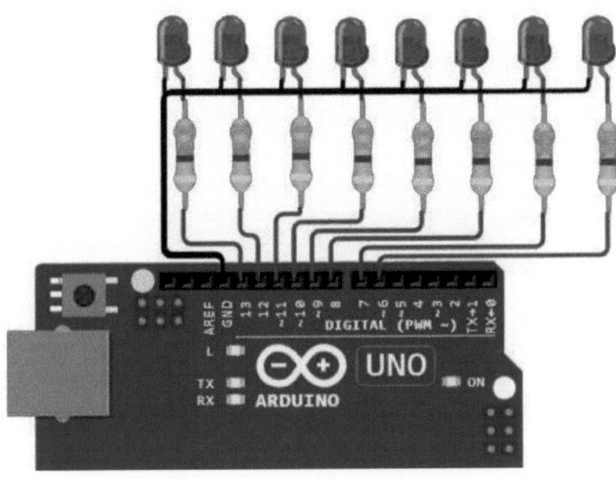

Ilustración 5.8. Circuito Auto Fantástico

El código detallado a continuación controla ocho (8) leds, median los cuales se generan el efecto luminoso del Auto Fantástico.

```
//Se crea variables para nombrar a los pines GPIO
byte Led1 = 13;
byte Led2 = 12;
byte Led3 = 11;
byte Led4 = 10;
byte Led5 = 9;
byte Led6 = 8;
byte Led7 = 7;
byte Led8 = 6;

void setup()
{
  //Se declara los GPIO como salidas
  pinMode(Led1, OUTPUT);
  pinMode(Led2, OUTPUT);
  pinMode(Led3, OUTPUT);
  pinMode(Led4, OUTPUT);
  pinMode(Led5, OUTPUT);
  pinMode(Led6, OUTPUT);
  pinMode(Led7, OUTPUT);
  pinMode(Led8, OUTPUT);
}

void loop()
{
  //Generacion de efecto Auto Fantástico
  digitalWrite(Led1, HIGH);
  digitalWrite(Led2, HIGH);
  digitalWrite(Led3, HIGH);
  digitalWrite(Led4, HIGH);
  digitalWrite(Led5, LOW);
  digitalWrite(Led6, LOW);
  digitalWrite(Led7, LOW);
  digitalWrite(Led8, LOW);
  delay(200);
  digitalWrite(Led1, LOW);
  digitalWrite(Led2, HIGH);
  digitalWrite(Led3, HIGH);
  digitalWrite(Led4, HIGH);
  digitalWrite(Led5, HIGH);
  digitalWrite(Led6, LOW);
  digitalWrite(Led7, LOW);
  digitalWrite(Led8, LOW);
  delay(200);
  digitalWrite(Led1, LOW);
  digitalWrite(Led2, LOW);
  digitalWrite(Led3, HIGH);
  digitalWrite(Led4, HIGH);
  digitalWrite(Led5, HIGH);
  digitalWrite(Led6, HIGH);
  digitalWrite(Led7, LOW);
  digitalWrite(Led8, LOW);
  delay(200);
  digitalWrite(Led1, LOW);
  digitalWrite(Led2, LOW);
  digitalWrite(Led3, LOW);
  digitalWrite(Led4, HIGH);
```

```
  digitalWrite(Led5, HIGH);
  digitalWrite(Led6, HIGH);
  digitalWrite(Led7, HIGH);
  digitalWrite(Led8, LOW);
  delay(200);
  digitalWrite(Led1, LOW);
  digitalWrite(Led2, LOW);
  digitalWrite(Led3, LOW);
  digitalWrite(Led4, LOW);
  digitalWrite(Led5, HIGH);
  digitalWrite(Led6, HIGH);
  digitalWrite(Led7, HIGH);
  digitalWrite(Led8, HIGH);
  delay(200);
  digitalWrite(Led1, LOW);
  digitalWrite(Led2, LOW);
  digitalWrite(Led3, LOW);
  digitalWrite(Led4, HIGH);
  digitalWrite(Led5, HIGH);
  digitalWrite(Led6, HIGH);
  digitalWrite(Led7, HIGH);
  digitalWrite(Led8, LOW);
  delay(200);
  digitalWrite(Led1, LOW);
  digitalWrite(Led2, LOW);
  digitalWrite(Led3, HIGH);
  digitalWrite(Led4, HIGH);
  digitalWrite(Led5, HIGH);
  digitalWrite(Led6, HIGH);
  digitalWrite(Led7, LOW);
  digitalWrite(Led8, LOW);
  delay(200);
  digitalWrite(Led1, LOW);
  digitalWrite(Led2, HIGH);
  digitalWrite(Led3, HIGH);
  digitalWrite(Led4, HIGH);
  digitalWrite(Led5, HIGH);
  digitalWrite(Led6, LOW);
  digitalWrite(Led7, LOW);
  digitalWrite(Led8, LOW);
  delay(200);
}
```

5.1.6. LUZ ESTROBOSCÓPICA DE POLICÍA

La luz estroboscópica de policía es un tipo de luz intermitente que se utiliza en los vehículos de emergencia, como los vehículos de policía, ambulancias y camiones de bomberos. La luz estroboscópica emite ráfagas de luz intermitente a una velocidad muy alta, lo que la hace fácilmente visible a larga distancia y en condiciones de baja visibilidad, como en la oscuridad o en la niebla.

La luz estroboscópica de policía suele estar montada en el techo del vehículo y se enciende para alertar a otros conductores y peatones de la presencia del vehículo de emergencia en la carretera. También se utiliza para señalizar la dirección del tráfico o para alertar de la necesidad de que otros vehículos se detengan.

En muchos países, la luz estroboscópica de policía se utiliza en combinación con una sirena, que emite un sonido agudo y estridente para llamar la atención de los demás conductores. La combinación de luz y sonido es muy efectiva para alertar a los conductores de la presencia del vehículo de emergencia y para garantizar que puedan moverse con seguridad por la carretera.

En varios países, el uso de luces estroboscópicas está restringido solo a vehículos de emergencia y de servicio público.

El código desarrollado en esta sección corresponde a una estroboscópica de policía, para su implementación se utiliza los siguientes elementos:

```
1 Arduino UNO
8 Resistencia de 330Ω
2 Resistencia de 4700Ω
12 LEDs Rojos
12 LEDs Azules
2 Transistores TIP122
```

La ilustración siguiente muestra el esquema de montaje del circuito electrónico.

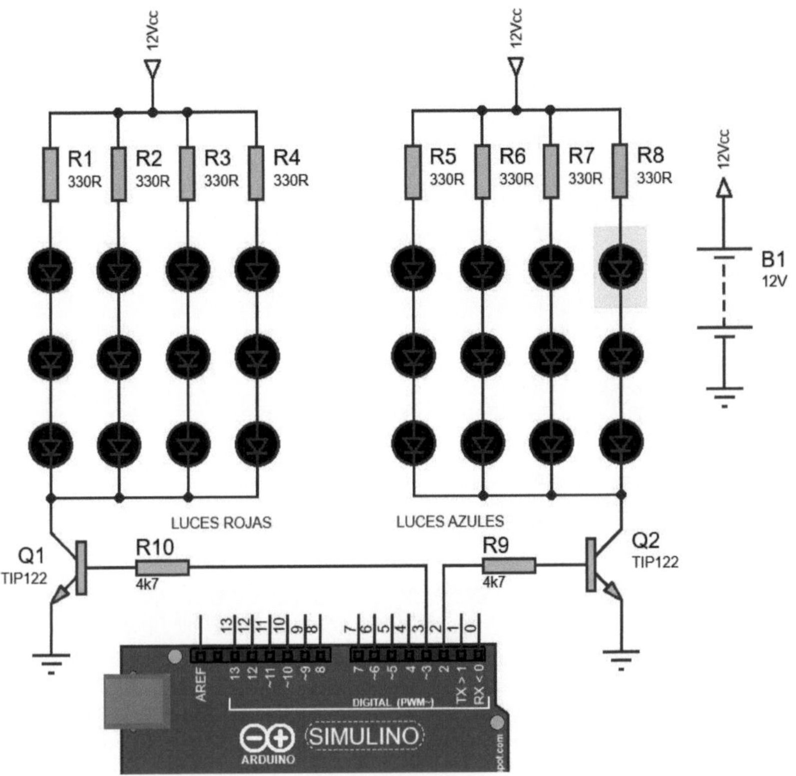

Ilustración 5.9. Luces estroboscópicas de policía

El código que a continuación se detalla controla doce (12) leds de color azul y doce (12) leds de color rojo, median los cuales se genera el efecto estroboscópico de luces de policía.

```
const byte LucesAzul = 2;
const byte LucesRoja = 3;
const int DelayLuces = 50;

void setup()
{
  pinMode(LucesAzul, OUTPUT);
  pinMode(LucesRoja, OUTPUT);
}



void loop()
{
  digitalWrite(LucesRoja, HIGH);
```

```
  delay(DelayLuces);
  digitalWrite(LucesRoja, LOW);
  delay(DelayLuces);
  digitalWrite(LucesRoja, HIGH);
  delay(DelayLuces);
  digitalWrite(LucesRoja, LOW);
  delay(DelayLuces);
  digitalWrite(LucesRoja, HIGH);
  delay(DelayLuces);
  digitalWrite(LucesRoja, LOW);
  delay(DelayLuces);
  delay(100);
  digitalWrite(LucesAzul, HIGH);
  delay(DelayLuces);
  digitalWrite(LucesAzul, LOW);
  delay(DelayLuces);
  digitalWrite(LucesAzul, HIGH);
  delay(DelayLuces);
  digitalWrite(LucesAzul, LOW);
  delay(DelayLuces);
  digitalWrite(LucesAzul, HIGH);
  delay(DelayLuces);
  digitalWrite(LucesAzul, LOW);
  delay(DelayLuces);
}
```

DESCRIPCIÓN DEL CÓDIGO

Se crea dos (02) espacios de memoria, en el cual se almacenará datos numéricos que hacen referencia a los pines del Arduino que controlarán los Leds, las variables creadas son del tipo ***byte***.

La función ***const*** es un calificador que modifica el comportamiento de una variable, haciendo que sea una variable de ***"sólo lectura"***. Esto significa que la variable se puede utilizar como cualquier otra variable de este tipo, pero su valor no se puede cambiar. Obtendrá un error de compilación si se intenta asignar un valor a una variable ***const***.

```
const byte LucesAzul = 2;
const byte LucesRoja = 3;
```

Se define una variable del tipo ***int*** de solo lectura, que establece el tiempo de encendido y apagado de los Leds (efecto estroboscópico). Cuando se utiliza en el código varios retardos (delay) con un mismo valor, se recomienda definir una *variable global* que permitirá modificar de manera rápida dichos tiempos, en este caso se ha definido la variable *DelayLuces* con un valor de 50.

```
const int DelayLuces = 50;
```

La función *"delay( )"* es un comando de código que genera un retardo que detiene la operación secuencial del programa por un intervalo de tiempo en milisegundos, el cual está especificado entre paréntesis.

A la función *delay* se le especifica que el tiempo de retardo está establecido por la variable *DelayLuces,* la cual solo puede ser modifica en la sección de declaración de variables

```
delay(DelayLuces);
```

Las líneas de código restante de la luz estroboscópica de policía no se explican, ya que cumplen la misma función detallada en los ejemplos anteriores.

5.2. PROYECTOS CON PULSADORES

Un pulsador es un tipo de interruptor momentáneo que se utiliza para controlar el flujo de corriente eléctrica en un circuito. A diferencia de un interruptor convencional que se mantiene en una posición fija, un pulsador solo está activado mientras se mantiene presionado, y cuando se suelta, vuelve a su posición original.

Los pulsadores suelen ser de tipo mecánico, con un botón que se presiona físicamente para cerrar (pulsador normalmente abierto) o abrir (pulsador normalmente cerrado) un circuito eléctrico y permitir que la corriente fluya o no a través del mismo. También hay pulsadores electrónicos que utilizan circuitos integrados y componentes electrónicos para generar una señal de salida cuando se activa.

Los pulsadores son comúnmente utilizados en una amplia variedad de aplicaciones, incluyendo electrónica, control de acceso, automatización, seguridad, iluminación, electrónica de consumo, entre otros. Algunos ejemplos comunes de uso de pulsadores incluyen el botón de encendido/apagado en un televisor, el botón de llamada en un intercomunicador, el botón de apertura de una puerta en un control de acceso, el botón de inicio en una máquina de coser, y muchos otros.

Existen dos formas de conectar un pulsador a un sistema microcontrolado (Pull Up y Pull Down), aunque la función principal es la misma, en la programación es necesario tener en cuenta dicha conexión.

5.2.1. Conexión Pull-Up

La resistencia en PULL-UP es un tipo de configuración en el que una resistencia se coloca entre una entrada digital y la fuente de alimentación del circuito. Esta resistencia asegura que la entrada tenga un valor lógico alto ("1") cuando el botón o interruptor conectado a la entrada no esté presionado o cerrado. Cuando se utiliza una resistencia en PULL-UP, se debe considerar su valor, ya que una resistencia muy grande puede generar una señal inestable y una resistencia muy pequeña puede consumir demasiada energía.

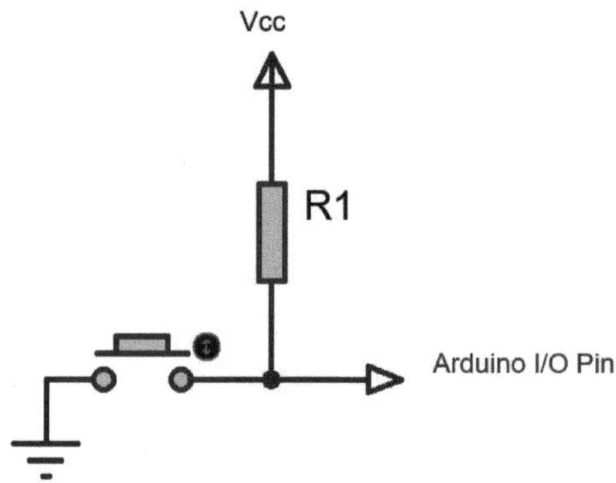

Ilustración 5.10. Resistencia en Pull-Up

En la tabla siguiente se detalla es estado lógico de la configuración de un botón con una resistencia en PULL-UP.

Tabla 5.1. *Estado lógico – Resistencia en PULL-UP*

Estado Botón	Estado lógico Arduino I/O Pin
Sin presionar	1 (HIGH)
Presionado	0 (LOW)

5.2.2. Conexión Pull-Down

La resistencia en pull-down es otro tipo de configuración en el que una resistencia se coloca entre una entrada digital y la tierra del circuito. Esta resistencia asegura que la entrada tenga un valor lógico bajo ("0") cuando el botón o interruptor conectado a la entrada no esté presionado o cerrado. La resistencia en pull-down también es comúnmente utilizada en circuitos digitales para asegurar un estado lógico estable en las entradas, especialmente en microcontroladores y microprocesadores. Al igual que con la resistencia en pull-up, el valor de la resistencia en pull-down es importante, la resistencia utilizada suele ser de $10k\Omega$.

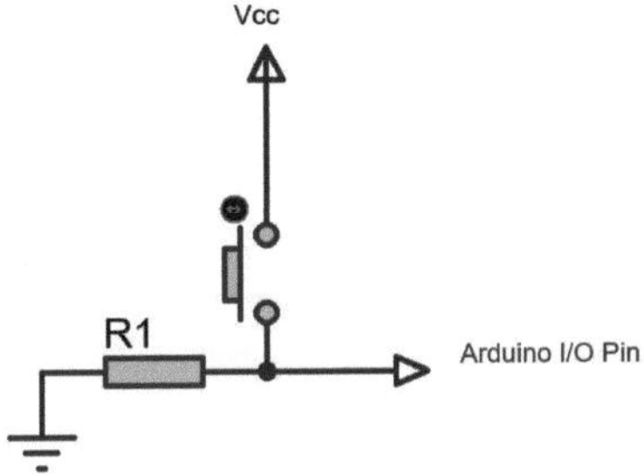

Ilustración 5.11. Resistencia en Pull-Down

En la tabla siguiente se detalla es estado lógico de la configuración de un botón con una resistencia en PULL-DOWN.

Tabla 5.2. *Estado lógico – Resistencia en PULL-DOWN*

Estado Botón	Estado lógico Arduino I/O Pin
Sin presionar	0 (LOW)
Presionado	1 (HIGH)

Los botones (pulsador) presentan un problema conocido como *rebote*, el cual ocurre cuando se presiona o se suelta un botón, y se producen fluctuaciones en sus contactos internos. Estas fluctuaciones pueden causar múltiples pulsaciones falsas, lo que puede generar un comportamiento inesperado en el funcionamiento de un circuito o un dispositivo. El rebote se produce debido a la naturaleza mecánica del botón, y se puede minimizar utilizando técnicas como la filtración de señales, el uso de resistencias de pull-up o pull-down, o el software de filtrado de rebotes en microcontroladores como Arduino.

Es importante tener en cuenta el rebote al diseñar circuitos con pulsadores para asegurar un comportamiento confiable y predecible del sistema, ya que se puede generar un comportamiento inesperado en el funcionamiento de los proyectos en los que se utilizan. Aunque el usuario presione el botón una sola vez, el Arduino puede interpretar múltiples pulsaciones debido al rebote.

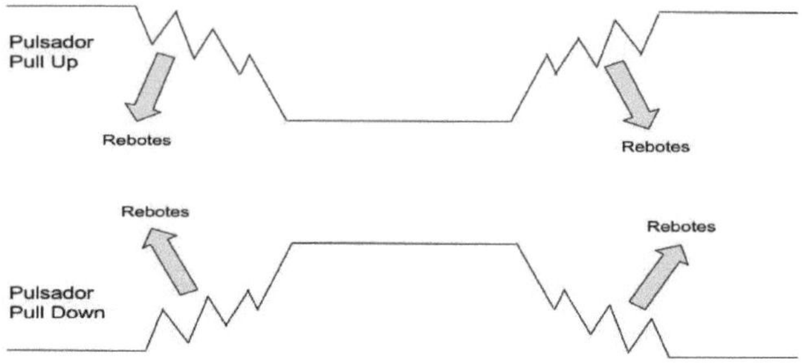

Ilustración 5.12. Efecto del rebote en pulsadores

Para solucionar este problema existente, mediante software se implementa una serie de líneas de código que cumple la función de anti-rebote.

5.2.3. Control de un led mediante un pulsador

Un sistema de control es un conjunto de componentes interconectados que trabajan juntos para mantener o regular un proceso o sistema, sus partes principales son: las entradas, procesador o controlador, salidas, actuadores, sensores, retroalimentación y la interfaz de usuario.

Un sensor es un dispositivo que detecta o mide un cambio en una magnitud física y convierte esa información en una señal que se puede utilizar para monitorear, controlar o tomar decisiones en un sistema. Los sensores pueden detectar una amplia gama de variables físicas, como temperatura, presión, nivel, humedad, movimiento, proximidad, luz, sonido, entre otras.

El pulsador es un sensor mecánico que permite al usuario interactuar con el sistema de una manera simple y efectiva. Los pulsadores proporcionan una forma fácil de enviar señales de entrada a un sistema de control, lo que permite a los usuarios iniciar, detener o cambiar el estado de una operación en el sistema. Además, los pulsadores son dispositivos fiables, económicos y fáciles de usar en comparación con otros dispositivos de entrada.

El código desarrollado en esta sección permite el control de encendido y apagado de un LED mediante un pulsador normalmente abierto en conexión pull-up, el LED se encenderá mientras que el pulsador este presionado; el LED se mantendrá apagado cuando el pulsador este en estado de reposo (no presionado).

Para la implementación del proyecto se utilizará los siguientes elementos:

```
1 Arduino UNO
1 Resistencia de 330Ω
1 Resistencia de 10KΩ
1 LED Rojo
1 Pulsador Normalmente abierto (NO)
```

La ilustración siguiente muestra el esquema de montaje del circuito electrónico.

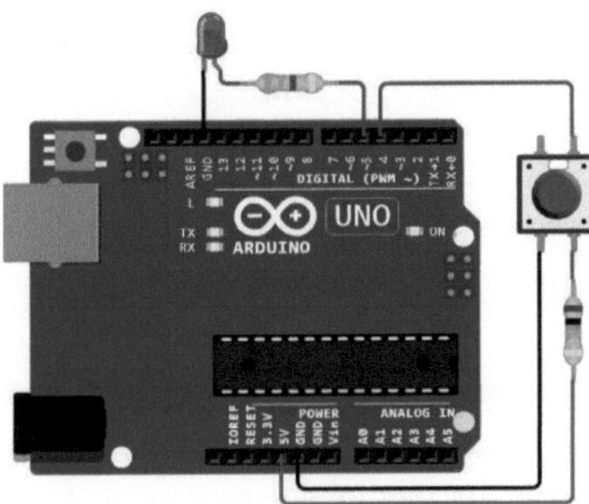

Ilustración 5.13. Control de un LED mediante un pulsador

El código detallado a continuación controla el encendido y apagado de un LED mediante un pulsador, para lo cual se utiliza dos GPIO, una (01) configurada como salida digital y una (01) como entrada digital.

```
byte Pulsador = 4;
byte Led1 = 5;
byte EstadoPulsador;

void setup()
{
  pinMode(Pulsador, INPUT);
  pinMode(Led1, OUTPUT);
}

void loop()
{
  //Leer estado del Boton y almacenar en la variable EstadoBoton
  EstadoPulsador = digitalRead(Pulsador);
```

```
  if(EstadoPulsador == LOW)
  {
    //Ejecutar si se cumple la condición del if
    digitalWrite(Led1, HIGH);
  }


  else
  {
    //Ejecutar si NO se cumple la condición del if
    digitalWrite(Led1, LOW);
  }
}
```

DESCRIPCIÓN DEL CÓDIGO

Se crea tres (03) espacios de memoria, la primera variable del tipo ***byte*** denominada ***Pulsador*** almacena el dato numérico que hacen referencia al pin del Arduino al cual se conecta el Botón (Pulsador) en conexión Pull-Up; la segunda variable del tipo ***byte*** denominada ***Led1*** almacena el dato numérico que hacen referencia al pin del Arduino al cual se conecta el Led; la variable ***EstadoPulsador*** se utilizara para almacenar el estado lógico (HIGH o LOW) que presenta el Pulsador.

```
byte Pulsador = 4;
byte Led1 = 5;
byte EstadoPulsador;
```

En la función *"void setup()",* se declara al pin número 4 (Pulsador) como entrada digital y al pin número 5 (Led1) como salida digital.

```
void setup()
{
  pinMode(Pulsador, INPUT);
  pinMode(Led1, OUTPUT);
}
```

Dentro de la función *"void loop(),"* la función *"digitalRead()"* mediante el parámetro *Pulsador* [digitalRead(Pulsador)] realiza la lectura del estado digital del pin denominado *Pulsador* (Pin 4) del Arduino, el valor obtenido se lo asigna a la variable *EstadoPulsador*.

```
EstadoPulsador = digitalRead(Pulsador);
```

La función *"if"* es utilizada para verificar si la condición propuesta es verdadera o falsa

```
if(EstadoPulsador == LOW)
```

Si el Pulsador ha sido presionado, la variable *EstadoPulsador* tendrá un valor de cero lógico (*LOW*), en dicho caso, la condición (EstadoPulsador == LOW) es verdadera y se ejecuta el código que enciende el Led conectado en el pin 5 (Led1) del Arduino.

```
digitalWrite(Led1, HIGH);
```

Si el Pulsador no se ha presionado, la variable *EstadoPulsador* tendrá un valor de uno lógico (*HIGH*), en dicho caso, la condición (EstadoPulsador == LOW) es falsa y se ejecuta el código que se encuentra dentro del *else,* el cual apaga el Led conectado en el pin 5 (Led1) del Arduino.

```
digitalWrite(Led1, LOW);
```

5.2.4. Contador binario

Un sistema de numeración es un conjunto de reglas y símbolos que se utilizan para representar datos numéricos. Los sistemas de numeración modernos son considerados como sistemas posicionales, lo que significa que el valor de un símbolo varía en función de la posición que ocupa dentro de la cifra.

Existen diversos tipos de sistemas de numeración, entre los cuales se pueden mencionar:

- **Sistema decimal:** Es el sistema de numeración más común y está basado en la utilización de diez símbolos numéricos (0, 1, 2, 3, 4, 5, 6, 7, 8 y 9) para representar cualquier cantidad numérica.
- **Sistema binario:** Es el sistema de numeración utilizado por las computadoras y otros dispositivos electrónicos. Está basado en el uso de dos símbolos numéricos (0 y 1) para representar cualquier cantidad numérica.
- **Sistema octal:** Utiliza ocho símbolos numéricos (0, 1, 2, 3, 4, 5, 6 y 7) para representar cualquier cantidad numérica.
- **Sistema hexadecimal:** Utiliza dieciséis símbolos numéricos (0, 1, 2, 3, 4, 5, 6, 7, 8, 9, A, B, C, D, E y F) para representar cualquier cantidad numérica. Este sistema es comúnmente utilizado en la programación y en la electrónica.

Además, existen otros sistemas de numeración menos comunes, como el sistema sexagesimal utilizado en la medición de ángulos y tiempo, el sistema vigesimal utilizado en algunas culturas antiguas, entre otros.

En un número binaria, cada dígito presenta distinto valor dependiendo de la posición que ocupe. El valor de cada posición es el de una potencia de base 2, elevada a un exponente igual a la posición del dígito, en sistemas de numeración binarios la posición del primer digito es cero (0).

Ejemplo1:

Dado el número binario **01101101**, determinar su valor decima

Bit binario	**0**	**1**	**1**	**0**	**1**	**1**	**0**	**1**
Posición	7	6	5	4	3	2	1	0
Valor de posición	2^7	2^6	2^5	2^4	2^3	2^2	2^1	2^0
Valores de posición decimal	128	64	32	16	8	4	2	1

Para determinar el valor decimal del número binario, se debe sumar solo los ***Valores de posición decimal*** que corresponden a los bits en uno lógico ("1") del **Bit binario.**

Bit binario	0	1	1	0	1	1	0	1
Valores de posición decimal	128	64	32	16	8	4	2	1

$$VD = 1 + 4 + 8 + 32 + 64$$
$$VD = 109$$

Donde:

VD *es el Valor Decimal*

Ejemplo2:

Dado el número binario **11100111**, determinar su valor decima

Bit binario	**1**	**1**	**1**	**0**	**0**	**1**	**1**	**1**
Posición	7	6	5	4	3	2	1	0
Valor de posición	2^7	2^6	2^5	2^4	2^3	2^2	2^1	2^0
Valores de posición decimal	128	64	32	16	8	4	2	1

Para determinar el valor decimal del número binario, se debe sumar solo los ***Valores de posición decimal*** que corresponden a los bits en uno lógico ("1") del **Bit binario.**

Bit binario	1	1	1	0	0	1	1	1
Valores de posición decimal	128	64	32	16	8	4	2	1

$$VD = 1 + 2 + 4 + 32 + 64 + 128$$
$$VD = 231$$

En una combinación de bits, el que ocupa la posición más de a la izquierda se lo llama como "Bit Más Significativo" o que tiene el mayor peso, se le conoce por las siglas *MSB* (More Significant Bit). Al bit que está más a la derecha se le denomina "Bit Menos Significativo", que es el que menos peso tiene, se le denomina con siglas *LSB* (Least Significant Bit).

Ejemplo1:
Dado el número binario **01101101**, determinar el LSB y MSB

Bit binario	**0**	**1**	**1**	**0**	**1**	**1**	**0**	**1**
Posición	7	6	5	4	3	2	1	0
	MSB							LSB

Ejemplo2:
Dado el número binario **11100111**, determinar el LSB y MSB

Bit binario	**1**	**1**	**1**	**0**	**0**	**1**	**1**	**1**
Posición	7	6	5	4	3	2	1	0
	MSB							LSB

Ejemplo3:
Dado el número binario **100111**, determinar el LSB y MSB

Bit binario	**1**	**0**	**0**	**1**	**1**	**1**
Posición	5	4	3	2	1	0
	MSB					LSB

Un contador binario es un circuito electrónico que cuenta sucesos electrónicos, tales como impulsos, el valor del conteo se representa a través de una secuencia de estados binarios, que regularmente se visualizan mediante el uso de LEDs.

El código desarrollado en esta sección corresponde a un contador binario de 4 Bits, para su implementación se utiliza los siguientes elementos:

```
1 Arduino UNO
4 Resistencia de 330Ω
4 LEDs Rojos
```

La ilustración siguiente muestra el esquema de montaje del circuito electrónico.

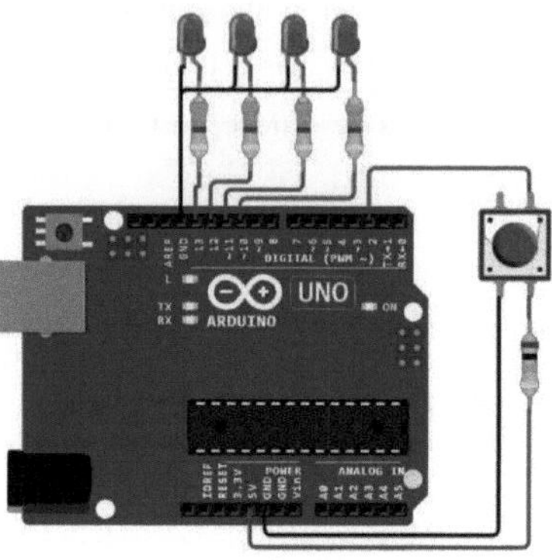

Ilustración 5.14. Contador binario de 4 bits

Un contador binario de 4 Bits permite visualizar hasta 16 datos (2^4), dichos datos comprenden valores numéricos entre el 0 y el 15.

La tabla siguiente muestra la representación binaria de números entre cero (0) y quince (15).

Tabla 5.3. *Representación binaria de números entre cero (0) y quince (15)*

Número	Led4	Led3	Led2	Led1
0	LOW	LOW	LOW	LOW
1	LOW	LOW	LOW	HIGH
2	LOW	LOW	HIGH	LOW
3	LOW	LOW	HIGH	HIGH
4	LOW	HIGH	LOW	LOW
5	LOW	HIGH	LOW	HIGH
6	LOW	HIGH	HIGH	LOW
7	LOW	HIGH	HIGH	HIGH
8	HIGH	LOW	LOW	LOW
9	HIGH	LOW	LOW	HIGH
10	HIGH	LOW	HIGH	LOW
11	HIGH	LOW	HIGH	HIGH
12	HIGH	HIGH	LOW	LOW
13	HIGH	HIGH	LOW	HIGH
14	HIGH	HIGH	HIGH	LOW
15	HIGH	HIGH	HIGH	HIGH

El código detallado a continuación controla cuatro (04) leds de color rojo, median los cuales se visualiza de forma binaria el número de veces que se ha presionado el pulsador.

```
const byte Led1 = 10; //Bit Menos Significativo (LSB)
const byte Led2 = 11;
const byte Led3 = 12;
const byte Led4 = 13; //Bit Mas Significativo (MSB)
const byte Pulsador = 2;
byte Contador = 0;  //Variable - Almacena veces que se ha presionado el pulsador
byte EstPulsador;   //Variable - Almacena estado del pulsador
byte Presionado;    //Variable auxiliar

void setup()
{
  //Configura 4 GPIO como salidas digitales
  pinMode(Led1, OUTPUT);
  pinMode(Led2, OUTPUT);
  pinMode(Led3, OUTPUT);
  pinMode(Led4, OUTPUT);
  //Configura 1 GPIO como entrada digital
  pinMode(Pulsador, INPUT);
}

void loop()
{
  //Lee estado del pulsador
  EstPulsador = digitalRead(Pulsador);

  //---- Control de Anti-rebote ----//
  if(EstPulsador == LOW)  //Si el Botón fue presionado
  {
    Presionado = 1;       //Asignar el valor de 1 a la variable Presionado
  }

  // Si el botón fue presionado Y el botón fue soltado
  if(Presionado == 1 && EstPulsador == HIGH)
  {
    Contador ++;          //Incrementa la variable Contador en 1
    if(Contador == 16)    //Si la variable Contador presenta un valor de 16
    {
      Contador = 0;       //A la variable Contador se le asigna el valor de 0
    }
    Presionado = 0;       //A la variable Presionado se le asigna el valor de 0
  }
  //---- Fin Control de Anti-rebote ----//

  switch (Contador)
  {
    case 0:
    //Visualizo el 0 en binario
    digitalWrite(Led1, LOW);
    digitalWrite(Led2, LOW);
    digitalWrite(Led3, LOW);
    digitalWrite(Led4, LOW);
    break;
```

```
case 1:
//Visualizo el 1 en binario
digitalWrite(Led1, HIGH);
digitalWrite(Led2, LOW);
digitalWrite(Led3, LOW);
digitalWrite(Led4, LOW);
break;

case 2:
//Visualizo el 2 en binario
digitalWrite(Led1, LOW);
digitalWrite(Led2, HIGH);
digitalWrite(Led3, LOW);
digitalWrite(Led4, LOW);
break;

case 3:
//Visualizo el 3 en binario
digitalWrite(Led1, HIGH);
digitalWrite(Led2, HIGH);
digitalWrite(Led3, LOW);
digitalWrite(Led4, LOW);
break;

case 4:
//Visualizo el 4 en binario
digitalWrite(Led1, LOW);
digitalWrite(Led2, LOW);
digitalWrite(Led3, HIGH);
digitalWrite(Led4, LOW);
break;

case 5:
//Visualizo el 5 en binario
digitalWrite(Led1, HIGH);
digitalWrite(Led2, LOW);
digitalWrite(Led3, HIGH);
digitalWrite(Led4, LOW);
break;

case 6:
//Visualizo el 6 en binario
digitalWrite(Led1, LOW);
digitalWrite(Led2, HIGH);
digitalWrite(Led3, HIGH);
digitalWrite(Led4, LOW);
break;

case 7:
//Visualizo el 7 en binario
digitalWrite(Led1, HIGH);
digitalWrite(Led2, HIGH);
digitalWrite(Led3, HIGH);
digitalWrite(Led4, LOW);
break;
```

```
case 8:
//Visualizo el 8 en binario
digitalWrite(Led1, LOW);
digitalWrite(Led2, LOW);
digitalWrite(Led3, LOW);
digitalWrite(Led4, HIGH);
break;

case 9:
//Visualizo el 9 en binario
digitalWrite(Led1, HIGH);
digitalWrite(Led2, LOW);
digitalWrite(Led3, LOW);
digitalWrite(Led4, HIGH);
break;

case 10:
//Visualizo el 10 en binario
digitalWrite(Led1, LOW);
digitalWrite(Led2, HIGH);
digitalWrite(Led3, LOW);
digitalWrite(Led4, HIGH);
break;

case 11:
//Visualizo el 11 en binario
digitalWrite(Led1, HIGH);
digitalWrite(Led2, HIGH);
digitalWrite(Led3, LOW);
digitalWrite(Led4, HIGH);
break;

case 12:
//Visualizo el 12 en binario
digitalWrite(Led1, LOW);
digitalWrite(Led2, LOW);
digitalWrite(Led3, HIGH);
digitalWrite(Led4, HIGH);
break;

case 13:
//Visualizo el 13 en binario
digitalWrite(Led1, HIGH);
digitalWrite(Led2, LOW);
digitalWrite(Led3, HIGH);
digitalWrite(Led4, HIGH);
break;

case 14:
//Visualizo el 14 en binario
digitalWrite(Led1, LOW);
digitalWrite(Led2, HIGH);
digitalWrite(Led3, HIGH);
digitalWrite(Led4, HIGH);
break;
```

```
    case 15:
    //Visualizo el 15 en binario
    digitalWrite(Led1, HIGH);
    digitalWrite(Led2, HIGH);
    digitalWrite(Led3, HIGH);
    digitalWrite(Led4, HIGH);
    break;
  }
}
```

DESCRIPCIÓN DEL CÓDIGO

Se crea seis (06) espacios de memoria del tipo ***const byte*** denominados ***Led1, Led2, Led3, Led4 y Pulsador***, de los cuales, las cinco primeras variables de solo lectura almacenan datos numéricos que hacen referencia a los pines del Arduino al cual se conecta los Diodos Emisores de Luz utilizados para mostrar al usuario los valores del contador binario. La sexta variable (***Pulsador***) almacena el dato numérico que hacen referencia al pin del Arduino al cual se conecta el Botón (Pulsador) en conexión Pull-Up.

```
const byte Led1 = 10;
const byte Led2 = 11;
const byte Led3 = 12;
const byte Led4 = 13;
const byte Pulsador = 2;
```

Se crea tres (03) espacios de memoria del tipo ***byte*** denominados ***Contador, EstPulsador y Presionado***. La variable ***Contador*** se utiliza para almacenar la cantidad de veces que el pulsador ha sido presionado y soltado; La variable ***EstPulsador*** almacena el estado del pulsador (Presionado o No presionado), mientras que, la variable ***Presionado*** se utiliza como una variable auxiliar que se utiliza en el control anti-rebote.

```
byte Contador = 0;
byte EstPulsador;
byte Presionado;
```

En la *función void setup(),* se configura los pines GPIO como entrada digital y salidas digitales. En la *función void loop()* se ejecuta principalmente dos secciones definidas, el control de anti-rebote del pulsador y el proceso del contador binario.

5.2.4.1. Control de anti-rebote

Cuando se pulsan los botones, se produce un efecto de rebote que ocasiona fluctuaciones en la señal que atraviesa sus contactos. Estas fluctuaciones podrían provocar la transición involuntaria de un estado HIGH a LOW o viceversa, lo que no es deseado. Si esto ocurre, podría suceder que Arduino realice acciones no deseadas, como activar un elemento en lugar de apagarlo con el botón correspondiente. Arduino interpreta estos rebotes como múltiples pulsaciones, lo que puede generar errores en su funcionamiento.

Hay una solución para el efecto negativo de los rebotes en los pulsadores, que consiste en la implementación de un pequeño condensador en el circuito de anti-rebote (a través del método de hardware) o mediante modificaciones en el código fuente (a través del método de software). Esta solución debe aplicarse independientemente de la configuración utilizada (pull-up o pull-down) y si el pulsador es normalmente cerrado (NC) o normalmente abierto (NO).

El código siguiente hace referencia a la implementación de un control anti-rebote mediante software para un pulsador con una conexión del tipo Pull-Up.

```
EstPulsador = digitalRead(Pulsador);

if(EstPulsador == LOW)
{
  Presionado = 1;
}

if(Presionado == 1 && EstPulsador == HIGH)
{
  //Realizar el código deseado
  Presionado = 0;
}
```

La variable ***EstPulsador*** mediante la función *digitalRead()* almacena el estado digital del pin 2 (***Pulsador***) del Arduino al cual se conecta un pulsador con una conexión del tipo Pull-Up, si el pulsador no ha sido presionado, la variable ***Pulsador*** presenta un valor lógico “HIGH”; si el pulsador ha sido presionado, la variable ***Pulsador*** presenta un valor lógico “LOW”.

```
EstPulsador = digitalRead(Pulsador);
```

La línea de código if(EstPulsador == LOW) verifica si la entrada digital correspondiente al pulsador está en estado LOW, lo que indica que el pulsador ha sido presionado. Si esto es cierto, la variable "***Presionado***" se establece en 1. Esto ser utiliza posteriormente en el código para tomar acciones en función del estado del pulsador.

```
if(EstPulsador == LOW)
{
  Presionado = 1;
}
```

La línea de código if(Presionado == 1 && EstPulsador == HIGH) verifica que el botón primeramente haya sido presionado (Presionado == 1) y que posteriormente el mismo ya fue soltado (EstPulsador == HIGH), si se cumple estas dos condiciones, ejecutar el código a ser definido por el programador; la línea de código Presionado = 0 restablece el valor de la variable a su valor inicial, lo cual indica que el botón ya no está presionado, habilitando nuevamente el control de anti-rebote.

```
if(Presionado == 1 && EstPulsador == HIGH)
  {
    //Realizar el código deseado
    Presionado = 0;
  }
```

El código siguiente se encuentra inmerso en el control de anti-rebote; cuando el pulsador ha sido presionado y soltado, el valor de la variable Contador se incrementa en 1, para lo cual se utiliza la operación de incremento ++. Si el valor de la variable Contador es igual a dieciséis (Contador == 16), variable Contador es asignada con un valor de cero (0), esto se debe a que el contador binario es de 4 bits, el cual cuenta desde 0 hasta 15 (16 valores).

```
Contador ++;
if(Contador == 16)
  {
    Contador = 0;
  }
```

5.2.4.2. Control *switch - case*

Al ser presionado el botón, este incremente en uno (01) el valor de la variable denominada *"Contador"*, en dependencia del valor de dicha variable, se encienden o se apagan determinados leds.

La función *"switch ()"* evalúa el valor de la variable *"Contador"*, si el valor es igual a cero (0), se ejecuta el código correspondiente al *"case 0"*, el cual apaga los cuatro (04) GPIO, visualizando el numero cero (0) en binario.

```
switch (Contador)
{
  case 0:
  //Visualizo el 0 en binario
  digitalWrite(Led1, LOW);
  digitalWrite(Led2, LOW);
  digitalWrite(Led3, LOW);
  digitalWrite(Led4, LOW);
  break;
```

Si el valor de la variable *"Contador"* es igual a uno (01), se ejecuta el código correspondiente al *"case 1"*, el cual enmiende un (01) GPIO y apaga los tres (03) GPIO, visualizando el numero uno (01) en binario.

```
case 1:
    //Visualizo el 1 en binario
    digitalWrite(Led1, HIGH);
    digitalWrite(Led2, LOW);
    digitalWrite(Led3, LOW);
    digitalWrite(Led4, LOW);
    break;
```

Los demás *"case"* se ejecutan en función del valor de la variable *"Contador"*, el código inmerso permite visualizar los demás números binarios.

5.2.5. Dado electrónico

La Real Academia Española define a un dado como "objeto generalmente cúbico en cuyas caras aparecen puntos, que representan distintos números, o figuras diferentes"

Los dados se utilizan en muchos juegos diferentes, desde los juegos de mesa tradicionales hasta los juegos de azar en los casinos. Para utilizar un dado, se lanza o se tira en una superficie plana, y el número que aparece en la cara superior se utiliza para determinar el resultado del juego o de la apuesta.

Los dados modernos están hechos de materiales como plástico, madera o hueso, y suelen tener esquinas redondeadas para asegurar que los resultados sean aleatorios y equitativos.

En algunos juegos, se utilizan varios dados al mismo tiempo para generar resultados más complejos.

Un dado electrónico es un dispositivo que utiliza tecnología digital para simular el lanzamiento de un dado convencional. En lugar de tener seis caras con números impresos, un dado electrónico generalmente tiene un conjunto de luces LED o pantallas LCD que muestran un número aleatorio después de cada lanzamiento.

A diferencia de los dados convencionales, los dados electrónicos pueden ser programados para generar diferentes patrones de números aleatorios, lo que los hace útiles en juegos que requieren un mayor grado de aleatoriedad y variabilidad. Algunos dados electrónicos también incluyen características adicionales, como efectos de sonido y vibración para imitar la sensación de lanzar un dado real.

El dado electrónico diseñado está formado por siete diodos emisores de luz (LED) organizados como se muestra en la siguiente ilustración.

Ilustración 5.15. Disposición de los siete Leds

Este dispositivo tiene la capacidad de simular los números del 1 al 6 que aparecen en un dado convencional al encender ciertos LED, los cuales son controlados por el código desarrollado.

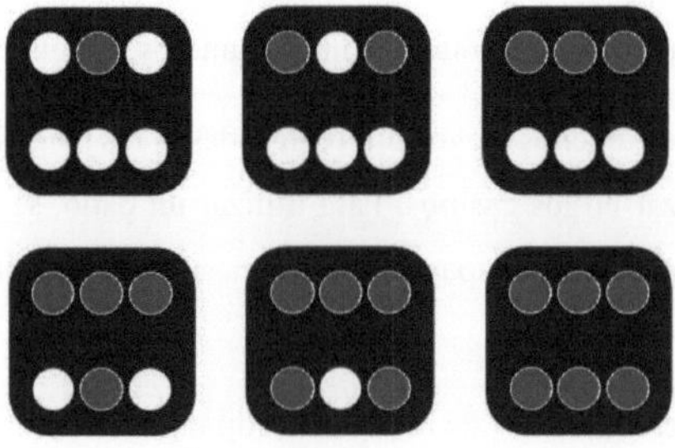

Ilustración 5.16. Codificación de numero (1 al 6)

Para la implementación del proyecto se utilizará los siguientes elementos:

```
1 Arduino UNO
6 Resistencia de 330Ω
6 LEDs Rojos
1 Resistencia de 10KΩ
1 Pulsador Normalmente abierto (NO)
```

La ilustración siguiente muestra el esquema de montaje del circuito del dado electrónico.

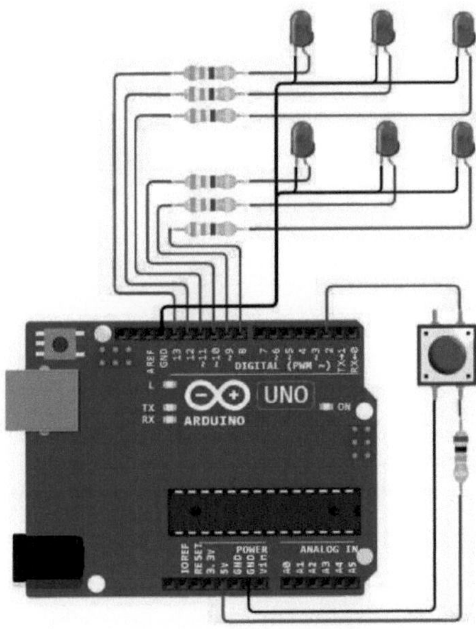

Ilustración 5.17. Circuito - Dado electrónico

El código descrito a continuación controla el encendido y apagado de seis LED de forma aleatoria mediante un pulsador, para lo cual se utiliza siete GPIO, seis (06) configuradas como salida digital y una (01) como entrada digital.

```
byte Led1 = 13;
byte Led2 = 12;
byte Led3 = 11;
byte Led4 = 10;
byte Led5 = 9;
byte Led6 = 8;
byte Pulsador = 2;
byte EstPulsador;     //Variable - Almacena estado del pulsador
byte Presionado;      //Variable auxiliar
byte Numero = 0;
```

```
void setup()
{
  pinMode(Led1,OUTPUT);
  pinMode(Led2,OUTPUT);
  pinMode(Led3,OUTPUT);
  pinMode(Led4,OUTPUT);
  pinMode(Led5,OUTPUT);
  pinMode(Led6,OUTPUT);
  pinMode(Pulsador,INPUT);

  digitalWrite(Led1, LOW);
  digitalWrite(Led2, LOW);
  digitalWrite(Led3, LOW);
  digitalWrite(Led4, LOW);
  digitalWrite(Led5, LOW);
  digitalWrite(Led6, LOW);
}

void loop()
{
  //Lee estado del pulsador
  EstPulsador = digitalRead(Pulsador);

  //---- Control de Antirrebote ----//
  if(EstPulsador == LOW)  //Si el Boton fue presionado
  {
    Presionado = 1;       //Asignar el valor de 1 a la variable Presionado
  }

  // Si el boton fue presionado Y el boton fue soltado
  if(Presionado == 1 && EstPulsador == HIGH)
  {
    Numero = 0;
    Numero = random(1,7); //Genero un numero al azar entre 1 y 7
    Presionado = 0;     //A la variable Presionado se le asigna el valor de 0

    //Apagar todos los leds
    digitalWrite(Led1, LOW);
    digitalWrite(Led2, LOW);
    digitalWrite(Led3, LOW);
    digitalWrite(Led4, LOW);
    digitalWrite(Led5, LOW);
    digitalWrite(Led6, LOW);

    switch(Numero)
    {
      case 1:
      //Visualizo el 1
      digitalWrite(Led1, LOW);
      digitalWrite(Led2, HIGH);
      digitalWrite(Led3, LOW);
      digitalWrite(Led4, LOW);
      digitalWrite(Led5, LOW);
      digitalWrite(Led6, LOW);
      break;
```

```
        case 2:
        //Visualizo el 2
        digitalWrite(Led1, HIGH);
        digitalWrite(Led2, LOW);
        digitalWrite(Led3, HIGH);
        digitalWrite(Led4, LOW);
        digitalWrite(Led5, LOW);
        digitalWrite(Led6, LOW);
        break;

        case 3:
        //Visualizo el 3
        digitalWrite(Led1, HIGH);
        digitalWrite(Led2, HIGH);
        digitalWrite(Led3, HIGH);
        digitalWrite(Led4, LOW);
        digitalWrite(Led5, LOW);
        digitalWrite(Led6, LOW);
        break;

        case 4:
        //Visualizo el 4
        digitalWrite(Led1, HIGH);
        digitalWrite(Led2, HIGH);
        digitalWrite(Led3, HIGH);
        digitalWrite(Led4, LOW);
        digitalWrite(Led5, HIGH);
        digitalWrite(Led6, LOW);
        break;

        case 5:
        //Visualizo el 5
        digitalWrite(Led1, HIGH);
        digitalWrite(Led2, HIGH);
        digitalWrite(Led3, HIGH);
        digitalWrite(Led4, HIGH);
        digitalWrite(Led5, LOW);
        digitalWrite(Led6, HIGH);
        break;

        case 6:
        //Visualizo el 6
        digitalWrite(Led1, HIGH);
        digitalWrite(Led2, HIGH);
        digitalWrite(Led3, HIGH);
        digitalWrite(Led4, HIGH);
        digitalWrite(Led5, HIGH);
        digitalWrite(Led6, HIGH);
        break;
      }
    }
  //---- Fin Control de Antirrebote ----//
}
```

DESCRIPCIÓN DEL CÓDIGO

Parte del funcionamiento del código utilizado fue descrito en proyectos anteriores. La función *"random()"* genera un número pseudoaleatorios mayor o igual a uno (01) y menor a siete (07), el cual es evaluado mediante la función *"switch case"*.

```
Numero = random(1,7); //Genero un numero al azar entre 1 y 7
```

5.2.6. Luz intermitente de velocidad variable – Delay()

Una luz intermitente se enciende y se apaga de manera regular y repetitiva, en intervalos definidos de tiempo. Las luces intermitentes se utilizan comúnmente en señalización de emergencia, dispositivos de seguridad, alarmas y otros equipos que requieren una indicación visual clara y distintiva.

La base de este proyecto son dos botones pulsadores, el primero destinado a incrementar la frecuencia de parpadeo del LED y el segundo para disminuir dicha frecuencia.

Para la implementación del proyecto se utilizará los siguientes elementos:

```
1 Arduino UNO
2 Resistencia de 330Ω
1 LEDs Rojos
2 Pulsadores Normalmente abierto (NO)
2 Resistencia de 10KΩ
```

La ilustración siguiente muestra el esquema de montaje del circuito de la luz intermitente de velocidad variable.

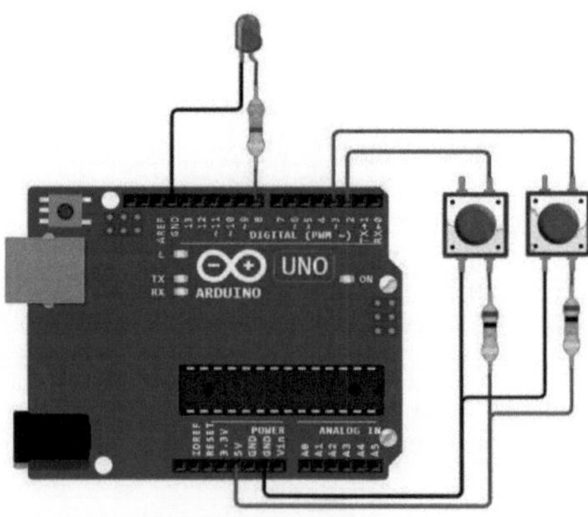

Ilustración 5.18. Circuito – Luz intermitente

La codificación que a continuación se muestra controla el encendido y apagado de forma periódica de un (01) led, el tiempo de encendido y apagado es configurable mediante dos (02) pulsadores, el tiempo mínimo de intermitencia es de 0,1 segundos (100 milisegundos) y el máximo es de 5 segundos (5000 milisegundos).

```
byte Led = 8;
byte Pulsador1 = 2;
byte Pulsador2 = 3;
byte EstPulsador1;    //Variable - Almacena estado del pulsador1
byte EstPulsador2;    //Variable - Almacena estado del pulsador2
byte Presionado1;     //Variable auxiliar
byte Presionado2;     //Variable auxiliar
int Tiempo = 100;

void setup()
{
  pinMode(Led,OUTPUT);
  pinMode(Pulsador1,INPUT);
  pinMode(Pulsador2,INPUT);
}

void loop()
{
  //Lee estado del pulsador1
  EstPulsador1 = digitalRead(Pulsador1);
  //---- Control de Antirrebote Pulsador1----//
  if(EstPulsador1 == LOW)  //Si el Boton1 fue presionado
  {
    Presionado1 = 1;        //Asignar el valor de 1 a la variable Presionado1
  }

  // Si el boton1 fue presionado Y el boton1 fue soltado
  if(Presionado1 == 1 && EstPulsador1 == HIGH)
  {
    //Incrementar en 100 la variable Tiempo
    Tiempo = Tiempo + 100;
    if (Tiempo >= 5000)
    {
      Tiempo = 5000;
    }
    Presionado1 = 0;      //A la variable Presionado se le asigna el valor de 0
  }
  //---- Fin Control de Antirrebote Pulsador1 ----//

  //Lee estado del pulsador2
  EstPulsador2 = digitalRead(Pulsador2);
  //---- Control de Antirrebote Pulsador2----//
  if(EstPulsador2 == LOW)  //Si el Boton2 fue presionado
  {
    Presionado2 = 1;        //Asignar el valor de 1 a la variable Presionado2
  }
```

```
    // Si el boton2 fue presionado Y el boton2 fue soltado
    if(Presionado2 == 1 && EstPulsador2 == HIGH)
    {
      //Decrementar en 100 la variable Tiempo
      Tiempo = Tiempo - 100;
      if (Tiempo <= 100)
      {
        Tiempo = 100;
      }
      Presionado2 = 0;      //A la variable Presionado se le asigna el valor de 0
    }
    //---- Fin Control de Antirrebote Pulsador1 ----//

    //Control intermitencia LED
    digitalWrite(Led, HIGH);
    delay(Tiempo);
    digitalWrite(Led, LOW);
    delay(Tiempo);
}
```

El código generado para la luz intermitente de velocidad variable presenta limitaciones de respuesta al momento de presionar el pulsador ya que la intermitencia del LED depende de la función *"delay()"*, cada vez que el pulsador es presionado, la variable "Tiempo" se incrementa, por ende, el microcontrolador detiene la operación cada vez más tiempo y la lectura del estado del pulsador no se realiza de forma periódica.

Para comprender con mayor claridad lo enunciado, se realiza una breve explicación del funcionamiento de la función "*delay()*" y de sus desventajas.

La función "*delay()*" detiene la operación del programa en base al número de milisegundos especificado entre paréntesis, esta función presente diversas desventajas, entre las cuales se menciona las siguientes:

- **Bloqueo del programa:** Cuando se utiliza la función *"delay()",* Arduino se detiene completamente durante el tiempo especificado. Durante este tiempo, el microcontrolador no puede realizar ninguna otra tarea, lo que puede ser problemático si hay otras operaciones o eventos importantes que deben ocurrir simultáneamente.
- **Ineficiencia en el uso de recursos:** La función *"delay()"* es una espera activa, lo que significa que el microcontrolador realiza ciclos de espera en lugar de realizar otras tareas útiles. Esto puede ser ineficiente en términos de uso de recursos,

especialmente si se utilizan tiempos de espera largos o múltiples pausas en el código.

- **Limitaciones en la capacidad de respuesta:** El uso excesivo de la función *"delay()"* puede afectar la capacidad de respuesta del programa. Si el microcontrolador está ocupado esperando durante largos períodos de tiempo, podría no poder responder a eventos externos o cumplir con los plazos requeridos.
- **Dificultad para realizar múltiples tareas:** Si se pretende realizar múltiples tareas o procesos concurrentes en el programa de Arduino, el uso de la función *"delay()"* puede dificultar la coordinación y sincronización adecuada entre dichas tareas.

El uso ocasional y cuidadoso de la función *"delay()"* puede ser admisible para ciertas aplicaciones sencillas. Sin embargo, si se requiere un control más preciso del tiempo o una capacidad de respuesta mejorada, es recomendable utilizar técnicas alternativas como la programación basada en interrupciones o la implementación de un bucle de ejecución no bloqueante.

5.2.7. Luz intermitente de velocidad variable – Millis()

Para evitar la utilización de la función *"delay()"*, mejorar el funcionamiento de la aplicación y optimizar el código realizado anteriormente, se utilizará la función *"millis()"*.

```
byte Led = 8;
byte Pulsador1 = 2;
byte Pulsador2 = 3;
byte EstPulsador1;    //Variable - Almacena estado del pulsador1
byte EstPulsador2;    //Variable - Almacena estado del pulsador2
byte Presionado1;     //Variable auxiliar
byte Presionado2;     //Variable auxiliar
int Tiempo = 100;
bool EstadoLed = LOW;
//Variables para temporizar
unsigned long Tiempo_actual = 0;
unsigned long Pausa1_previo = 0;

void setup()
{
  pinMode(Led,OUTPUT);
  pinMode(Pulsador1,INPUT);
  pinMode(Pulsador2,INPUT);
}
```

```
void loop()
{
  //Lee estado del pulsador1
  EstPulsador1 = digitalRead(Pulsador1);
  //---- Control de Antirrebote Pulsador1----//
  if(EstPulsador1 == LOW)  //Si el Boton fue presionado
  {
    Presionado1 = 1;       //Asignar el valor de 1 a la variable Presionado1
  }

  // Si el boton1 fue presionado Y el boton1 fue soltado
  if(Presionado1 == 1 && EstPulsador1 == HIGH)
  {
    //Incrementar en 100 la variable Tiempo
    Tiempo = Tiempo + 100;
    if (Tiempo >= 5000)
    {
      Tiempo = 5000;
    }
    Presionado1 = 0;     //A la variable Presionado se le asigna el valor de 0
  }
  //---- Fin Control de Antirrebote Pulsador1 ----//

  //Lee estado del pulsador2
  EstPulsador2 = digitalRead(Pulsador2);
  //---- Control de Antirrebote Pulsador2----//
  if(EstPulsador2 == LOW)  //Si el Boton fue presionado
  {
    Presionado2 = 1;       //Asignar el valor de 1 a la variable Presionado2
  }

  // Si el boton2 fue presionado Y el boton2 fue soltado
  if(Presionado2 == 1 && EstPulsador2 == HIGH)
  {
    //Decrementar en 100 la variable Tiempo
    Tiempo = Tiempo - 100;
    if (Tiempo <= 100)
    {
      Tiempo = 100;
    }
    Presionado2 = 0;     //A la variable Presionado se le asigna el valor de 0
  }
  //---- Fin Control de Antirrebote Pulsador1 ----//

  //Control intermitencia LED
  Tiempo_actual = millis();
  //Si el tiempo transcurrido es igual a Tiempo
  if (Tiempo_actual - Pausa1_previo >= Tiempo)
  {
    EstadoLed = !EstadoLed; //! es la función boolena de negación
    digitalWrite(Led, EstadoLed);
    //Almacenar el tiempo transcurrido para volver a comparar luego
    Pausa1_previo = Tiempo_actual;
  }
}
```

DESCRIPCIÓN DEL CÓDIGO

La función *"millis()"* mide el tiempo en milisegundos que ha transcurrido desde que el Arduino se encendió, dicho valor es asignado a la variable *"Tiempo_actual"*.".

```
//Control intermitencia LED
Tiempo_actual = millis();
```

Si la diferencia entre las variables *"Tiempo_actual"* y *"Pausa1_previo"* es mayor o igual que el valor de la variable *"Tiempo"*, se aplica la función lógica NOT a la variable *"EstadoLed"*, se actualiza el estado de la salida digital *"Led"* mediante la función *"digitalWrite()"* (encender o apagar el LED); a la variable *"Pausa1_previo"* se le asigna el valor de la variable *"Tiempo_actual"* , lo que permite el control cíclico de la intermitencia del LED.

```
//Control intermitencia LED
Tiempo_actual = millis();
//Si el tiempo transcurrido es igual a Tiempo
if (Tiempo_actual - Pausa1_previo >= Tiempo)
{
  EstadoLed = !EstadoLed; //! es la función boolena de negación
  digitalWrite(Led, EstadoLed);
  //Almacenar el tiempo transcurrido para volver a comparar luego
  Pausa1_previo = Tiempo_actual;
}
```

5.2.8. Uso de botones sin resistencias Pull-Up

En la sección 5.2.1 se dio a conocer el principio de funcionamiento de la resistencia Pull-Up externa, el microcontrolador ATmega utilizado en diversas tarjetas Arduino incluyen diversas resistencias Pull-Up internas, las cuales pueden ser activadas mediante código.

```
//Declara un pin como entrada y
//activa la resistencia pullup interna para dicho pin
pinMode(pin, INPUT_PULLUP);
```

La ilustración siguiente muestra el esquema de montaje del circuito de la luz intermitente de velocidad variable con resistencia Pull-Up interna.

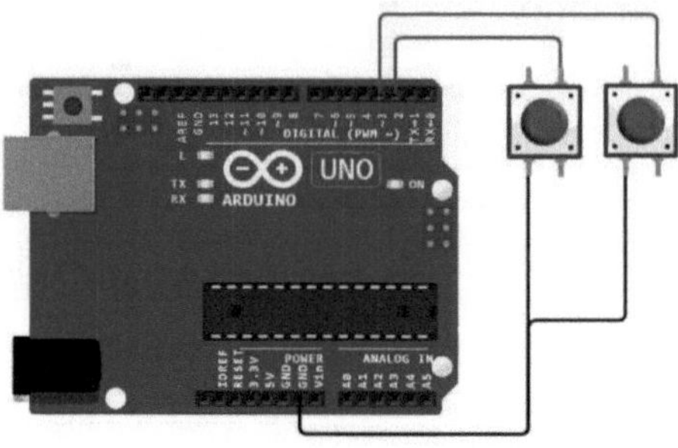

Ilustración 5.19. Circuito – Resistencia Pull-Up interna

5.3. PROYECTOS CON DISPLAY

Un display de 7 segmentos es un dispositivo electrónico utilizado para mostrar números y diversas letras utilizando siete segmentos individuales. Los siete segmentos están dispuestos en forma de ocho "8" y puede ser controlados de forma independiente, lo que permite representar números del 0 al 9 y algunas letras como A, B, C, E, F, G, H, entre otros.

5.3.1. Contador decimal – Decodificador 7447

El módulo de un contador (MOD) determina cuántos estados o valores diferentes puede representar antes de volver a comenzar desde cero.

Un contador módulo 10 es un tipo de contador que cuenta en un ciclo repetitivo de 0 a 9, para lo cual utiliza un total de 10 estados diferentes para representar dichos valores; cuando el contador alcanza el valor 9, en el siguiente conteo se reinicia a 0.

Este tipo de contador se utiliza comúnmente para contar de forma secuencial en aplicaciones que requieren representar valores de un solo dígito, como en relojes, contadores digitales, sistemas de control y otras aplicaciones donde se necesita una cuenta de 0 a 9.

El programa realizado es similar al 5.2.4 contador binario, con la diferencia que la visualización se realizara mediante un display de siete segmentos en configuración ánodo común y no se utilizara un pulsador como elemento de control, el conteo se realizara de forma automática con un intervalo de 1 segundo (1000 milisegundos).

Como elemento decodificador de BCD (Binary Coded Decimal) (Decimal Codificado en Binario) a 7 segmentos se utiliza el circuito integrado 7447 el cual cuenta con salidas activas bajas, diseñados para controlar display de ánodo común.

La tabla siguiente muestra la función característica del circuito decodificador BDC a siete segmentos 7447.

Tabla 5.4. *Tabla de función circuito integrado 7447*

Numero	Entradas				Salidas						
Decimal	**D**	**C**	**B**	**A**	**a**	**b**	**c**	**d**	**e**	**f**	**g**
0	L	L	L	L	L	L	L	L	L	L	H
1	L	L	L	H	H	L	L	H	H	H	H
2	L	L	H	L	L	L	H	L	L	H	L
3	L	L	H	H	L	L	L	L	H	H	L
4	L	H	L	L	H	L	L	H	H	L	L
5	L	H	L	H	L	H	L	L	H	L	L
6	L	H	H	L	H	H	L	L	L	L	L
7	L	H	H	H	L	L	L	H	H	H	H
8	H	L	L	L	L	L	L	L	L	L	L
9	H	L	L	H	L	L	L	H	H	L	L
10	H	L	H	L	H	H	H	L	L	H	L
11	H	L	H	H	H	H	L	L	H	H	L
12	H	H	L	L	H	L	H	H	H	L	L
13	H	H	L	H	L	H	H	L	H	L	L
14	H	H	H	L	H	H	H	L	L	L	L
15	H	H	H	H	H	H	H	H	H	H	H

Donde: L es un estado lógico bajo, H es un estado lógico alto

Para la implementación del proyecto se utilizará los siguientes elementos:

```
1 Arduino UNO
1 CI 7447 (Decodificador BCD a 7 segmentos)
7 Resistencia de 330Ω
1 Display de 7 segmentos (Ánodo común)
```

La ilustración siguiente muestra el esquema de montaje del circuito del contador MOD 10 (Contador 0 a 9).

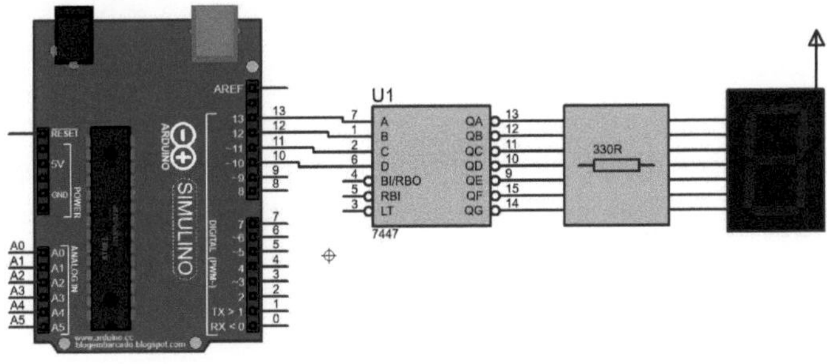

Ilustración 5.20. Circuito – Contador MOD 10

El código descrito muestra un contador decimal que cambia de valor de forma automática con un periodo de tiempo de 1 segundo (1000 milisegundos).

```
const byte A = 13; //Bit Menos Significativo (LSB)
const byte B = 12;
const byte C = 11;
const byte D = 10; //Bit Mas Significativo (MSB)
byte Contador = 0;  //Variable - Almacena veces que se ha presionado el pulsador

void setup()
{
  pinMode(A, OUTPUT);
  pinMode(B, OUTPUT);
  pinMode(C, OUTPUT);
  pinMode(D, OUTPUT);
}

void loop()
{
  switch (Contador)
  {
    case 0:
    //Visualizo el 0 en binario
    digitalWrite(A, LOW);
    digitalWrite(B, LOW);
    digitalWrite(C, LOW);
    digitalWrite(D, LOW);
    break;

    case 1:
    //Visualizo el 1 en binario
    digitalWrite(A, HIGH);
    digitalWrite(B, LOW);
    digitalWrite(C, LOW);
    digitalWrite(D, LOW);
    break;

    case 2:
    //Visualizo el 2 en binario
    digitalWrite(A, LOW);
    digitalWrite(B, HIGH);
    digitalWrite(C, LOW);
    digitalWrite(D, LOW);
    break;

    case 3:
    //Visualizo el 3 en binario
    digitalWrite(A, HIGH);
    digitalWrite(B, HIGH);
    digitalWrite(C, LOW);
    digitalWrite(D, LOW);
    break;

    case 4:
    //Visualizo el 4 en binario
    digitalWrite(A, LOW);
```

```
    digitalWrite(B, LOW);
    digitalWrite(C, HIGH);
    digitalWrite(D, LOW);
    break;

    case 5:
    //Visualizo el 5 en binario
    digitalWrite(A, HIGH);
    digitalWrite(B, LOW);
    digitalWrite(C, HIGH);
    digitalWrite(D, LOW);
    break;

    case 6:
    //Visualizo el 6 en binario
    digitalWrite(A, LOW);
    digitalWrite(B, HIGH);
    digitalWrite(C, HIGH);
    digitalWrite(D, LOW);
    break;

    case 7:
    //Visualizo el 7 en binario
    digitalWrite(A, HIGH);
    digitalWrite(B, HIGH);
    digitalWrite(C, HIGH);
    digitalWrite(D, LOW);
    break;

    case 8:
    //Visualizo el 8 en binario
    digitalWrite(A, LOW);
    digitalWrite(B, LOW);
    digitalWrite(C, LOW);
    digitalWrite(D, HIGH);
    break;

    case 9:
    //Visualizo el 9 en binario
    digitalWrite(A, HIGH);
    digitalWrite(B, LOW);
    digitalWrite(C, LOW);
    digitalWrite(D, HIGH);
    break;
  }

  Contador ++;
  delay(1000);
  if (Contador > 9)
  {
    Contador = 0;
  }
}
```

El código descrito no presenta el uso de nuevas funciones o algoritmos nuevos, por lo cual, no se realizará la descripción del código.

5.3.2. Contador decimal con pulsador – Decodificador 7447

El programa realizado es el similar al contador binario de la sección anterior, con la diferencia de que el conteo se realiza de forma manual mediante el uso de un pulsador normalmente abierto con resistencia Pull-Up interna.

Para la implementación del proyecto se utilizará los siguientes elementos:

```
1 Arduino UNO
1 CI 7447 (Decodificador de 7 segmentos)
7 Resistencia de 330Ω
1 Display de 7 segmentos (Ánodo común)
1 Pulsador Normalmente abierto (NO)
```

La ilustración siguiente muestra el esquema de montaje del circuito electrónico del contador manual MOD 10 (Contador 0 a 9).

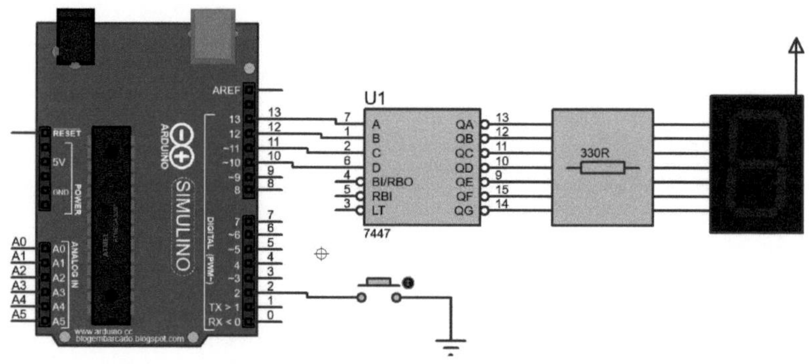

Ilustración 5.21. Circuito – Contador manual MOD 10

El código descrito muestra un contador decimal que cambia de valor de forma manual cada vez que se haya presionado un botón.

```
const byte A = 13; //Bit Menos Significativo (LSB)
const byte B = 12;
const byte C = 11;
const byte D = 10; //Bit Mas Significativo (MSB)
const byte Pulsador = 2;

byte Contador = 0;  //Variable - Almacena veces que se ha presionado el pulsador
byte EstPulsador;   //Variable - Almacena estado del pulsador
byte Presionado;    //Variable auxiliar
```

```
void setup()
{
  //Configura 3 GPIO como salidas digitales
  pinMode(A, OUTPUT);
  pinMode(B, OUTPUT);
  pinMode(C, OUTPUT);
  pinMode(D, OUTPUT);
  //Configura 1 GPIO como entrada digital
  pinMode(Pulsador, INPUT_PULLUP);
}

void loop()
{
  //Lee estado del pulsador
  EstPulsador = digitalRead(Pulsador);

  //---- Control de Antirrebote ----//
  if(EstPulsador == LOW)  //Si el Boton fue presionado
  {
    Presionado = 1;       //Asignar el valor de 1 a la variable Presionado
  }

  // Si el boton fue presionado Y el boton fue soltado
  if(Presionado == 1 && EstPulsador == HIGH)
  {
    Contador ++;        //Incrementa la variable Contador en 1
    if(Contador > 9)  //Si la variable Contador presenta un valor de 16
    {
      Contador = 0;     //A la variable Contador se le asigna el valor de 0
    }
    Presionado = 0;     //A la variable Presionado se le asigna el valor de 0
  }
  //---- Fin Control de Antirrebote ----//

  switch (Contador)
  {
    case 0:
    //Visualizo el 0 en binario
    digitalWrite(A, LOW);
    digitalWrite(B, LOW);
    digitalWrite(C, LOW);
    digitalWrite(D, LOW);
    break;

    case 1:
    //Visualizo el 1 en binario
    digitalWrite(A, HIGH);
    digitalWrite(B, LOW);
    digitalWrite(C, LOW);
    digitalWrite(D, LOW);
    break;
```

```
case 2:
//Visualizo el 2 en binario
digitalWrite(A, LOW);
digitalWrite(B, HIGH);
digitalWrite(C, LOW);
digitalWrite(D, LOW);
break;

case 3:
//Visualizo el 3 en binario
digitalWrite(A, HIGH);
digitalWrite(B, HIGH);
digitalWrite(C, LOW);
digitalWrite(D, LOW);
break;

case 4:
//Visualizo el 4 en binario
digitalWrite(A, LOW);
digitalWrite(B, LOW);
digitalWrite(C, HIGH);
digitalWrite(D, LOW);
break;

case 5:
//Visualizo el 5 en binario
digitalWrite(A, HIGH);
digitalWrite(B, LOW);
digitalWrite(C, HIGH);
digitalWrite(D, LOW);
break;

case 6:
//Visualizo el 6 en binario
digitalWrite(A, LOW);
digitalWrite(B, HIGH);
digitalWrite(C, HIGH);
digitalWrite(D, LOW);
break;

case 7:
//Visualizo el 7 en binario
digitalWrite(A, HIGH);
digitalWrite(B, HIGH);
digitalWrite(C, HIGH);
digitalWrite(D, LOW);
break;

case 8:
//Visualizo el 8 en binario
digitalWrite(A, LOW);
digitalWrite(B, LOW);
digitalWrite(C, LOW);
digitalWrite(D, HIGH);
break;
```

```
    case 9:
    //Visualizo el 9 en binario
    digitalWrite(A, HIGH);
    digitalWrite(B, LOW);
    digitalWrite(C, LOW);
    digitalWrite(D, HIGH);
    break;
  }
}
```

El código implementado no presenta algoritmos nuevos de programación, todo el código fue explicado en proyectos anteriores.

5.3.3. Dado electrónico con display

En la sección 5.2.5 se realizó un dado electrónico que utilizaba diodos emisores de luz (LED) para visualizar valores comprendido entre el uno (1) y el seis (6), el presente proyecto utilizará un display para visualizar de manera grafica dichos valores.

Para la implementación del proyecto se utilizará los siguientes elementos:

```
1 Arduino UNO
7 Resistencia de 330Ω
1 Display de 7 segmentos - Ánodo comun
1 Resistencia de 10KΩ
1 Pulsador Normalmente abierto (NO)
```

La ilustración siguiente muestra el esquema de montaje del circuito del dado electrónico con display ánodo común de siete segmentos.

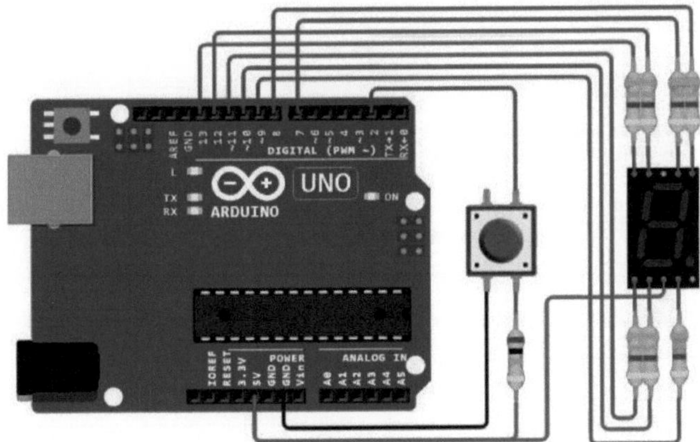

Ilustración 5.22. Circuito - Dado electrónico con display

El código descrito a continuación visualizar un display de 7 segmentos un valor numérico que es generado al presionar un pulsador, dicho valor se visualiza durante tres (3) segundos, posteriormente el display se apaga.

```
//Defino pines para control de segmentos del display
byte Segmento_G = 13;
byte Segmento_F = 12;
byte Segmento_E = 11;
byte Segmento_D = 10;
byte Segmento_C = 9;
byte Segmento_B = 8;
byte Segmento_A = 7;
byte Pulsador = 2;
byte EstPulsador;   //Variable - Almacena estado del pulsador
byte Presionado;    //Variable auxiliar
byte Numero = 0;

void setup()
{
  pinMode(Segmento_G,OUTPUT);
  pinMode(Segmento_F,OUTPUT);
  pinMode(Segmento_E,OUTPUT);
  pinMode(Segmento_D,OUTPUT);
  pinMode(Segmento_C,OUTPUT);
  pinMode(Segmento_B,OUTPUT);
  pinMode(Segmento_A,OUTPUT);
  pinMode(Pulsador,INPUT);

  //Apago todos los segmentos
    digitalWrite(Segmento_G, HIGH);
    digitalWrite(Segmento_F, HIGH);
    digitalWrite(Segmento_E, HIGH);
    digitalWrite(Segmento_D, HIGH);
    digitalWrite(Segmento_C, HIGH);
    digitalWrite(Segmento_B, HIGH);
    digitalWrite(Segmento_A, HIGH);
}

void loop()
{
  //Lee estado del pulsador
  EstPulsador = digitalRead(Pulsador);

  //---- Control de Antirrebote ----//
  if(EstPulsador == LOW)  //Si el Boton fue presionado
  {
    Presionado = 1;       //Asignar el valor de 1 a la variable Presionado
  }

  // Si el boton fue presionado Y el boton fue soltado
  if(Presionado == 1 && EstPulsador == HIGH)
  {
    Numero = 0;
    Numero = random(1,7); //Genero un numero al azar entre 1 y 7
    Presionado = 0;     //A la variable Presionado se le asigna el valor de 0
```

```
switch(Numero)
{
  case 1:
  //Visualizo el 1
  digitalWrite(Segmento_G, HIGH);
  digitalWrite(Segmento_F, HIGH);
  digitalWrite(Segmento_E, HIGH);
  digitalWrite(Segmento_D, HIGH);
  digitalWrite(Segmento_C, LOW);
  digitalWrite(Segmento_B, LOW);
  digitalWrite(Segmento_A, HIGH);
  break;

  case 2:
  //Visualizo el 2
  digitalWrite(Segmento_G, LOW);
  digitalWrite(Segmento_F, HIGH);
  digitalWrite(Segmento_E, LOW);
  digitalWrite(Segmento_D, LOW);
  digitalWrite(Segmento_C, HIGH);
  digitalWrite(Segmento_B, LOW);
  digitalWrite(Segmento_A, LOW);
  break;

  case 3:
  //Visualizo el 3
  digitalWrite(Segmento_G, LOW);
  digitalWrite(Segmento_F, HIGH);
  digitalWrite(Segmento_E, HIGH);
  digitalWrite(Segmento_D, LOW);
  digitalWrite(Segmento_C, LOW);
  digitalWrite(Segmento_B, LOW);
  digitalWrite(Segmento_A, LOW);
  break;

  case 4:
  //Visualizo el 4
  digitalWrite(Segmento_G, LOW);
  digitalWrite(Segmento_F, LOW);
  digitalWrite(Segmento_E, HIGH);
  digitalWrite(Segmento_D, HIGH);
  digitalWrite(Segmento_C, LOW);
  digitalWrite(Segmento_B, LOW);
  digitalWrite(Segmento_A, HIGH);
  break;

  case 5:
  //Visualizo el 5
  digitalWrite(Segmento_G, LOW);
  digitalWrite(Segmento_F, LOW);
  digitalWrite(Segmento_E, HIGH);
  digitalWrite(Segmento_D, LOW);
  digitalWrite(Segmento_C, LOW);
  digitalWrite(Segmento_B, HIGH);
  digitalWrite(Segmento_A, LOW);
  break;
```

```
        case 6:
        //Visualizo el 6
        digitalWrite(Segmento_G, LOW);
        digitalWrite(Segmento_F, LOW);
        digitalWrite(Segmento_E, LOW);
        digitalWrite(Segmento_D, LOW);
        digitalWrite(Segmento_C, LOW);
        digitalWrite(Segmento_B, HIGH);
        digitalWrite(Segmento_A, HIGH);
        break;
      }

      delay(3000);
      //Apago todos los segmentos
      digitalWrite(Segmento_G, HIGH);
      digitalWrite(Segmento_F, HIGH);
      digitalWrite(Segmento_E, HIGH);
      digitalWrite(Segmento_D, HIGH);
      digitalWrite(Segmento_C, HIGH);
      digitalWrite(Segmento_B, HIGH);
      digitalWrite(Segmento_A, HIGH);
    }
    //---- Fin Control de Antirrebote ----//
  }
```

5.3.4. Contador decimal con pulsador – Manejo directo con Arduino

El programa es el similar al contador decimal con pulsador realizado en la sección 5.3.2, con la diferencia de que no se utiliza el decodificador BCD 7447, el control del display de siete (7) segmentos lo realiza directamente el Arduino.

Para la implementación del proyecto se utilizará los siguientes elementos:

```
1 Arduino UNO
7 Resistencia de 330Ω
1 Display de 7 segmentos - Ánodo común
1 Resistencia de 10KΩ
1 Pulsador Normalmente abierto (NO)
```

La ilustración siguiente muestra el esquema de montaje del circuito del contador decimal con display ánodo común de siete segmentos controlado mediante un pulsador normalmente abierto (NO).

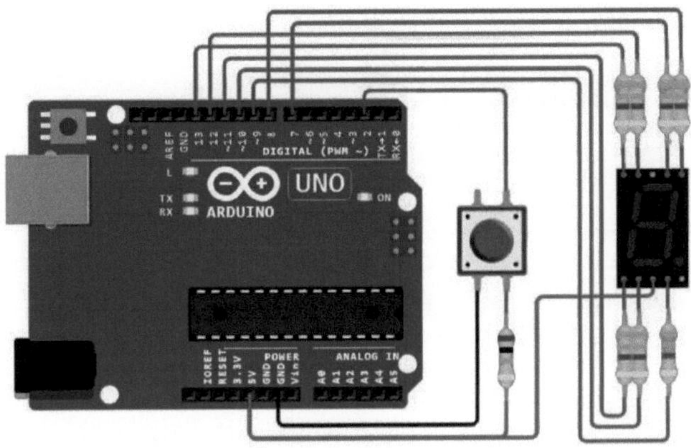

Ilustración 5.23. Circuito – Contador decimal con pulsador

El código descrito muestra un contador decimal que cambia de valor de forma manual cada vez que se haya presionado un botón.

```
//Defino pines para control de segmentos del display
byte Segmento_G = 13;
byte Segmento_F = 12;
byte Segmento_E = 11;
byte Segmento_D = 10;
byte Segmento_C = 9;
byte Segmento_B = 8;
byte Segmento_A = 7;
byte Pulsador = 2;
byte EstPulsador;    //Variable - Almacena estado del pulsador
byte Presionado;     //Variable auxiliar
byte Numero = 0;

void setup()
{
  pinMode(Segmento_G,OUTPUT);
  pinMode(Segmento_F,OUTPUT);
  pinMode(Segmento_E,OUTPUT);
  pinMode(Segmento_D,OUTPUT);
  pinMode(Segmento_C,OUTPUT);
  pinMode(Segmento_B,OUTPUT);
  pinMode(Segmento_A,OUTPUT);
  pinMode(Pulsador,INPUT);

  //Apago todos los segmentos
  digitalWrite(Segmento_G, HIGH);
  digitalWrite(Segmento_F, HIGH);
  digitalWrite(Segmento_E, HIGH);
  digitalWrite(Segmento_D, HIGH);
  digitalWrite(Segmento_C, HIGH);
  digitalWrite(Segmento_B, HIGH);
  digitalWrite(Segmento_A, HIGH);
}
```

```
void loop()
{
  //Lee estado del pulsador
  EstPulsador = digitalRead(Pulsador);

  //---- Control de Antirrebote ----//
  if(EstPulsador == LOW)  //Si el Boton fue presionado
  {
    Presionado = 1;       //Asignar el valor de 1 a la variable Presionado
  }

  // Si el boton fue presionado Y el boton fue soltado
  if(Presionado == 1 && EstPulsador == HIGH)
  {
    Numero = Numero + 1;
    if (Numero > 9)
    {
      Numero = 0;
    }
    Presionado = 0;     //A la variable Presionado se le asigna el valor de 0
  }
  //---- Fin Control de Antirrebote ----//

  switch(Numero)
    {
      case 0:
      //Visualizo el 0
      digitalWrite(Segmento_G, HIGH);
      digitalWrite(Segmento_F, LOW);
      digitalWrite(Segmento_E, LOW);
      digitalWrite(Segmento_D, LOW);
      digitalWrite(Segmento_C, LOW);
      digitalWrite(Segmento_B, LOW);
      digitalWrite(Segmento_A, LOW);

      case 1:
      //Visualizo el 1
      digitalWrite(Segmento_G, HIGH);
      digitalWrite(Segmento_F, HIGH);
      digitalWrite(Segmento_E, HIGH);
      digitalWrite(Segmento_D, HIGH);
      digitalWrite(Segmento_C, LOW);
      digitalWrite(Segmento_B, LOW);
      digitalWrite(Segmento_A, HIGH);
      break;

      case 2:
      //Visualizo el 2
      digitalWrite(Segmento_G, LOW);
      digitalWrite(Segmento_F, HIGH);
      digitalWrite(Segmento_E, LOW);
      digitalWrite(Segmento_D, LOW);
      digitalWrite(Segmento_C, HIGH);
      digitalWrite(Segmento_B, LOW);
      digitalWrite(Segmento_A, LOW);
      break;
```

```
case 3:
//Visualizo el 3
digitalWrite(Segmento_G, LOW);
digitalWrite(Segmento_F, HIGH);
digitalWrite(Segmento_E, HIGH);
digitalWrite(Segmento_D, LOW);
digitalWrite(Segmento_C, LOW);
digitalWrite(Segmento_B, LOW);
digitalWrite(Segmento_A, LOW);
break;

case 4:
//Visualizo el 4
digitalWrite(Segmento_G, LOW);
digitalWrite(Segmento_F, LOW);
digitalWrite(Segmento_E, HIGH);
digitalWrite(Segmento_D, HIGH);
digitalWrite(Segmento_C, LOW);
digitalWrite(Segmento_B, LOW);
digitalWrite(Segmento_A, HIGH);
break;

case 5:
//Visualizo el 5
digitalWrite(Segmento_G, LOW);
digitalWrite(Segmento_F, LOW);
digitalWrite(Segmento_E, HIGH);
digitalWrite(Segmento_D, LOW);
digitalWrite(Segmento_C, LOW);
digitalWrite(Segmento_B, HIGH);
digitalWrite(Segmento_A, LOW);
break;

case 6:
//Visualizo el 6
digitalWrite(Segmento_G, LOW);
digitalWrite(Segmento_F, LOW);
digitalWrite(Segmento_E, LOW);
digitalWrite(Segmento_D, LOW);
digitalWrite(Segmento_C, LOW);
digitalWrite(Segmento_B, HIGH);
digitalWrite(Segmento_A, HIGH);
break;

case 7:
//Visualizo el 7
digitalWrite(Segmento_G, HIGH);
digitalWrite(Segmento_F, HIGH);
digitalWrite(Segmento_E, HIGH);
digitalWrite(Segmento_D, HIGH);
digitalWrite(Segmento_C, LOW);
digitalWrite(Segmento_B, LOW);
digitalWrite(Segmento_A, LOW);
break;
```

```
        case 8:
        //Visualizo el 8
        digitalWrite(Segmento_G, LOW);
        digitalWrite(Segmento_F, LOW);
        digitalWrite(Segmento_E, LOW);
        digitalWrite(Segmento_D, LOW);
        digitalWrite(Segmento_C, LOW);
        digitalWrite(Segmento_B, LOW);
        digitalWrite(Segmento_A, LOW);
        break;

        case 9:
        //Visualizo el 9
        digitalWrite(Segmento_G, LOW);
        digitalWrite(Segmento_F, LOW);
        digitalWrite(Segmento_E, HIGH);
        digitalWrite(Segmento_D, HIGH);
        digitalWrite(Segmento_C, LOW);
        digitalWrite(Segmento_B, LOW);
        digitalWrite(Segmento_A, LOW);
        break;
    }
}
```

5.3.5. Control de múltiples display

En la práctica, un solo display de siete segmentos tiene un uso limitado. La mayoría de proyectos requerirán dos o cuatro dígitos. Sin embargo, en ese escenario, tarjetas de desarrollo como el Arduino UNO, Nano, Mini, entre otros no dispondremos de suficientes pines entrada y salida de propósito general (GPIO para controlar cada dígito de forma individual.

El Arduino UNO dispone 20 GPIO, por lo cual, se podrá controlar hasta dos (2) display de siete (7) segmentos; para un reloj que presente las horas, minutos y segundos se requiere seis (6) display, por lo cual, es necesario la disponibilidad de cuarenta y dos (42) GPIO, para esta aplicación el Arduino Mega que dispone de setenta (70) GPIO sería una de las pocas tarjetas Arduino que dispone de la cantidad de GPIO requeridos, para solventar este problema, es necesario la multiplexación de la señal.

5.3.5.1. Multiplexación de display

La visualización dinámica se refiere a la proyección de fragmentos de información visual en intervalos de tiempo pequeños y sucesivos. En cada intervalo se muestra una porción distinta de la información, lo que permite proyectar la totalidad de los datos de manera secuencial.

Este fenómeno se logra gracias al denominado tiempo de retención de la retina. Esto significa que una imagen permanece en nuestra retina durante pequeñas fracciones de segundo. Si todas las porciones de la información visual se presentan antes de que finalice este tiempo, nuestro cerebro procesará todas estas porciones como una sola imagen, ya que aún retiene las porciones anteriores. Gracias a este efecto, es posible proyectar una imagen a una frecuencia superior a 24Hz (es decir, mostrarla y ocultarla más de 24 veces por segundo) y que sea percibida por el ojo humano como una imagen estática.

Un multiplexor se refiere al proceso de combinar múltiples señales o canales en un único medio de transmisión o recurso compartido, con la finalidad de transmitirlos de forma eficiente.

En el contexto de la electrónica, la multiplexación se utiliza en diferentes aplicaciones, como la transmisión de datos, la transmisión de señales digitales y analógicas, el control de dispositivos, entre otros. Al aplicar la técnica de la multiplexación, se disminuye la cantidad de pines necesarios para controlar los segmentos de los display.

La multiplexación de un display implica encender y apagar cada display de forma secuencial y rápida, mostrando el número correspondiente mediante la activación o desactivación de cada segmento antes de pasar al siguiente display. El proceso de encendido y apagado rápido crea la ilusión de que todos los displays están activos simultáneamente, esto se debe a que el ojo humano tiene una persistencia de la visión, lo que significa que retiene brevemente la imagen que percibe antes de que desaparezca por completo.

Las siguientes ilustraciones muestran el proceso de multiplexación de cuatro (4) display de siete (7) segmentos ***ánodo común***, en los cuales se presentará el valor numérico ***1234***.

La tabla 5.5 muestra el estado de los valores lógicos de los segmentos y ánodos de los display para visualizar el número uno (1) (unidad de mil) del valor numérico "1234".

Tabla 5.5. *Visualización valor unidad de mil (número 1)*

Elemento	**Estado lógico Ánodo común**	**Estado lógico Cátodo común**
Ánodo D1	HIGH	LOW
Ánodo D2	LOW	HIGH
Ánodo D3	LOW	HIGH

Ánodo D4	LOW	HIGH
Segmento a	HIGH	LOW
Segmento b	LOW	HIGH
Segmento c	LOW	HIGH
Segmento d	HIGH	LOW
Segmento e	HIGH	LOW
Segmento f	HIGH	LOW
Segmento g	HIGH	LOW

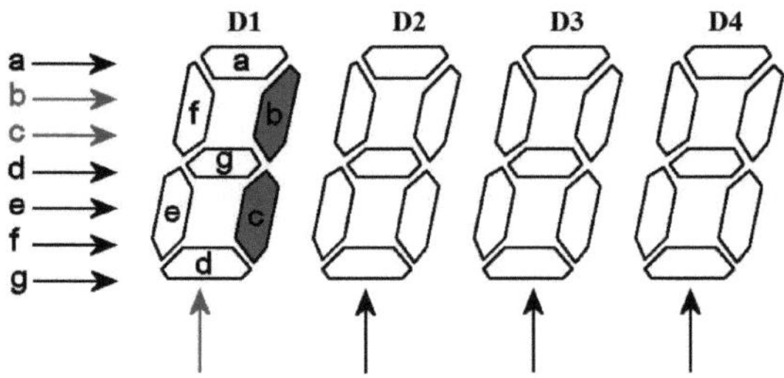

Ilustración 5.24. Multiplexación para visualización valor unidad de mil (número 1) – display ánodo común

La tabla 5.6 muestra el estado de los valores lógicos de los segmentos y ánodos de los display para visualizar el número uno (2) (centena) del valor numérico "1234".

Tabla 5.6. *Visualización valor centena (número 2)*

Elemento	Estado lógico Ánodo común	Estado lógico Cátodo común
Ánodo D1	LOW	HIGH
Ánodo D2	HIGH	LOW
Ánodo D3	LOW	HIGH
Ánodo D4	LOW	HIGH
Segmento a	LOW	HIGH
Segmento b	LOW	HIGH
Segmento c	HIGH	LOW
Segmento d	LOW	HIGH
Segmento e	LOW	HIGH
Segmento f	HIGH	LOW
Segmento g	LOW	HIGH

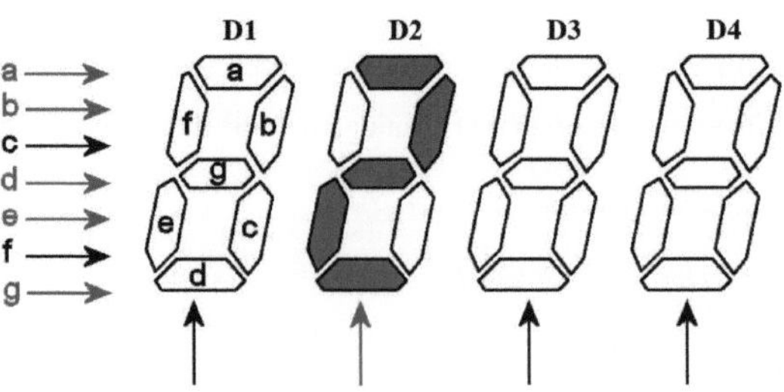

Ilustración 5.25. Multiplexación para visualización valor centenas (número 2) – display ánodo común

La tabla 5.7 muestra el estado de los valores lógicos de los segmentos y ánodos de los display para visualizar el número uno (3) (decena) del valor numérico "1234".

Tabla 5.7. *Visualización valor decena (número 3)*

Elemento	**Estado lógico Ánodo común**	**Estado lógico Cátodo común**
Ánodo D1	LOW	HIGH
Ánodo D2	LOW	HIGH
Ánodo D3	LOW	HIGH
Ánodo D4	HIGH	LOW
Segmento a	LOW	HIGH
Segmento b	LOW	HIGH
Segmento c	LOW	HIGH
Segmento d	LOW	HIGH
Segmento e	HIGH	LOW
Segmento f	HIGH	LOW
Segmento g	LOW	HIGH

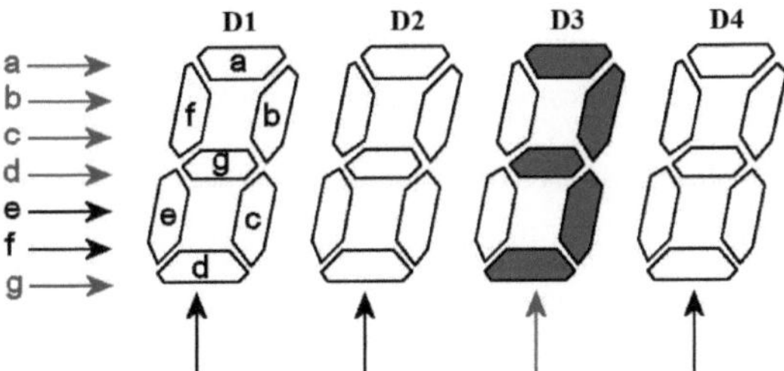

Ilustración 5.26. Multiplexación para visualización valor decenas (número 3) – display ánodo común

La tabla 5.8 muestra el estado de los valores lógicos de los segmentos y ánodos de los display para visualizar el número cuatro (4) (unidad) del valor numérico "1234".

Tabla 5.8. *Visualización valor unidad (número 4)*

Elemento	**Estado lógico Ánodo común**	**Estado lógico Cátodo común**
Ánodo D1	LOW	HIGH
Ánodo D2	LOW	HIGH
Ánodo D3	LOW	HIGH
Ánodo D4	HIGH	LOW
Segmento a	HIGH	LOW
Segmento b	LOW	HIGH
Segmento c	LOW	HIGH
Segmento d	HIGH	LOW
Segmento e	HIGH	LOW
Segmento f	LOW	HIGH
Segmento g	LOW	HIGH

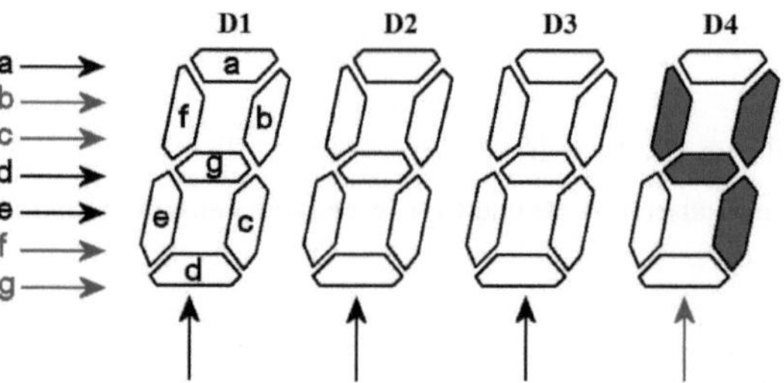

Ilustración 5.27. Multiplexación para visualización valor unidades (número 4) – display ánodo común

Nota: Las ilustraciones expuestas en esta sección, fueron obtenidas de la pagina web controlautomaticoeducacion.com de Sergio Castaño Giraldo.

5.3.5.2. Multiplexación de dos display – Siete segmentos

La multiplexación de dos display de siete segmentos es un método utilizado para controlar de manera eficiente dos de estos elementos con un solo conjunto de pines de control. En lugar de asignar un conjunto completo de pines a cada display, la multiplexación permite compartir y alternar el uso de los pines entre las dos pantallas.

En un sistema de multiplexación de dos display de siete segmentos, se utilizan pines para controlar los segmentos de cada dispositivo y otros pines para controlar los cátodos o ánodos comunes. Se establece un esquema de tiempo compartido en el que se activan y desactivan los segmentos y cátodos/ánodos comunes de cada pantalla en diferentes momentos.

Durante un ciclo de multiplexación, se selecciona una pantalla para activar sus segmentos y se desactivan los segmentos de la otra pantalla. Esto se realiza a una velocidad lo suficientemente rápida como para que el ojo humano perciba ambas pantallas como si estuvieran encendidas simultáneamente. El tiempo de activación y desactivación se repite en un ciclo continuo para mantener la visualización de los dos display.

Para la implementación del proyecto se utilizará los siguientes elementos:

```
1 Arduino UNO
7 Resistencias de 330Ω
2 Resistencias de 4700Ω
2 Display de 7 segmentos (Cátodo común)
2 Transistores 2N3904
```

La ilustración siguiente muestra el esquema de montaje del circuito del contador MOD 100 (Contador 0 a 99) mediante dos display cátodo común controlados mediante multiplexación.

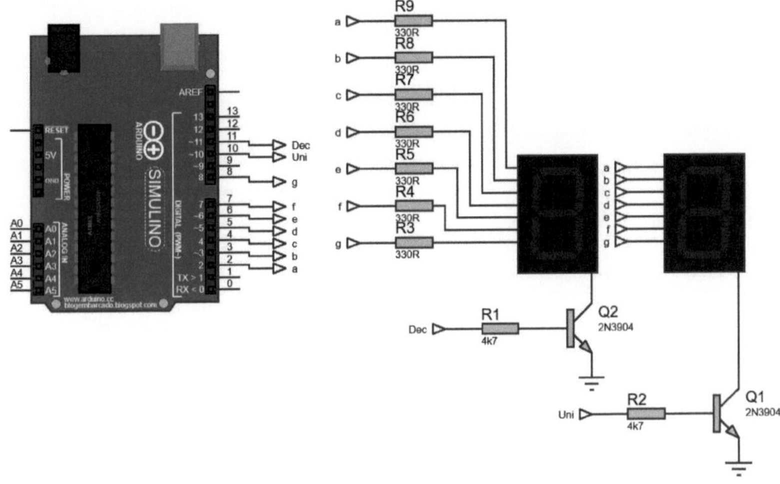

Ilustración 5.28. Circuito – Contador MOD 100 multiplexado

El código descrito a continuación muestra un contador de 0 a 99 (MOD 100) que cambia de valor de forma automática.

```
byte retardo = 10;      // tiempo de multiplexación
int num_visualizar = 0; // Valor del digito que se va a visualizar en el display

byte unidad = 0;            // contador de unidades
byte decena = 0;            // contador de decenas
byte multiplexacion = 0;    // variable para multiplexación de display
byte contador = 0;          // contador de ciclos

//Definición de GPIO para control de segmentos
byte a = 2;
byte b = 3;
byte c = 4;
byte d = 5;
byte e = 6;
byte f = 7;
byte g = 8;

//Definición de GPIO para control de display
byte Uni = 10;  //Control display Unidades
byte Dec = 11;  //Control display Decenas
```

```
void setup()
{
  pinMode(a, OUTPUT);
  pinMode(b, OUTPUT);
  pinMode(c, OUTPUT);
  pinMode(d, OUTPUT);
  pinMode(e, OUTPUT);
  pinMode(f, OUTPUT);
  pinMode(g, OUTPUT);
  pinMode(Uni, OUTPUT);
  pinMode(Dec, OUTPUT);
}

void loop()
{
  delay(retardo);        // tiempo que se mantiene encendido cada display
  contador++;            // incrementa el contador de ciclos en uno
  if (contador == 100)
  {
    contador = 0;
    unidad = unidad + 1;  // incrementa la unidad en uno
    if (unidad >= 10)
    {
      decena = decena + 1;  // incrementa la decena en uno
      unidad = 0;           // regresa la unidad a cero
      if (decena >= 10)
      {
        decena = 0;         // regresa la decena a cero
      }
    }
  }

  //Proceso de multiplexar los display
  if (multiplexacion == 0)
  {
    digitalWrite(Uni, HIGH);  // enciende display de unidades
    digitalWrite(Dec, LOW);   // apaga display de decenas
    num_visualizar = unidad;
    multiplexacion = 1;
  }
  else
  {
    digitalWrite(Uni, LOW);   // apaga display de unidades
    digitalWrite(Dec, HIGH);  // enciende display de decenas
    num_visualizar = decena;
    multiplexacion = 0;
  }
  //Fin proceso de multiplexar los display

  //Visualizacion de valores en display
  switch (num_visualizar)
  {
    case 1:                 //visualiza en display el numero 1
    digitalWrite(a, LOW);
    digitalWrite(b, HIGH);
    digitalWrite(c, HIGH);
    digitalWrite(d, LOW);
```

```
digitalWrite(e, LOW);
digitalWrite(f, LOW);
digitalWrite(g, LOW);
break;

case 2:                    //visualiza en display el numero 2
digitalWrite(a, HIGH);
digitalWrite(b, HIGH);
digitalWrite(c, LOW);
digitalWrite(d, HIGH);
digitalWrite(e, HIGH);
digitalWrite(f, LOW);
digitalWrite(g, HIGH);
break;

case 3:                   //visualiza en display el numero 3
digitalWrite(a, HIGH);
digitalWrite(b, HIGH);
digitalWrite(c, HIGH);
digitalWrite(d, HIGH);
digitalWrite(e, LOW);
digitalWrite(f, LOW);
digitalWrite(g, HIGH);
break;

case 4:                   //visualiza en display el numero 4
digitalWrite(a, LOW);
digitalWrite(b, HIGH);
digitalWrite(c, HIGH);
digitalWrite(d, LOW);
digitalWrite(e, LOW);
digitalWrite(f, HIGH);
digitalWrite(g, HIGH);
break;

case 5:                   //visualiza en display el numero 5
digitalWrite(a, HIGH);
digitalWrite(b, LOW);
digitalWrite(c, HIGH);
digitalWrite(d, HIGH);
digitalWrite(e, LOW);
digitalWrite(f, HIGH);
digitalWrite(g, HIGH);
break;

case 6:                   //visualiza en display el numero 6
digitalWrite(a, HIGH);
digitalWrite(b, LOW);
digitalWrite(c, HIGH);
digitalWrite(d, HIGH);
digitalWrite(e, HIGH);
digitalWrite(f, HIGH);
digitalWrite(g, HIGH);
break;
```

```
    case 7:                 //visualiza en display el numero 7
    digitalWrite(a, HIGH);
    digitalWrite(b, HIGH);
    digitalWrite(c, HIGH);
    digitalWrite(d, LOW);
    digitalWrite(e, LOW);
    digitalWrite(f, LOW);
    digitalWrite(g, LOW);
    break;

    case 8:                 //visualiza en display el numero 8
    digitalWrite(a, HIGH);
    digitalWrite(b, HIGH);
    digitalWrite(c, HIGH);
    digitalWrite(d, HIGH);
    digitalWrite(e, HIGH);
    digitalWrite(f, HIGH);
    digitalWrite(g, HIGH);
    break;

    case 9:                  //visualiza en display el numero 9
    digitalWrite(a, HIGH);
    digitalWrite(b, HIGH);
    digitalWrite(c, HIGH);
    digitalWrite(d, LOW);
    digitalWrite(e, LOW);
    digitalWrite(f, HIGH);
    digitalWrite(g, HIGH);
    break;

    case 0:                   //visualiza en display el numero 0
    digitalWrite(a, HIGH);
    digitalWrite(b, HIGH);
    digitalWrite(c, HIGH);
    digitalWrite(d, HIGH);
    digitalWrite(e, HIGH);
    digitalWrite(f, HIGH);
    digitalWrite(g, LOW);
    break;

    default:                 //apaga todos los segmentos
    digitalWrite(a, LOW);
    digitalWrite(b, LOW);
    digitalWrite(c, LOW);
    digitalWrite(d, LOW);
    digitalWrite(e, LOW);
    digitalWrite(f, LOW);
    digitalWrite(g, LOW);
  }
}
```

Para la creación del código se ha utilizado las líneas de comando ya analizadas, por consiguiente, no se realizará una descripción detallada de este código.

5.3.5.3. Cronometro – Display siete segmentos

Un cronómetro es un dispositivo o instrumento utilizado para medir el tiempo transcurrido con precisión. Su función principal es contar el tiempo de manera precisa y mostrarlo al usuario.

El cronómetro se utiliza en una amplia variedad de aplicaciones, tanto en ámbitos deportivos como en industria, laboratorios, eventos y actividades cotidianas.

Para la implementación del proyecto del cronometro, se utilizará los siguientes elementos:

```
1 Arduino UNO
7 Resistencias de 330Ω
2 Resistencias de 4700Ω
2 Display de 7 segmentos (Cátodo común)
2 Transistores 2N3904
2 Pulsadores normalmente abiertos (NO)
```

La ilustración siguiente muestra el esquema de montaje del circuito del cronometro mediante dos display cátodo común controlados mediante multiplexación. Al presionar el botón denominado "*INICIAR*" el cronometro se inicializa en cero e inicia a contabilizar el tiempo, al presionar el botón "*PARAR*" el cronometro detiene la contabilización del tiempo y el mismo se muestra en los display.

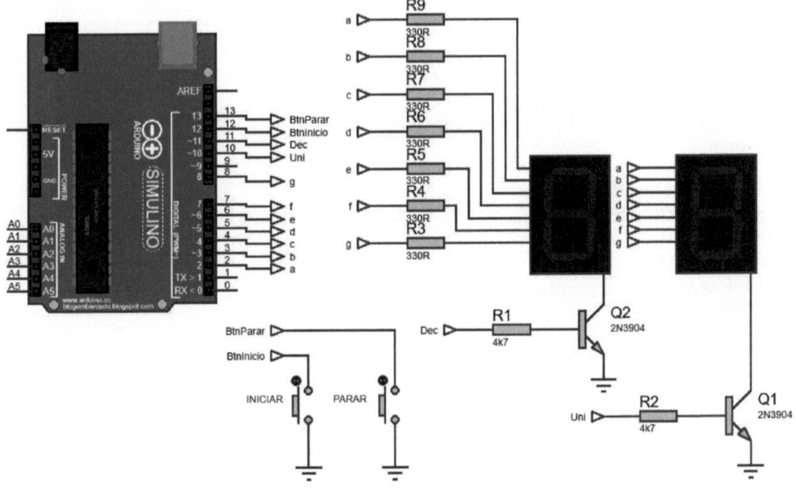

Ilustración 5.29. Circuito temporizador

El código descrito a continuación muestra un cronometro cambia de valor de forma automática.

```
byte inicio = 1;  // variable para el botón de inicio
byte parada = 1;  // variable para el botón de parada

// habilita boton de inicio con "1", deshabilita con "0"
byte boton_inicio_presionado = 1;
// habilita boton de parada con "1", deshabilita con "0"
byte boton_parada_presionado = 0;
// habilita el incremento del contador con "1", deshabilita con "0"
byte control_incremento = 0;

byte retardo = 10;        // tiempo de multiplexación
byte num_visualizar = 0; // Valor del digito que se va a visualizar en el display
byte unidad = 0;          // contador de unidades
byte decena = 0;          // contador de decenas
byte multiplexacion = 0; // variable para multiplexación de display
byte contador = 0;        // contador de ciclos

//Definicion de GPIO para control de segmentos
byte a = 2;
byte b = 3;
byte c = 4;
byte d = 5;
byte e = 6;
byte f = 7;
byte g = 8;

byte BtnInicio = 12;
byte BtnParar = 13;

//Definición de GPIO para control de display
byte Uni = 10;  //Control display Unidades
byte Dec = 11;  //Control display Decenas

void setup()
{
  pinMode(a, OUTPUT);
  pinMode(b, OUTPUT);
  pinMode(c, OUTPUT);
  pinMode(d, OUTPUT);
  pinMode(e, OUTPUT);
  pinMode(f, OUTPUT);
  pinMode(g, OUTPUT);
  pinMode(Uni, OUTPUT);
  pinMode(Dec, OUTPUT);

  pinMode(BtnInicio, INPUT_PULLUP); // boton de inicio
  pinMode(BtnParar, INPUT_PULLUP);  // boton de parada
}
```

```
void loop()
{
  inicio = digitalRead(BtnInicio);  // lee el estado del boton de inicio
  parada = digitalRead(BtnParar);   // lee el estado del boton de parada

  delay(retardo);

  if (inicio == 0)  //Si botón de inicio fue presionado
  {
    if(boton_inicio_presionado == 1)
    {
      unidad = 0;
      decena = 0;
      boton_inicio_presionado = 0;
      boton_parada_presionado = 1;
      control_incremento = 1;
    }
  }

  if (parada == 0)  //Si botón de parada fue presionado
  {
    if(boton_parada_presionado == 1)
    {
      boton_parada_presionado = 0;
      boton_inicio_presionado = 1;
      control_incremento = 0;
    }
  }

  if(control_incremento == 1)// si está activo el incremento del contador
  {
    contador++; // incrementa el contador de ciclos en uno
  }

  if (contador == 10)
  {
    contador = 0;
    unidad = unidad + 1;  // incrementa la unidad en uno
    if (unidad >= 10)
    {
      decena = decena + 1;  // incrementa la decena en uno
      unidad = 0;
      if (decena >= 10)
      {
        decena=0;
      }
    }
  }

  //Proceso de multiplexar los display
  if (multiplexacion == 0)
  {
    digitalWrite(Uni, HIGH);  // enciende display de unidades
    digitalWrite(Dec, LOW);   // apaga display de decenas
    num_visualizar = unidad;
    multiplexacion = 1;
  }
```

```
else
{
  digitalWrite(Uni, LOW);   // apaga display de unidades
  digitalWrite(Dec, HIGH);  // enciende display de decenas
  num_visualizar = decena;
  multiplexacion = 0;
}
//Fin proceso de multiplexar los display

//Visualizacion de valores en display
switch (num_visualizar) //num_visualizar
{
  case 1:                  //visualiza en display el numero 1
  digitalWrite(a, LOW);
  digitalWrite(b, HIGH);
  digitalWrite(c, HIGH);
  digitalWrite(d, LOW);
  digitalWrite(e, LOW);
  digitalWrite(f, LOW);
  digitalWrite(g, LOW);
  break;

  case 2:                 //visualiza en display el numero 2
  digitalWrite(a, HIGH);
  digitalWrite(b, HIGH);
  digitalWrite(c, LOW);
  digitalWrite(d, HIGH);
  digitalWrite(e, HIGH);
  digitalWrite(f, LOW);
  digitalWrite(g, HIGH);
  break;

  case 3:                //visualiza en display el numero 3
  digitalWrite(a, HIGH);
  digitalWrite(b, HIGH);
  digitalWrite(c, HIGH);
  digitalWrite(d, HIGH);
  digitalWrite(e, LOW);
  digitalWrite(f, LOW);
  digitalWrite(g, HIGH);
  break;

  case 4:                //visualiza en display el numero 4
  digitalWrite(a, LOW);
  digitalWrite(b, HIGH);
  digitalWrite(c, HIGH);
  digitalWrite(d, LOW);
  digitalWrite(e, LOW);
  digitalWrite(f, HIGH);
  digitalWrite(g, HIGH);
  break;

  case 5:                //visualiza en display el numero 5
  digitalWrite(a, HIGH);
  digitalWrite(b, LOW);
  digitalWrite(c, HIGH);
  digitalWrite(d, HIGH);
```

```
digitalWrite(e, LOW);
digitalWrite(f, HIGH);
digitalWrite(g, HIGH);
break;

case 6:               //visualiza en display el numero 6
digitalWrite(a, HIGH);
digitalWrite(b, LOW);
digitalWrite(c, HIGH);
digitalWrite(d, HIGH);
digitalWrite(e, HIGH);
digitalWrite(f, HIGH);
digitalWrite(g, HIGH);
break;

case 7:              //visualiza en display el numero 7
digitalWrite(a, HIGH);
digitalWrite(b, HIGH);
digitalWrite(c, HIGH);
digitalWrite(d, LOW);
digitalWrite(e, LOW);
digitalWrite(f, LOW);
digitalWrite(g, LOW);
break;

case 8:              //visualiza en display el numero 8
digitalWrite(a, HIGH);
digitalWrite(b, HIGH);
digitalWrite(c, HIGH);
digitalWrite(d, HIGH);
digitalWrite(e, HIGH);
digitalWrite(f, HIGH);
digitalWrite(g, HIGH);
break;

case 9:               //visualiza en display el numero 9
digitalWrite(a, HIGH);
digitalWrite(b, HIGH);
digitalWrite(c, HIGH);
digitalWrite(d, LOW);
digitalWrite(e, LOW);
digitalWrite(f, HIGH);
digitalWrite(g, HIGH);
break;

case 0:                //visualiza en display el numero 0
digitalWrite(a, HIGH);
digitalWrite(b, HIGH);
digitalWrite(c, HIGH);
digitalWrite(d, HIGH);
digitalWrite(e, HIGH);
digitalWrite(f, HIGH);
digitalWrite(g, LOW);
break;
```

```
        default:                //apaga todos los segmentos
        digitalWrite(a, LOW);
        digitalWrite(b, LOW);
        digitalWrite(c, LOW);
        digitalWrite(d, LOW);
        digitalWrite(e, LOW);
        digitalWrite(f, LOW);
        digitalWrite(g, LOW);
    }

}
```

Para la creación del código se ha utilizado las líneas de comando ya analizadas, por consiguiente, no se realizará una descripción detallada de este código.

5.3.5.4. Reloj (horas, minutos y segundos) – Display siete segmentos

Un reloj es un dispositivo o instrumento que se utiliza para medir y mostrar el tiempo. Consiste en un mecanismo que realiza un conteo continuo y regular, generalmente impulsado por energía mecánica, eléctrica o electrónica, mediante elementos analógicos o digitales visualiza el tiempo en formato horas, minutos y segundos.

La historia del reloj se remonta a miles de años atrás. En la antigüedad, los humanos desarrollaron diversos métodos para medir el tiempo, como el uso de la posición del sol o de las sombras. Sin embargo, los primeros relojes propiamente dichos surgieron en civilizaciones antiguas como la egipcia y la mesopotámica.

Uno de los primeros tipos de relojes fue el reloj de sol, que se basaba en la sombra proyectada por un objeto sobre una superficie marcada. Con el tiempo, se desarrollaron otros tipos de relojes, como los relojes de agua o clepsidras, que utilizaban el flujo de agua para medir el tiempo.

La invención del reloj mecánico se atribuye a los europeos durante la Edad Media. Estos relojes utilizaban mecanismos de engranajes y pesos para mantener un movimiento constante. Con el avance de la tecnología, se perfeccionaron los mecanismos de relojería y se incorporaron funciones como la indicación de minutos y segundos.

En el siglo XVI, los relojes de bolsillo se hicieron populares entre la alta sociedad. Posteriormente, en el siglo XVII, se desarrollaron los relojes de péndulo, que ofrecían una mayor precisión en la medición del tiempo.

La Revolución Industrial del siglo XIX impulsó el desarrollo de relojes más precisos y accesibles. Surgieron los relojes de cuerda y los relojes de bolsillo más pequeños y portátiles.

En el siglo XX, la electrónica y la tecnología digital revolucionaron la industria relojera. Se crearon los relojes electrónicos y los relojes de cuarzo, que utilizan vibraciones del cuarzo para medir el tiempo con una precisión excepcional.

En la actualidad, los relojes han evolucionado aún más con la incorporación de tecnologías como la conectividad a internet, la sincronización automática y diversas funciones adicionales, como cronómetros, alarmas, calendarios y monitores de actividad física.

El reloj tiene diversas aplicaciones en la vida cotidiana y en diferentes ámbitos como el industrial, académico, y muchos otros.

Para la implementación del proyecto del reloj digital, se utilizará los siguientes elementos:

```
1 Arduino UNO
9 Resistencias de 330Ω
7 Resistencias de 4700Ω
6 Display de 7 segmentos (Cátodo común)
7 Transistores 2N3904
4 LEDs color rojo
2 Pulsadores normalmente abiertos (NO)
```

La ilustración siguiente muestra el esquema de montaje del circuito de un reloj, el cual utiliza seis display cátodo común controlados mediante multiplexación. Dos display serán utilizados para mostrar las *Horas*, dos display serán utilizados para mostrar los *Minutos* y dos display serán utilizados para mostrar los *Segundos*.

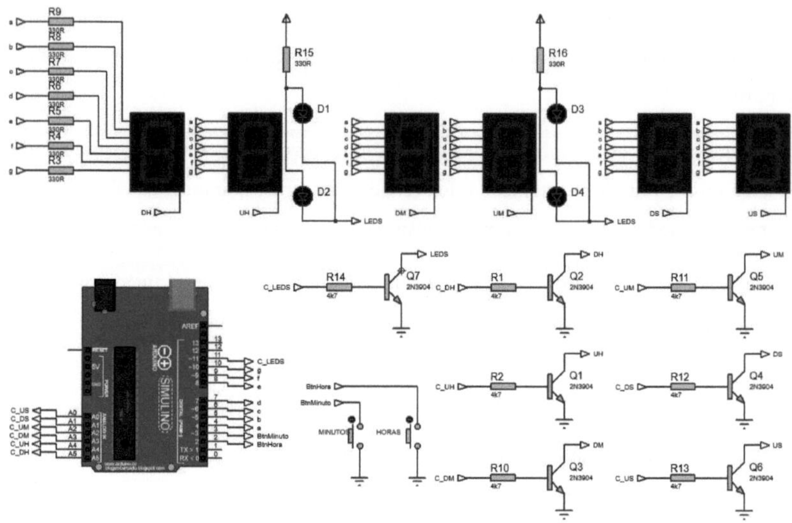

Ilustración 5.30. Circuito reloj – Horas, Minutos, Segundos

El código descrito a continuación hace referencia a un reloj que visualiza la hora, minutos y segundos utilizado un total de seis display de siete segmentos del tipo cátodo común, la hora y minutos se puede modificar mediante dos pulsadores.

```
byte inicio = 1;  // variable para el boton de inicio
byte parada = 1;  // variable para el boton de parada
// habilita boton de inicio con "1", deshabilita con "0"
byte boton_inicio_presionado = 1;
// habilita botón de parada con "1", deshabilita con "0"
byte boton_parada_presionado = 0;
// habilita el incremento del contador con "1", deshabilita con "0"
byte control_incremento = 0;

byte retardo = 10;          // tiempo de multiplexacion
byte num_visualizar = 0;    // Valor del digito que se va a visualizar en el display
byte Horas = 0;             // contador de Horas
byte Minutos = 0;           // contador de Minutos
byte Segundos = 0;          // contador de Segundos
byte multiplexacion = 1;    // variable para multiplexacion de display

//Definicion de GPIO para control de segmentos
byte a = 4;
byte b = 5;
byte c = 6;
byte d = 7;
byte e = 8;
byte f = 9;
byte g = 10;
byte BtnHora = 2;
```

```
byte BtnMinuto = 3;

//Definición de GPIO para control de display
byte C_UniSeg = A0;
byte C_DecSeg = A1;
byte C_UniMin = A2;
byte C_DecMin = A3;
byte C_UniHor = A4;
byte C_DecHor = A5;

//Variables para temporizar
unsigned long Tiempo_actual = 0;
unsigned long Pausa1_previo = 0;
unsigned long Pausa2_previo = 0;
int Tiempo = 1000;
int Tiempo2 = 500;

//Variables para multiplexación
byte Unidad_segundos = 0;
byte Decena_segundos = 0;
byte Unidad_minutos = 0;
byte Decena_minutos  = 0;
byte Unidad_horas = 0;
byte Decena_horas = 0;

//Variables Parpadeo LEDs
byte C_LEDS = 11;
bool EstadoLed1 = LOW;

void setup()
{
  pinMode(a, OUTPUT);
  pinMode(b, OUTPUT);
  pinMode(c, OUTPUT);
  pinMode(d, OUTPUT);
  pinMode(e, OUTPUT);
  pinMode(f, OUTPUT);
  pinMode(g, OUTPUT);
  pinMode(C_UniSeg, OUTPUT);
  pinMode(C_DecSeg, OUTPUT);
  pinMode(C_UniMin, OUTPUT);
  pinMode(C_DecMin, OUTPUT);
  pinMode(C_UniHor, OUTPUT);
  pinMode(C_DecHor, OUTPUT);
  pinMode(C_LEDS, OUTPUT);

  pinMode(BtnHora, INPUT_PULLUP);    // boton de igualar Horas
  pinMode(BtnMinuto, INPUT_PULLUP);  // boton de igualar Minutos

  //HABILITO INTERRUPCIÓN EXTERNA
  attachInterrupt(digitalPinToInterrupt(BtnHora),IntHora,RISING);
  attachInterrupt(digitalPinToInterrupt(BtnMinuto),IntMinuto,RISING);
}
```

```
void loop()
{
  //inicio = digitalRead(BtnInicio);  // lee el estado del boton de inicio
  //parada = digitalRead(BtnParar);   // lee el estado del boton de parada

  delay(retardo);

  //Temporización de 1 segundo
  Tiempo_actual = millis();
  if (Tiempo_actual - Pausa1_previo >= Tiempo)//Si el tiempo transcurrido es igual a
Tiempo
  {
    Segundos ++; //Incrementa los Segundos en 1
    //Almaceno el tiempo transcurrido para volver a comparar luego
    Pausa1_previo = Tiempo_actual;
    if (Segundos >= 60)
    {
      Segundos = 0;
      Minutos ++;  // Incrementa los Minutos en uno
      if (Minutos >= 60)
      {
        Minutos = 0;
        Horas++;     // Incrementa las Horas en uno
        if (Horas >= 24)
        {
          Horas = 0;
        }
      }
    }

    Unidad_segundos = Segundos % 10;
    Decena_segundos = Segundos / 10;
    Unidad_minutos = Minutos % 10;
    Decena_minutos = Minutos / 10;
    Unidad_horas = Horas % 10;
    Decena_horas = Horas / 10;
  }

  //Enciendo y apago el Leds cada 1 segundo

  //Si el tiempo transcurrido es igual a 1000mS
  if (Tiempo_actual - Pausa2_previo >= Tiempo2)
  {
    EstadoLed1 = !EstadoLed1; //! es la función boolena de negación
    digitalWrite(C_LEDS, EstadoLed1);
    //Almaceno el tiempo transcurrido para volver a comparar luego
    Pausa2_previo = Tiempo_actual;
  }

  //Proceso de multiplexar los display
  switch (multiplexacion) //num_visualizar
  {
    case 1: //visualiza en display de Unidad segundos
    digitalWrite(C_UniSeg, HIGH);   // enciende display de unidad segundos
    digitalWrite(C_DecSeg, LOW);    // apaga display de decena segundos
    digitalWrite(C_UniMin, LOW);    // apaga display de unidad minutos
    digitalWrite(C_DecMin, LOW);    // apaga display de decena minutos
```

```
digitalWrite(C_UniHor, LOW);    // apaga display de unidad horas
digitalWrite(C_DecHor, LOW);    // apaga display de decena horas
num_visualizar = Unidad_segundos;
multiplexacion = 2;
break;

case 2: //visualiza en display de Decena segundos
digitalWrite(C_UniSeg, LOW);    // apaga display de unidad segundos
digitalWrite(C_DecSeg, HIGH);   // enciende display de decena segundos
digitalWrite(C_UniMin, LOW);    // apaga display de unidad minutos
digitalWrite(C_DecMin, LOW);    // apaga display de decena minutos
digitalWrite(C_UniHor, LOW);    // apaga display de unidad horas
digitalWrite(C_DecHor, LOW);    // apaga display de decena horas
num_visualizar = Decena_segundos;
multiplexacion = 3;
break;

case 3: //visualiza en display de Unidad_minutos
digitalWrite(C_UniSeg, LOW);    // apaga display de unidad segundos
digitalWrite(C_DecSeg, LOW);    // apaga display de decena segundos
digitalWrite(C_UniMin, HIGH);   // enciende display de unidad minutos
digitalWrite(C_DecMin, LOW);    // apaga display de decena minutos
digitalWrite(C_UniHor, LOW);    // apaga display de unidad horas
digitalWrite(C_DecHor, LOW);    // apaga display de decena horas
num_visualizar = Unidad_minutos;
multiplexacion = 4;
break;

case 4: //visualiza en display de Decena_minutos
digitalWrite(C_UniSeg, LOW);    // apaga display de unidad segundos
digitalWrite(C_DecSeg, LOW);    // apaga display de decena segundos
digitalWrite(C_UniMin, LOW);    // apaga display de unidad minutos
digitalWrite(C_DecMin, HIGH);   // enciende display de decena minutos
digitalWrite(C_UniHor, LOW);    // apaga display de unidad horas
digitalWrite(C_DecHor, LOW);    // apaga display de decena horas
num_visualizar = Decena_minutos;
multiplexacion = 5;
break;

case 5: //visualiza en display de Unidad_horas
digitalWrite(C_UniSeg, LOW);    // apaga display de unidad segundos
digitalWrite(C_DecSeg, LOW);    // apaga display de decena segundos
digitalWrite(C_UniMin, LOW);    // apaga display de unidad minutos
digitalWrite(C_DecMin, LOW);    // apaga display de decena minutos
digitalWrite(C_UniHor, HIGH);   // enciende display de unidad horas
digitalWrite(C_DecHor, LOW);    // apaga display de decena horas
num_visualizar = Unidad_horas;
multiplexacion = 6;
break;

case 6: //visualiza en display de Decena_horas
digitalWrite(C_UniSeg, LOW);    // apaga display de unidad segundos
digitalWrite(C_DecSeg, LOW);    // apaga display de decena segundos
digitalWrite(C_UniMin, LOW);    // apaga display de unidad minutos
digitalWrite(C_DecMin, LOW);    // enciende display de decena minutos
digitalWrite(C_UniHor, LOW);    // apaga display de unidad horas
digitalWrite(C_DecHor, HIGH);   // enciende display de decena horas
```

```
  num_visualizar = Decena_horas;
  multiplexacion = 1;
  break;

  default:              //apaga todos los segmentos
  digitalWrite(C_UniSeg, LOW);    // apaga display de unidad segundos
  digitalWrite(C_DecSeg, LOW);    // apaga display de decena segundos
  digitalWrite(C_UniMin, LOW);    // apaga display de unidad minutos
  digitalWrite(C_DecMin, LOW);    // enciende display de decena minutos
  digitalWrite(C_UniHor, LOW);    // apaga display de unidad horas
  digitalWrite(C_DecHor, LOW);   // enciende display de decena horas
}
//Fin proceso de multiplexar los display

//Visualización de valores en display
switch (num_visualizar) //num_visualizar
{
  case 1:                 //visualiza en display el numero 1
  digitalWrite(a, LOW);
  digitalWrite(b, HIGH);
  digitalWrite(c, HIGH);
  digitalWrite(d, LOW);
  digitalWrite(e, LOW);
  digitalWrite(f, LOW);
  digitalWrite(g, LOW);
  break;

  case 2:                //visualiza en display el numero 2
  digitalWrite(a, HIGH);
  digitalWrite(b, HIGH);
  digitalWrite(c, LOW);
  digitalWrite(d, HIGH);
  digitalWrite(e, HIGH);
  digitalWrite(f, LOW);
  digitalWrite(g, HIGH);
  break;

  case 3:               //visualiza en display el numero 3
  digitalWrite(a, HIGH);
  digitalWrite(b, HIGH);
  digitalWrite(c, HIGH);
  digitalWrite(d, HIGH);
  digitalWrite(e, LOW);
  digitalWrite(f, LOW);
  digitalWrite(g, HIGH);
  break;

  case 4:               //visualiza en display el numero 4
  digitalWrite(a, LOW);
  digitalWrite(b, HIGH);
  digitalWrite(c, HIGH);
  digitalWrite(d, LOW);
  digitalWrite(e, LOW);
  digitalWrite(f, HIGH);
  digitalWrite(g, HIGH);
  break;
```

```
case 5:                //visualiza en display el numero 5
digitalWrite(a, HIGH);
digitalWrite(b, LOW);
digitalWrite(c, HIGH);
digitalWrite(d, HIGH);
digitalWrite(e, LOW);
digitalWrite(f, HIGH);
digitalWrite(g, HIGH);
break;

case 6:                //visualiza en display el numero 6
digitalWrite(a, HIGH);
digitalWrite(b, LOW);
digitalWrite(c, HIGH);
digitalWrite(d, HIGH);
digitalWrite(e, HIGH);
digitalWrite(f, HIGH);
digitalWrite(g, HIGH);
break;

case 7:               //visualiza en display el numero 7
digitalWrite(a, HIGH);
digitalWrite(b, HIGH);
digitalWrite(c, HIGH);
digitalWrite(d, LOW);
digitalWrite(e, LOW);
digitalWrite(f, LOW);
digitalWrite(g, LOW);
break;

case 8:               //visualiza en display el numero 8
digitalWrite(a, HIGH);
digitalWrite(b, HIGH);
digitalWrite(c, HIGH);
digitalWrite(d, HIGH);
digitalWrite(e, HIGH);
digitalWrite(f, HIGH);
digitalWrite(g, HIGH);
break;

case 9:                //visualiza en display el numero 9
digitalWrite(a, HIGH);
digitalWrite(b, HIGH);
digitalWrite(c, HIGH);
digitalWrite(d, LOW);
digitalWrite(e, LOW);
digitalWrite(f, HIGH);
digitalWrite(g, HIGH);
break;

case 0:                 //visualiza en display el numero 0
digitalWrite(a, HIGH);
digitalWrite(b, HIGH);
digitalWrite(c, HIGH);
digitalWrite(d, HIGH);
digitalWrite(e, HIGH);
digitalWrite(f, HIGH);
```

```
    digitalWrite(g, LOW);
    break;

    default:              //apaga todos los segmentos
    digitalWrite(a, LOW);
    digitalWrite(b, LOW);
    digitalWrite(c, LOW);
    digitalWrite(d, LOW);
    digitalWrite(e, LOW);
    digitalWrite(f, LOW);
    digitalWrite(g, LOW);
  }
}

void IntHora ()
{
  Horas ++;
}

void IntMinuto ()
{
  Minutos ++;
}
```

DESCRIPCIÓN DEL CÓDIGO

Un gran porcentaje del código utilizado fue descrito en proyectos realizados anteriormente. La función *"attachInterrupt()"* habilita la interrupción externa generada al ser presionado y soltado el pulsador asociado al pin 2 *"BtnHora"* de la tarjeta de desarrollo Arduino. La interrupción se activará cuando el pin cambie de estado de bajo a alto *"RISING"*.

```
//HABILITO INTERRUPCIÓN EXTERNA
attachInterrupt(digitalPinToInterrupt(BtnHora),IntHora,RISING);
```

Una vez que se produce la interrupción externa, el programa principal deja de ejecutarse y el microcontrolador ejecuta el código que se dentro de la función *"IntHora"*.

Una función es un bloque de código que realiza una tarea específica. Puede recibir datos de entrada, llamados argumentos o parámetros, y puede devolver un resultado o ejecutar acciones sin retorno. Las funciones se utilizan para organizar el código en módulos lógicos y reutilizables, lo que facilita la escritura, el mantenimiento y la comprensión del programa.

```
void IntHora ()
{
  Horas ++;
}
```

La función *"IntHora"* no recibe parámetros de entrada y no genera parámetros de salida, esta función solo incrementa en uno la variable denominada *"Horas"*.

5.4. PROYECTOS CON PANTALLAS DE CRISTAL LIQUIDO (LCD)

Previo a que aparecieran las pantallas de cristal líquido (LCD), se utilizaban display de siete segmentos para mostrar información, los cuales tenían grandes limitaciones a la hora de mostrar caracteres alfabéticos, numéricos y símbolos especiales, además, consumían una cantidad de corriente eléctrica considerable y ocupaban demasiado espacio físico. Existen display que presentan mayor cantidad de segmentos, con los cuales se pueden visualizar mayor cantidad de caracteres y símbolos; pero su consumo de corriente y uso de espacio es alto.

Las LCD permiten solventar dicho problema ya que tienen la capacidad de mostrar caracteres alfanuméricos y diversos caracteres especiales. Estos elementos incorporan la electrónica de control programada desde fabrica y presentan un consumo de corriente bajo. Las LCD pueden ser utilizadas en diversas aplicaciones como en la robótica, domótica, instrumentación, equipos industriales, etc.

Para la comunicación entre la pantalla LCD y el controlador se puede utilizar una comunicación paralela mediante un bus de 8 datos o de 4 datos, para este tipo de comunicación se debe utilizar los pines de control RS (selección de chip), RW (lectura/escritura) y E (habilitación). Una de las desventajas de utilizar una comunicación paralela con la LCD es el alto de numero de pines del controlador designados para esta función, cuando el número de pines es muy limitado, es recomendable utilizar un módulo adaptador I2C basado en el controlador PCF8574.

El IDE de Arduino incorpora una librería que permite controlar pantallas de cristal liquido (LCD) basadas en el chip Hitachi HD44780 mediante *comunicación paralela.*

La librería *"LiquidCrystal"* dispone de las siguientes funciones.

LiquidCrystal( ): Esta función crea una variable de tipo *LiquidCrystal*. La LCD puede ser controlada mediante 4 u 8 líneas de datos. En el primer caso, omitir los pines numerados del *d0* al *d3* y dejar dichas líneas sin conexión. El pin *RW* puede ser conectado a GND de la fuente de energía en lugar de ser conectarlo a un pin del Arduino; si es así, excluirlo de los parámetros de la función.

Función: LIQUIDCRYSTAL( )
Sintaxis: LiquidCrystal (rs, enable, d4, d5, d6, d7) LiquidCrystal (rs, rw, enable, d4, d5, d6, d7) LiquidCrystal (rs, enable, d0, d1, d2, d3, d4, d5, d6, d7) LiquidCrystal (rs, rw, enable, d0, d1, d2, d3, d4, d5, d6, d7) Donde: rs: Pin del Arduino que debe ser conectado al pin RS de la LCD. rw: Pin del Arduino que debe ser conectado al pin RW de la LCD. **enable**: Pin del Arduino que debe ser conectado al pin ENABLE de la LCD. **d0, d1, d2, d3, d4, d5, d6, d7**: Pines del Arduino que deben ser conectados a los pines de datos de la LCD.

begin( ): La función permite inicializar la interface de la LCD, define sus dimensiones (columnas, filas). Para el manejo de una LCD, esta función debe ser la primera en ser invocada.

Función: BEGIN( )
Sintaxis: lcd.begin (columnas, filas, tam_caracteres) Donde: **columnas**: Número de columnas de las LCD. **filas**: Número de filas de las LCD. **tam_caracteres**: Número de pixeles que tiene la pantalla por carácter, por defectos es LCD_5x8 **lcd**: Variable del tipo LiquidCrystal

clear( ): La función borra el contenido presente en la LCD y posiciona el cursor en la esquina izquierda superior (coordenadas 0, 0).

Función: CLEAR( )
Sintaxis: lcd.clear () Donde: **lcd**: Variable del tipo LiquidCrystal

home( ): La función posiciona el cursor en la esquina izquierda superior (coordenadas 0, 0).

Función: HOME( )
Sintaxis: lcd.home () Donde: **lcd**: Variable del tipo LiquidCrystal

setCursor( ): La función define las coordenadas de la LCD en la cual se visualizara el texto.

Función: SETCURSOR( )
Sintaxis: lcd.setCursor (columnas, filas) Donde: **columnas**: Número de columna en la cual se visualizará el dato (la primera columna es la cero). **filas**: Número de fila en la cual se visualizará el dato (la primera fila es la cero). **lcd**: Variable del tipo LiquidCrystal

write( ): La función permite escribir un carácter en la LCD.

Función: WRITE( )
Sintaxis: lcd.write (dato) Donde: **dato**: Carácter a ser visualizado en la LCD **lcd**: Variable del tipo LiquidCrystal

print( ): La función permite escribir un texto en la LCD.

Función: PRINT( )
Sintaxis: lcd.print (dato) Donde: **dato**: Datos a ser visualizado en la LCD, pueden ser del tipo string, char, byte, int, long **lcd**: Variable del tipo LiquidCrystal

cursor( ): La función muestra la posición del cursor en la LCD mediante un guion bajo.

Función: CURSOR( )
Sintaxis: lcd.cursor () Donde: **lcd**: Variable del tipo LiquidCrystal

noCursor( ): La función oculta la posición del cursor en la LCD.

Función: NOCURSOR( )
Sintaxis: lcd.noCursor () Donde: **lcd**: Variable del tipo LiquidCrystal

scrollDisplayLeft( ): La función desplaza todo el contenido de la LCD una posición a la izquierda.

Función: SCROLLDISPLAYLEFT( )
Sintaxis: lcd.scrollDisplayLeft() Donde: **lcd**: Variable del tipo LiquidCrystal

scrollDisplayRight( ): La función desplaza todo el contenido de la LCD una posición a la derecha.

Función: SCROLLDISPLAYRIGHT( )
Sintaxis: lcd.scrollDisplayRight() Donde: **lcd**: Variable del tipo LiquidCrystal

La librería *"LiquidCrystal"* dispone de otras funciones que no se han descrito en esta sección, para mayor información puede visitar la pagina web: https://www.arduino.cc/reference/en/libraries/liquidcrystal/

5.4.1. Visualizar mensaje estático

Mostrar al usuario cualquier tipo de información es de vital importancia, el uso de una pantalla de cristal líquido permite mostrar caracteres alfabéticos, numéricos y especiales de una forma sencilla, optimizando el consumo energético y de espacio.

Para la implementación del proyecto se utilizará los siguientes elementos:

```
1 Arduino UNO
1 Pantalla de cristal líquido de 16 columnas, 2 filas, basada en el chip Hitachi
HD44780
```

La ilustración siguiente muestra el esquema de montaje de la pantalla LCD y el Arduino UNO.

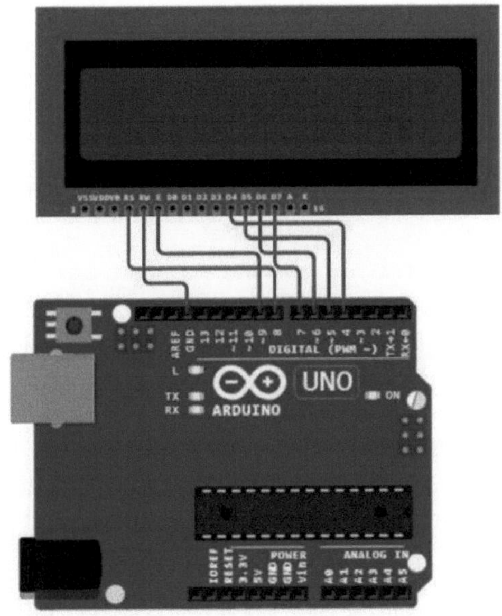

Ilustración 5.31. Circuito – Control LCD

El código está diseñado para ser implementado en una LCD de 16x2 y permite visualizar un texto estático en la primera fila, mientras que en la segunda fila se presentará una variable numérica que cambiará de valor cada segundo.

```
//Incluir libreria para uso de pantallas LCD
#include <LiquidCrystal.h>

//Crear el objeto lcd para la libreria LiquidCrystal
//Al objeto lcd se le asigna los pines a ser utilizados (rs, en, d4, d5, d6, d7)
```

```
//rs = 8; en = 9; d4 = 4; d5 = 5; d6 = 6; d7 = 7
LiquidCrystal lcd(8, 9, 4, 5, 6, 7);

void setup()
{
  // Inicializar el LCD: 16 columnas y 2
  lcd.begin(16, 2);
  //Posicionar al cursor en la columna 3, fila 0
  lcd.setCursor(3, 0);
  // Visualizar texto en la LCD
  lcd.print("Hola Maker");
}

void loop()
{
  //Posicionar al cursor en la columna 0, fila 1
  lcd.setCursor(0, 1);
  // Escribir el número de segundos trascurridos
  lcd.print(millis()/1000);
  lcd.print(" Segundos");
  //Esperar durante 500 milisegundos
  delay(500);
}
```

DESCRIPCIÓN DEL CÓDIGO

La sentencia #include agrega al *sketch* de ARDUINO la librería *"LiquidCrystal.h"*, la cual se especializa en controlar pantallas de cristal líquido basadas en el chip Hitachi HD44780.

```
#include <LiquidCrystal.h>
```

En programación, un objeto es una entidad que representa un concepto, un objeto tiene un estado (atributos) y un comportamiento (métodos) que lo definen.

La línea de código "*LiquidCrystal lcd*" crea un objeto denominado *"lcd"* que contendrá los atributos de la librería *"LiquidCrystal"* y se designa los pines del Arduino que controlaran a la LCD. El pin 8 del Arduino se conectará al pin RS de la LCD, el pin 9 del Arduino se conectará al pin EN de la LCD, el pin 4 del Arduino se conectará al pin D4 de la LCD, el pin 5 del Arduino se conectará al pin D5 de la LCD, el pin 6 del Arduino se conectará al pin D6 de la LCD, el pin7 del Arduino se conectará al pin D7 de la LCD.

```
LiquidCrystal lcd(8, 9, 4, 5, 6, 7);
```

La función *"lcd.begin"* inicializa el objeto con los parámetros de la dimensión de la LCD (número de fijas y columnas). Se define que la LCD con la que se trabajará tiene 16 columnas y 2 filas.

```
lcd.begin(16, 2);
```

Se posiciona el cursor de la LCD en la columna 3 y fila 0. Para pantallas de 16 columnas y 2 filas; la columna puede asumir valores numéricos entre el 0 y el 15, la fila puede tomar el valor 0 y 1.

```
lcd.setCursor(3, 0);
```

En la columna 3, fila 0 de la LCD, se muestra el texto *"Hola Maker"*.

```
lcd.print("Hola Maker");
```

En la columna 0, fila 1 de la LCD, se muestra el tiempo en segundos desde que el Arduino se energizó.

```
lcd.setCursor(0, 1);
lcd.print(millis()/1000);
```

5.4.2. Visualizar mensaje en movimiento

Los mensajes en movimiento son más llamativos y fáciles de captar que mensajes estáticos. esta característica es especialmente útil en aplicaciones donde se necesita captar la atención del público.

En situaciones donde el espacio en la pantalla es limitado, los mensajes en movimiento permiten mostrar más información de manera eficiente, se puede transmitir mensajes largos o datos en un espacio reducido al hacer que se desplacen horizontalmente.

Para la implementación del proyecto se utilizará los siguientes elementos:

```
1 Arduino UNO
1 Pantalla de cristal líquido de 16 columnas, 2 filas, basada en el chip Hitachi
HD44780
```

El esquema de montaje de la pantalla LCD y el Arduino UNO se detalla en la "Ilustración 5.31. Circuito – Control LCD".

El código está diseñado para ser implementado en una LCD de 16x2 y permite visualizar un texto en forma dinámica que se desplaza de izquierda a derecha en la primera fila, mientras que, posteriormente el texto se desplaza de derecha a izquierda en la segunda fila. La visualización del texto dinámico es cíclica.

```
#include <LiquidCrystal.h>
//Crear el objeto lcd para la libreria LiquidCrystal
//Al objeto lcd se le asigna los pines a ser utilizados (rs, en, d4, d5, d6, d7)
//rs = 8; en = 9; d4 = 4; d5 = 5; d6 = 6; d7 = 7
LiquidCrystal lcd(8, 9, 4, 5, 6, 7);
int Tiempo = 300;

// Texto a visualizar en la LCD
String texto_fila = "Aprende Arduino";

void setup()
{
  //Configurar las filas y las columnas de la LCD
  lcd.begin(16, 2);
}

void loop()
{
  //Obtener el tamaño del texto
  int tam_texto=texto_fila.length();

  // Visualizar entrada texto por la izquierda
  for(int i=tam_texto; i>0 ; i--)
  {
    String texto = texto_fila.substring(i-1);
    //Limpiar la pantalla
    lcd.clear();
    //Posiciobar el cursor en la columna 0, fila 0
    lcd.setCursor(0, 0);
    //Visualizar texto en la LCD
    lcd.print(texto);
    // Esperar duante un tiempo definido
    delay(Tiempo);
  }

  // Desplazar mensaje a la derecha
  for(int i=1; i<=16;i++)
  {
    //Limpiar la pantalla
    lcd.clear();
    //Posiciobar el cursor en la columna i, fila 0
    lcd.setCursor(i, 0);
    //Visualizar texto en la LCD
    lcd.print(texto_fila);
    //Esperar duante un tiempo definido
    delay(Tiempo);
  }

  // Desplazamos el texto hacia la izquierda en la segunda fila
  for(int i=16;i>=1;i--)
  {
    //Limpiar la pantalla
    lcd.clear();
    //Posiciobar el cursor en la columna i, fila 1
    lcd.setCursor(i, 1);
    //Visualizar texto en la LCD
    lcd.print(texto_fila);
```

```
    // Esperar duante un tiempo definido
    delay(Tiempo);
  }

  // Visualizar salida del texto por la izquierda
  for(int i=1; i<=tam_texto ; i++)
  {
    String texto = texto_fila.substring(i-1);
    //Limpiar la pantalla
    lcd.clear();
    //Posiciobar el cursor en la columna 0, fila 1
    lcd.setCursor(0, 1);
    //Visualizar texto en la LCD
    lcd.print(texto);
    // Esperar duante un tiempo definido
    delay(Tiempo);
  }
}
```

5.4.3. Reloj (horas, minutos y segundos) – LCD 1602

En la sección 5.3.5.4. se realizó un reloj digital, en el cual mediante seis display de siete segmentos se visualizó las horas, minutos y segundos.

En esta sección se desarrollará un reloj digital en formato 24 horas que mediante una pantalla de cristal liquido de dos filas y dieciséis columnas basada en el chip Hitachi HD44780 se visualizará las horas, minutos y segundos. Las horas y minutos podrán ser igualados mediante dos botones.

Se debe considerar que el reloj podría desigualarse ya que utiliza la función *delay()* para temporizar el reloj.

Para la implementación del proyecto se utilizará los siguientes elementos:

```
1 Arduino UNO
1 Pantalla de cristal líquido de 16 columnas, 2 filas, basada en el chip
Hitachi HD44780
2 Pulsadores Normalmente abierto (NO)
2 Resistencias de 10 KOhm
```

La ilustración siguiente muestra el esquema de montaje de la pantalla LCD, el Arduino UNO y los elementos complementarios.

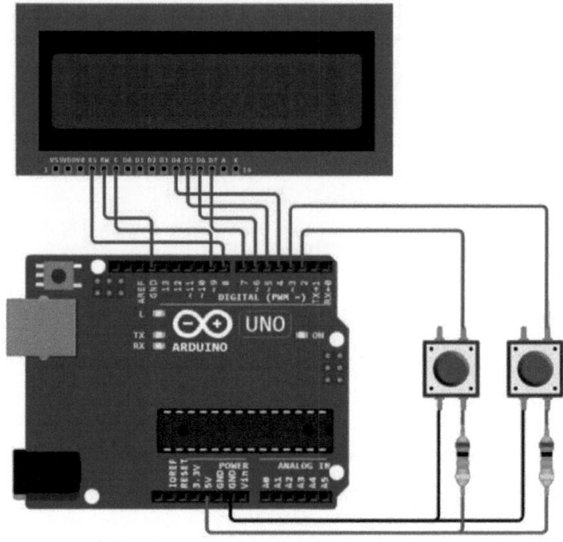

Ilustración 5.32. Circuito – Control LCD

El código detallado a continuación hace referencia a un reloj digital que visualiza la hora, minutos y segundos utilizado una pantalla de cristal líquido (LCD), la hora y minutos se puede modificar mediante dos pulsadores.

```
#include <LiquidCrystal.h>
//Crear el objeto lcd para la libreria LiquidCrystal
//Al objeto lcd se le asigna los pines a ser utilizados (rs, en, d4, d5, d6, d7)
//rs = 8; en = 9; d4 = 4; d5 = 5; d6 = 6; d7 = 7

LiquidCrystal lcd(8, 9, 4, 5, 6, 7);

byte hor=0;
byte min=0;
byte seg=0;
bool flag_min=0;
bool flag_hor=0;
byte Btn_Hora=2;
byte Btn_Min=3;

void setup()
{
  lcd.begin(16,2);
  pinMode(Btn_Hora, INPUT);
  pinMode(Btn_Min, INPUT);
```

```
  lcd.setCursor(5,0);
  lcd.print("RELOJ");
}

void loop()
{
  lcd.setCursor(4,1);
  if(hor<10)
  {
    lcd.print('0');
  }
  lcd.print(hor);
  lcd.print(':');
  if(min<10)
  {
    lcd.print('0');
  }
  lcd.print(min);
  lcd.print(':');
  if(seg<10)
  {
    lcd.print('0');
  }
  lcd.print(seg);
  delay(1000);
  seg++;
  if(seg>59)
  {
    seg=0;
    min++;
  }
  if(min>59)
  {
    min=0;
    hor++;
  }
  if(hor>=24)
  {
    seg=0;
    min=0;
    hor=0;
  }
  flag_min=digitalRead(Btn_Min);
  if(flag_min==0)
  {
    min++;
  }
  flag_hor=digitalRead(Btn_Hora);
  if(flag_hor==0)
  {
    hor++;
  }
}
```

Para la creación del código se ha utilizado las líneas de comando ya analizadas anteriormente, por consiguiente, no se realizará una descripción detallada de este código.

5.4.4. Visualizar mensaje estático – LCD I2C

El circuito integrado PCF8574 es un extensor de puertos I2C que permite aumentar la cantidad de pines de entrada/salida (E/S) de un microcontrolador. Muchos microcontroladores, como los de la serie Arduino, disponen de un número limitado de pines de E/S. Utilizar un PCF8574 permite liberar estos pines para otras funciones, ya que la comunicación I2C solo requiere dos pines del microcontrolador (SCL y SDA) para controlar múltiples dispositivos.

Al minimizar la cantidad de conexiones físicas, se reduce la probabilidad de errores generados por el cableado y conexiones, lo que aumenta la fiabilidad y facilita la solución de problemas. La mayoría de las funciones que permiten el control de las pantallas LCD, como la escritura de datos, son tareas relativamente simples pero que pueden consumir tiempo de procesamiento en un microcontrolador, el PCF8574 se encarga de estas tareas, liberando al microcontrolador para llevar a cabo otras tareas más críticas.

Para la implementación del proyecto se utilizará los siguientes elementos:

```
1 Arduino UNO
1 Pantalla de cristal líquido de 16 columnas, 2 filas, basada en el chip
Hitachi HD44780 con comunicación I2C
1 Módulo I2C PCF8574
```

La ilustración siguiente muestra el esquema de montaje de la pantalla LCD con interface I2C y el Arduino UNO.

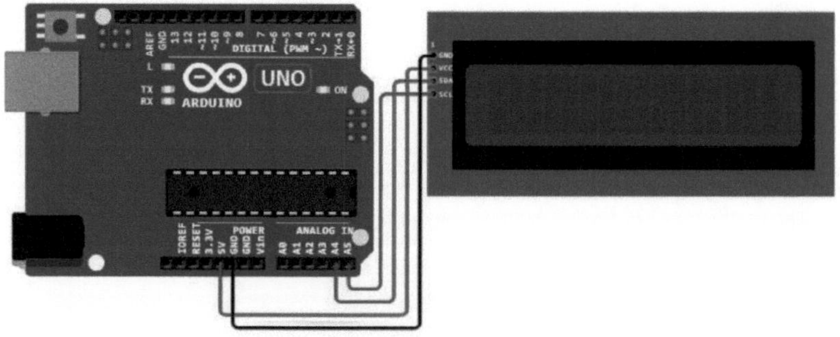

Ilustración 5.33. Circuito – Control LCD mediante el CI PCF8574

El código detallado a continuación permite visualizar un mensaje estático en una pantalla LCD1602 utilizando el módulo basado en el circuito integrado PCF8574.

```
// Incluir las librerías:
#include <Wire.h> // Libreria para comunicación I2C
#include <LiquidCrystal_I2C.h> // Libreria para LCD
// Conexiones: Pin SDA conectado a pin A4 y Pin SCL conectado al pin A5
// Conectar a LCD via I2C, dirección 0x27
// Configuración de LCD: Direccion, numero de columnas, numero de filas
LiquidCrystal_I2C lcd(0x27, 16, 2);

void setup()
{
  // inicializar LCD:
  lcd.init();
  // Activar el backlight de la LCD:
  lcd.backlight();
}
void loop()
{
  // Imprimir "Hola Mundo" en la primera línea del LCD
  lcd.setCursor(3, 0); // Colocar el cursor en la tercera columna y primera fila
  lcd.print("Hola Maker"); // Imprimir "Hola Mundo!
  lcd.setCursor(4, 1); //Colocar el cursor en la tercera columna y la segunda fila
(recordar que la cuenta comienza en 0)
  lcd.print("LCD I2C");
}
```

DESCRIPCIÓN DEL CÓDIGO

La sentencia #include agrega al *sketch* de ARDUINO la librería *"Wire.h"*, la cual permite la comunicación entre el Arduino y la LCD a través del protocolo I2C (Inter-Integrated Circuit).

```
#include <Wire.h>
```

La sentencia #include agrega al *sketch* de ARDUINO la librería *"LiquidCrystal_I2C.h"*, que se utiliza para controlar pantallas LCD de caracteres alfanuméricos mediante el protocolo I2C, el uso de este protocolo simplifica considerablemente la conexión y el uso de las pantallas LCD al reducir la cantidad de cables necesarios y el número de pines requeridos en el Arduino. La librería *"LiquidCrystal_I2C.h"*, utiliza como pin de SDA el puerto A4 y SCL al pin A5 del Arduino.

```
#include <LiquidCrystal_I2C.h>
```

La línea de código "*LiquidCrystal_I2C lcd*" crea un objeto denominado *"lcd"* que contendrá los atributos de la librería *"LiquidCrystal_I2C"* y se define la dirección I2C del módulo PCF8574, cantidad de columnas y numero de filas respectivamente de la LCD a controlar.

```
LiquidCrystal_I2C lcd(0x27, 16, 2);
```

La dirección del módulo I2C se define mediante hardware, la cual es configurable a través de los selectores denotados como *A0, A1, A2*.

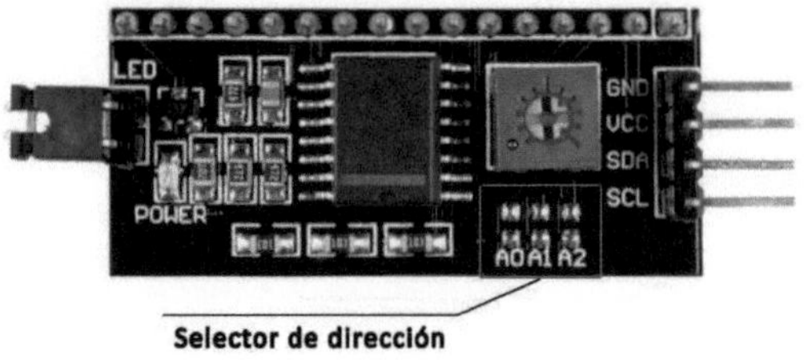

Ilustración 5.34. Direcciones PCF8574

El módulo PCF8574 puede ser configurado con ocho diferentes direcciones en base a la siguiente tabla:

Tabla 5.9. *Tabla de configuración de direcciones PCF8574*

A0	A1	A2	Dirección PCF8574	Dirección PCF8574A
0	0	0	0x27	0x3F
0	0	1	0x26	0x3E
0	1	0	0x25	0x3D
0	1	1	0x24	0x3C
1	0	0	0x23	0x3B
1	0	1	0x22	0x3A
1	1	0	0x21	0x39
1	1	1	0x20	0x38

La función *"lcd.init"* inicializa el objeto *"lcd"* con los parámetros de dirección y dimensión de la LCD.

```
lcd.init();
```

La función *"lcd.backlight"* permite activar el backligh (luz de fondo) de la LCD.

```
lcd.backlight();
```

Se posiciona el cursor de la LCD en la columna 3 y fila 0. Para pantallas de 16 columnas y 2 filas; la columna puede asumir valores numéricos entre el 0 y el 15, la fila puede tomar el valor 0 y 1.

```
lcd.setCursor(3, 0);
```

En la columna 3, fila 0 de la LCD, se muestra el texto *"Hola Maker"*.

```
lcd.print("Hola Maker");
```

En la columna 4, fila 1 de la LCD, se muestra el texto *"LCD I2C"*.

```
lcd.setCursor(4, 1);
lcd.print("LCD I2C");
```

5.4.5. Teclado matricial

Un teclado es un dispositivo que se utiliza para introducir datos en un sistema electrónico. Consiste en un conjunto de teclas que representan letras, números, símbolos y funciones especiales.

El teclado matricial es un dispositivo que está conformado por un arreglo de pulsadores distribuidos en forma de matriz, los cuales pueden ser leídos utilizando una cantidad pequeña de pines del microcontrolador, para realizar la lectura de un teclado matricial, se utiliza el concepto de la multiplexación.

En el mercado, es posible hallar teclados matriciales con diversas dimensiones, tales como el teclado matricial 4x4, 3x3, 4x3, y otros modelos. Estos dispositivos pueden presentar una configuración de membrana o una estructura rígida.

Ilustración 5.35. Teclados matriciales
Fuente: luisllamas.es

FUNCIONAMIENTO DEL TECLADO MATRICIAL 4X4

El teclado matricial 4x4 está compuesto por una disposición de dieciséis (16) pulsadores organizados en filas $(F1, F2, F3\ y\ F4)$ y columnas $(C1, C2, C3\ y\ C4)$. Esta disposición se realiza con el propósito de reducir el número de pines necesarios para la interacción entre el microcontrolador y el teclado. En lugar de requerir 16 pines independientes, los 16 botones solo necesitan 8 pines del microcontrolador. Para determinar qué botón ha sido presionado, es esencial emplear una técnica de barrido (multiplexación) en lugar de simplemente leer el pin del microcontrolador.

Para generar el código que permita utilizar el teclado matricial en Arduino o cualquier otro microcontrolador, se recomienda seguir la siguiente secuencia de pasos:

1. Conectar el teclado matricial a los pines digitales del Arduino, identificando correctamente las columnas y filas del teclado.
2. Las filas del teclado conectar a los pines digitales del Arduino configurados como salidas.
3. Las columnas del teclado se conectan a los pines digitales configurados como entradas, con la opción de pull-up activada (se debe asegurar que las entradas siempre reciban un 1 $lógico$ cuando ningún botón está presionado).
4. Configurar todas las salidas (filas) en 1 $lógico$ o 5V, manteniéndolas encendidas.
5. Aplicando el concepto de multiplexación: Enviar un 0 $lógico$ por cada fila y leer todas las columnas. Si alguna columna recibe un 0 $lógico$, indica que el botón que comparte esa fila y columna ha sido presionado. En caso contrario, restablecer la fila a 1 $lógico$ y verificar la siguiente fila.

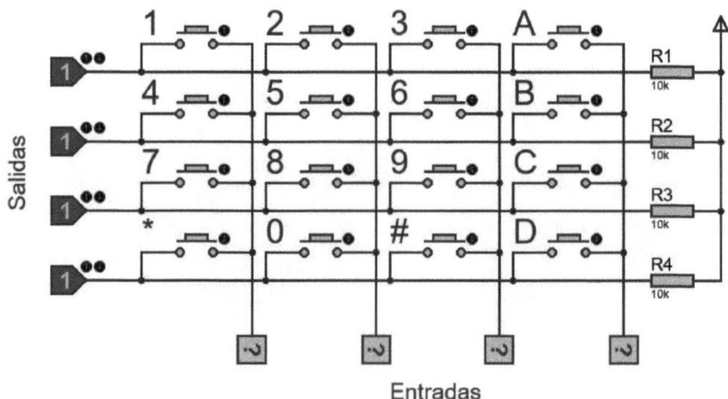

Ilustración 5.36. Estructura interna - teclado matricial

A continuación, se realizará una explicación del principio de funcionamiento de la multiplexación para la lectura de teclados matriciales.

El Arduino controlará el estado lógico de las filas del teclado, y verificará el estado lógico presente en las columnas del teclado. La multiplexación consiste en colocar en un estado lógico bajo "0" de manera individual a cada fila y leer el estado lógico presente en las columnas.

En la ilustración 3.57, la primera fila y la tercera columna se encuentran en estado lógico bajo, lo cual da a conocer que se ha presionado el botón correspondiente al número 3.

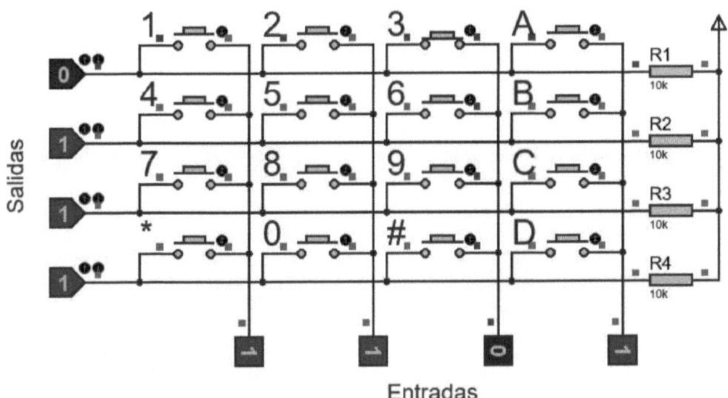

Ilustración 5.37. Lectura botón numero 3 - teclado matricial

En la ilustración 3.58, la tercera fila y la cuarta columna se encuentran en estado lógico bajo, lo cual da a conocer que se ha presionado el botón correspondiente a la letra C.

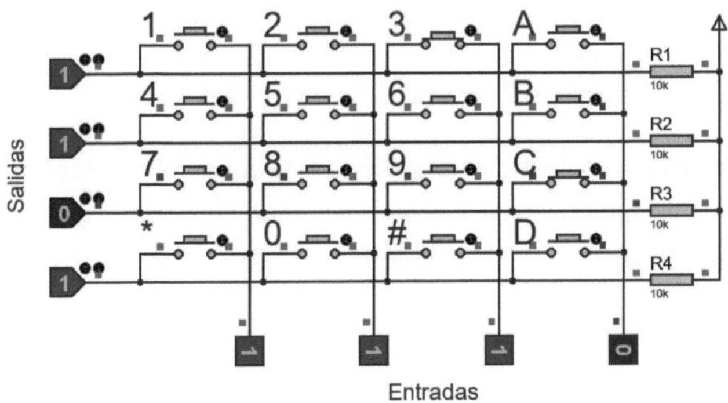

Ilustración 5.38. Lectura botón letra C - teclado matricial

El proceso de la lectura del teclado es cíclico y se lo debe realizar varias veces por cada segundo, lo que permitirá evitar perdida de datos.

Para la implementación del proyecto se utilizará los siguientes elementos:

```
1 Arduino UNO
1 Pantalla de cristal líquido de 16 columnas, 2 filas, basada en el chip
Hitachi HD44780 con comunicación I2C
1 Módulo I2C PCF8574
1 Teclado matricial 4x4
```

La ilustración siguiente muestra el esquema de montaje de la pantalla LCD con interface I2C y el Arduino UNO.

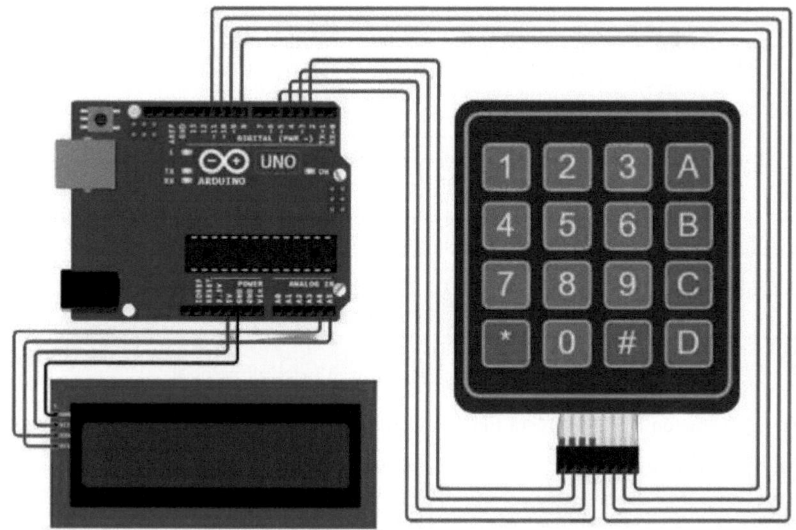

Ilustración 5.39. Circuito – Uso de teclado matricial y LCD

El código descrito a continuación permite realizar la lectura de un keypad 4x4 (teclado matricial) sin la utilización de una librería, la visualización de la tecla presionada se realiza mediante la utilización de una pantalla LCD1602 con interface I2C.

```
// Incluir las librerías:
#include <Wire.h> // Libreria para comunicación I2C
#include <LiquidCrystal_I2C.h> // Libreria para LCD
LiquidCrystal_I2C lcd(0x27, 16, 2);
byte NF; //Numero de filas del teclado
byte NC; //Numero de columnas del teclado
byte PinesFilas[] = {2,3,4,5};
byte PinesColumnas[] = {11,10,9,8};
```

```
char Dis_teclas[4][4] = {{'1','2','3','A'},
                         {'4','5','6','B'},
                         {'7','8','9','C'},
                         {'*','0','#','D'}};

void setup()
{
  lcd.init();
  for (NF = 0; NF <= 3; NF++)
  {
     pinMode(PinesFilas[NF], OUTPUT);
     digitalWrite(PinesFilas[NF], HIGH);
  }
  for (int NC = 0; NC <= 3; NC++)
  {
     pinMode(PinesColumnas[NC], INPUT_PULLUP);
  }

}

void loop()
{
    //Barrido por las filas
    for (int NF = 0; NF <= 3; NF++)
    {
      digitalWrite(PinesFilas[NF], LOW);

      //Barrido en columnas buscando un LOW
      for (NC = 0; NC <= 3; NC++)
      {
        if (digitalRead(PinesColumnas[NC]) == LOW)
        {
          lcd.setCursor(0,0);
          lcd.print("TECLA PRESIONADA");
          lcd.setCursor(0,1);
          lcd.print(Dis_teclas[NF][NC]);
          while(digitalRead(PinesColumnas[NC]) == LOW){}
        }
      }
      digitalWrite(PinesFilas[NF], HIGH);
    }
   delay(10);
}
```

DESCRIPCIÓN DEL CÓDIGO

Diversas secciones del código fueron descritas en proyectos anteriores, en este apartado se describirá la funcionalidad de nuevas líneas de código.

La línea de código "*byte PinesFilas[] = {2,3,4,5}*" define un *"array"* de cuatro elementos del tipo *"byte"* denominado *"PinesFilas"*, el *"array"* almacena cuatro valores numéricos constantes (2, 3, 4, 5).

El código *"byte PinesColumnas[] = {11,10,9,8}"* define un *"array"* de cuatro elementos del tipo *"byte"*denominado *"PinesColumnas"*, el *"array"* almacena cuatro valores numéricos constantes (11, 10, 9, 8).

```
byte PinesFilas[] = {2,3,4,5};
byte PinesColumnas[] = {11,10,9,8};
```

El código *"char Dis_teclas[4][4]"* permite declarar una matriz bidimensional de 4 filas y 4 columnas denominada *"Dis_teclas"*, la matriz almacena datos del tipo *"char"*. En la primera fila se almacena los datos *"1,2,3,A"*, en la segunda fila se almacena los datos *"4,5,6,B"*, en la tercera fila se almacena los datos *"7,8,9,C"*, en la cuarta fila se almacena los datos *"*,0,#,D"*.

```
char Dis_teclas[4][4] = {{'1','2','3','A'},
                         {'4','5','6','B'},
                         {'7','8','9','C'},
                         {'*','0','#','D'}};
```

Mediante el ciclo *"for"* se configura los pines definidos en el array denominado *"PinesFilas"* como salidas, simultáneamente los pines son colocados en estado lógico alto *"HIGH"*.

```
for (NF = 0; NF <= 3; NF++)
{
   pinMode(PinesFilas[NF], OUTPUT);
   digitalWrite(PinesFilas[NF], HIGH);
}
```

Mediante el ciclo *"for"* se configura los pines definidos en el array denominado *"PinesColumnas"* como entradas con la resistencia Pullup activadas.

```
for (int NC = 0; NC <= 3; NC++)
{
   pinMode(PinesColumnas[NC], INPUT_PULLUP);
}
```

El proceso de lectura del teclado matricial esta formado por dos ciclos *"for"* anidados, el primer ciclo *"for"* (ciclo for externo) realiza el control de activación y desactivación de las filas, el segundo ciclo *"for"* (ciclo for interno) realiza la lectura del estado de las columnas. Si se determina que ha sido presionado uno de los pulsadores del teclado, en una pantalla LCD se visualiza en la primera fila el mensaje "TECLA PRESIONADA" y en la segunda fila el valor de la tecla.

```
for (int NF = 0; NF <= 3; NF++)
{
  digitalWrite(PinesFilas[NF], LOW);

  //Barrido en columnas buscando un LOW
  for (NC = 0; NC <= 3; NC++)
  {
    if (digitalRead(PinesColumnas[NC]) == LOW)
    {
      lcd.setCursor(0,0);
      lcd.print("TECLA PRESIONADA");
      lcd.setCursor(0,1);
      lcd.print(Dis_teclas[NF][NC]);
      while(digitalRead(PinesColumnas[NC]) == LOW){}
    }
  }
  digitalWrite(PinesFilas[NF], HIGH);
}
```

El código descrito a continuación permite realizar la lectura de un teclado matricial 4x4 utilizando la librería “keypad”, la visualización de la tecla presionada se realiza mediante la utilización de una pantalla LCD1602 con interface I2C.

```
// Incluir las librerías:
#include <Wire.h> // Libreria para comunicación I2C
#include <LiquidCrystal_I2C.h> // Libreria para LCD
#include <Keypad.h>
LiquidCrystal_I2C lcd(0x27, 16, 2);

const byte NF = 4; //Numero de filas del teclado
const byte NC = 4; //Numero de columnas del teclado
byte PinesFilas[] = {2,3,4,5};
byte PinesColumnas[] = {11,10,9,8};
char Dis_teclas[4][4] = {{'1','2','3','A'},
                        {'4','5','6','B'},
                        {'7','8','9','C'},
                        {'*','0','#','D'}};
char Tecla_Pres;
Keypad teclado = Keypad(makeKeymap(Dis_teclas),PinesFilas,PinesColumnas,NF,NC);

void setup()
{
  lcd.init();
}

void loop()
{
  Tecla_Pres = teclado.getKey();
  if (Tecla_Pres)
  {
    lcd.setCursor(0,0);
    lcd.print("TECLA PRESIONADA");
```

```
    lcd.setCursor(0,1);
    lcd.print(Tecla_Pres);
  }
}
```

DESCRIPCIÓN DEL CÓDIGO

El código utilizado es muy similar al ya analizado anteriormente, en el nuevo código se utiliza la librería *"Keypad"*, el cual permite utilizar un teclado matricial.

```
#include <Keypad.h>
```

La librería *"Keypad"* requiere de varios parámetros para ser configurada de manera correcta, entre las cuales está la distribución del teclado *"Dis_teclas"*, distribución de los pines de las filas *"PinesFilas"*, distribución de los pines de las columnas *"PinesColumnas"*, número de filas *"NF"* y numero de columnas *"NC"*.

```
Keypad teclado = Keypad(makeKeymap(Dis_teclas),PinesFilas, PinesColumnas, NF,
NC);
```

La variable *"Tecla_Pres"* es declarada como una variable *"global"* del tipo *"char"*, la expresión *"teclado.getKey()"* hace referencia a que se está trabajando con un objeto denominado *"teclado"*, el cual invoca al método *"getKey()"* que realiza la lectura del teclado, el resultado es almacenado en la variable *"Tecla_Pres"*.

```
Tecla_Pres = teclado.getKey();
```

El funcionamiento del código restante se ha explicado en la descripción de códigos de proyectos previos.

5.4.6. Control de acceso electrónico

Un control de acceso electrónico es un sistema que permite gestionar y regular la entrada y salida de personas o vehículos a un determinado lugar mediante el uso de dispositivos electrónicos. Estos sistemas son comúnmente utilizados en entornos como oficinas, edificios, instalaciones industriales, instituciones educativas, hospitales y otros lugares donde se requiere controlar y restringir el acceso a áreas específicas.

Las características de un sistema de acceso electrónico pueden variar, pero generalmente incluyen algunos o todos los siguientes elementos:

1. **Tarjetas de acceso:** Los usuarios autorizados llevan consigo tarjetas magnéticas, tarjetas de proximidad, tarjetas inteligentes o llaveros electrónicos que contienen información de identificación única.
2. **Dispositivos de lectura:** Se instalan lectores electrónicos en los puntos de acceso que pueden leer la información de las tarjetas o dispositivos autorizados.
3. **Sistemas biométricos:** Algunos sistemas de control de acceso utilizan características biométricas como huellas dactilares, reconocimiento facial o escaneo de retina para autenticar la identidad de los usuarios.
4. **Teclados o paneles de control:** Para ingresar códigos de acceso o realizar configuraciones específicas.
5. **Software de gestión:** Permite administrar y supervisar el sistema, incluyendo la asignación de permisos, la generación de informes y el seguimiento del historial de acceso.
6. **Cerraduras electrónicas:** Se utilizan cerraduras controladas electrónicamente que pueden ser activadas o desactivadas según la autorización del usuario.
7. **Cámaras de seguridad:** A menudo se integran con sistemas de control de acceso para monitorear visualmente las áreas y registrar eventos.

En esta sección, de realiza la propuesta de un sistema de control de acceso electrónico mediante teclado. Al ser un sistema sencillo la clave de cinco dígitos es definida mediante software y no puede ser modificada por el usuario.

Para la implementación del proyecto se utilizará los siguientes elementos:

```
1 Arduino UNO
1 Pantalla de cristal líquido de 16 columnas, 2 filas, basada en el chip
Hitachi HD44780 con comunicación I2C
1 Módulo I2C PCF8574
1 Teclado matricial 4x4
1 Resistencia de 330 Ohm
1 Diodo emisor de luz
```

La ilustración siguiente muestra el esquema de montaje electrónico del sistema de control de acceso mediante un teclado matricial.

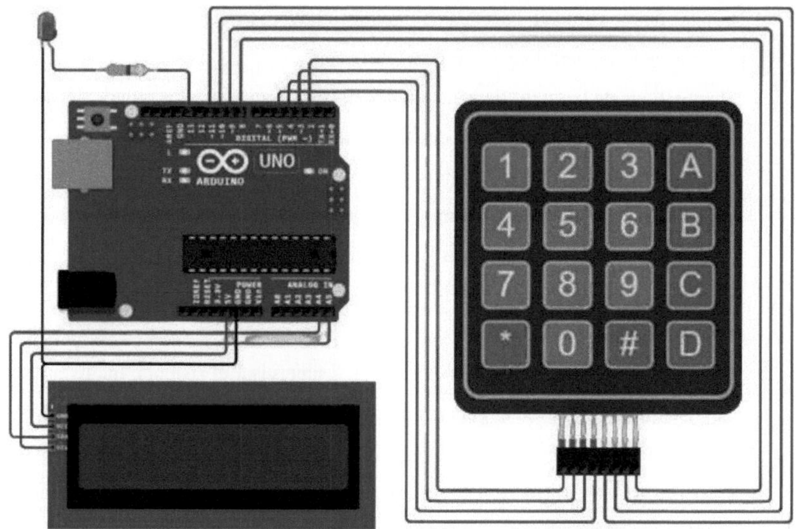

Ilustración 5.40. Circuito – Control de acceso mediante teclado matricial y LCD

El código descrito a continuación permite activar una carga (regularmente una cerradura eléctrica) mediante una clave de cinco dígitos que es ingresada por medio de un keypad 4x4 (teclado matricial), mediante la utilización de una pantalla LCD1602 con interface I2C se muestra un mensaje que solicita que se ingrese la contraseña.

Si la contraseña ingresada es correcta, se activa el diodo emisor de luz (LED) durante un tiempo determinado y en la pantalla LCD se visualiza el mensaje que la contraseña es correcta. Si la contraseña ingresada es incorrecta, el diodo emisor de luz (LED) no se activa y en la pantalla LCD se visualiza el mensaje que la contraseña es incorrecta.

```
// Incluir las librerías:
#include <Wire.h> // Libreria para comunicación I2C
#include <LiquidCrystal_I2C.h> // Libreria para LCD
#include <Keypad.h>
LiquidCrystal_I2C lcd(0x27, 16, 2);

const byte NF = 4;
const byte NC = 4;
byte PinesFilas[] = {2,3,4,5};
```

```
byte PinesColumnas[] = {11,10,9,8};
char Dis_Tecla_Press[NF][NC]={{'1','2','3','A'},
                              {'4','5','6','B'},
                              {'7','8','9','C'},
                              {'*','0','#','D'}};

char Clave[5] = {'1','2','3','4','5'};
char claveUsuario[5];

Keypad teclado = Keypad(makeKeymap(Dis_Tecla_Press),PinesFilas,PinesColumnas,NF,NC);

int Cerradura = 13;
int Contador = 0;
int Aux = 0;
int Posicion = 5;

char Tecla_Pres;

void setup()
{
  lcd.init(); // inicializar pantalla
  lcd.backlight(); //luz de fondo
  lcd.clear();
  pinMode(Cerradura,OUTPUT);
  digitalWrite(Cerradura,LOW);
}

void loop()
{
  lcd.setCursor(0,0);
  lcd.print(" INGRESAR CLAVE ");
  Tecla_Pres = teclado.getKey();

  if(Tecla_Pres)
  {
    claveUsuario[Contador] = Tecla_Pres;
    Contador++;
    lcd.setCursor(Posicion,1);
    lcd.print("*");
    Posicion++;
    if(Contador == 5)
    {
      for(int i = 0; i<=4;i++)
      {
        if(claveUsuario[i] != Clave[i])
        {
          Aux = 1;
        }
      }
      if(Aux == 1)
      {
        lcd.clear();
        lcd.setCursor(5,0);
        lcd.print("CLAVE");
        lcd.setCursor(3,1);
        lcd.print("INCORRECTA");
        delay(3000);
```

```
          Contador = 0;
          Aux = 0;
          Posicion =5;
          lcd.clear();
        }
        else
        {
          lcd.clear();
          lcd.setCursor(5,0);
          lcd.print("CLAVE");
          lcd.setCursor(4,1);
          lcd.print("CORRECTA");
          digitalWrite(Cerradura,HIGH);
          delay(2000);
          digitalWrite(Cerradura,LOW);
          Posicion =5;
          Contador = 0;
          lcd.clear();
        }
      }
    }
}
```

5.5. PROYECTOS CON SEÑALES ANALÓGICAS

Las señales que percibimos a través de nuestros sentidos y las diversas magnitudes presentes en el entorno, como la temperatura, la velocidad, el peso y el caudal, son fundamentalmente analógicas, lo que implica que experimentan cambios continuos a lo largo del tiempo y pueden abarcar una amplia gama de valores, a diferencia de las señales digitales que se limitan a solo dos valores distintos.

Una característica importante de las señales analógicas es que, cuando se transmiten a largas distancias o a través de diferentes sistemas, puede producirse una degradación o deterioro de la calidad, lo que puede provocar pérdida o distorsión de información. Para evitar este problema, muchas aplicaciones modernas convierten señales analógicas en señales digitales en algún momento del proceso para poder ser transmitidas, almacenadas y procesadas.

Las tarjetas Arduino disponen de Conversores Analógicos Digitales (ADC) que permiten trabajarán con señales analógicas que pueden provenir de sensores. Arduino es capaz de analizar señales analógicas realizando aproximaciones discretas en función del tiempo, la resolución de las señales analógicas digitalizadas está en función del número de bits del ADC.

La tabla siguiente muestra los voltajes de operación y la resolución máxima de diversas tarjetas de desarrollo Arduino.

Tabla 5.10. *Principales características de las tarjetas de desarrollo de 8 bits*

Características	Arduino UNO	Arduino LEONARDO	Arduino MEGA	Arduino NANO	Arduino ZERO	Arduino DUE
Voltaje de operación	5Vcc	5Vcc	5Vcc	5Vcc	3.3Vcc	3.3Vcc
Cantidad de ADC	6	12	15	8	6	12
Pines ADC	A0 a A5	A0 a A11	A0 a A14	A0 a A7	A0 a A5	A0 a A11
Resolución máxima	10 bits	10 bits	10 bits	10 bits	12 bits	12 bits

Según lo evidenciado en la tabla previa, la lectura que el Arduino realice en su entrada analógica estará sujeta a la resolución ADC que posea.

5.5.1. Resolución del conversor analógico digital (ADC)

Un bit se define como la unidad binaria de información que puede representar dos estados distintos, generalmente etiquetados como 0 o 1. Cuando se enuncia de una resolución de 10 bits, esto implica que hay 2^10 posibles combinaciones únicas, lo que resulta en 1024 posibles valores diferentes en el rango, dado que el conteo numérico inicia desde 0, la escala abarca valores enteros desde el 0 hasta el 1023.

Esto significa que cuando Arduino realiza una medición:

- El valor máximo del voltaje, que es de 5 voltios, resultará en un valor numérico entero de 1023.
- Cuando el voltaje se encuentra en un punto intermedio, específicamente 2.5 voltios, la representación del valor entero será de 512.
- En el caso del voltaje mínimo, que es de 0 voltios, la representación del valor entero será de 0.

Basado en lo expuesto anteriormente, la fórmula que describe la resolución del convertidor analógico digital (ADC) en Arduino se representa a continuación:

$$R = \frac{V_{ref}}{2^n - 1}$$

Donde:

- R es la resolución del ADC
- V_{ref} es el voltaje de referencia del ADC
- n es el número de bits del ADC

Para el Arduino UNO la resolución del ADC es:

$$R = \frac{5Vcc}{2^{10} - 1}$$

$$R = \frac{5Vcc}{1023}$$

$$R = 4.88mV$$

En el contexto de un Arduino Uno, el valor analógico correspondiente a 0 voltios se representa digitalmente como B0000000000 (0), mientras que el valor analógico de 5 voltios es B1111111111 (1023). Consecuentemente, cualquier valor analógico en un punto intermedio se expresa mediante un valor digital que se encuentra en el rango de 0 a 1023, por lo cual, se incrementa en uno binario aproximadamente cada 4,88 milivoltios.

En determinadas circunstancias, resulta indispensable modificar el voltaje de referencia del convertidor analógico digital (ADC) de Arduino mediante el pin AREF. Esto se realiza con el propósito de facilitar la lectura de sensores que proporcionan un voltaje más bajo.

5.5.2. Pin AREF

El pin AREF puede ser configurado con los siguientes parámetros:

- **DEFAULT**: configura el voltaje por omisión en 5 voltios para las placas que funcionan con una alimentación de 5 voltios, o en 3.3 voltios para las placas Arduino que operan a un nivel de 3.3 voltios.
- **INTERNAL**: Hace uso de la referencia interna de tensión de la placa Arduino, que es de 1.1 voltios en microcontroladores ATmega168 o ATmega328P, y a 2.56 voltios en el caso de los microcontroladores ATmega8 (cabe destacar que esta función no está disponible en el Arduino Mega).
- **INTERNAL1V1**: La referencia interna es de 1.1 voltios.
- **INTERNAL2V56**: La referencia interna es de 2.56 voltios.

- **EXTERNAL:** Esta instrucción debe ser habilitada cuando se desea utilizar el pin AREF para referenciar el ADC del Arduino.

5.5.3. Lectura del conversor analógico digital (ADC)

En este apartado se realizará la lectura del valor presente en el pin ADC A0 del Arduino UNO, para lo cual se hará uso de un potenciómetro.

Un potenciómetro es un dispositivo que permite ajustar manualmente su resistencia eléctrica en un rango que va desde un valor mínimo, generalmente 0 ohmios, hasta un valor máximo conocido como R_{max}.

Internamente, un potenciómetro consta de un contacto móvil que se desplaza a lo largo de una pista resistiva, al girar o desplazar el potenciómetro, se mueve el contacto a lo largo de esta pista, modificando la longitud del segmento de pista en contacto con el contacto móvil, lo que a su vez varía la resistencia eléctrica.

Por lo general, un potenciómetro tiene tres terminales. Los dos terminales externos están conectados a ambos extremos de la pista resistiva, lo que garantiza que siempre tengan la resistencia máxima, R_{max}. El tercer terminal corresponde al contacto móvil, cuya resistencia varía en relación con los otros dos terminales a medida que se ajusta el potenciómetro.

Existen diversos tipos de potenciómetros, los más frecuentes y utilizados son:

1. **Potenciómetros de variación lineal:** En este tipo, la resistencia eléctrica guarda una relación directamente proporcional con el ángulo de rotación, lo que se denomina variación lineal.
2. **Potenciómetros de variación logarítmica:** En este caso, la resistencia eléctrica varía de manera logarítmica en función del ángulo de rotación.

Para la implementación del proyecto se utilizará los siguientes elementos:

```
1 Arduino UNO
1 Pantalla de cristal líquido de 16 columnas, 2 filas, basada en el chip
Hitachi HD44780
1 Módulo I2C PCF8574
1 Potenciómetro de 10KOhm
```

La ilustración siguiente muestra el esquema de montaje de la pantalla LCD con interface I2C, el potenciómetro y el Arduino UNO.

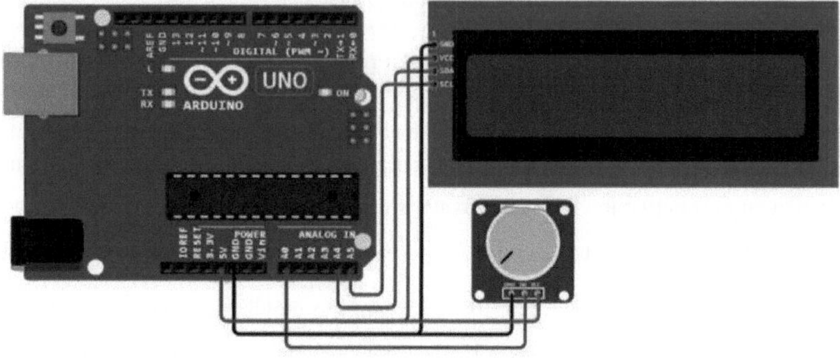

Ilustración 5.41. Lectura del conversor analógico digital

consiguiente, no se realizará una descripción detallada de este código.

5.5.3.1. Visualización directa del valor del ADC

El código descrito realiza la lectura del voltaje presente en el conversor analógico digital A0 del Arduino UNO, el valor digitalizado se visualiza mediante una pantalla LCD1602 que incorpora comunicación I2C mediante el módulo basado en el circuito integrado PCF8574.

```
// Incluir las librerías:
#include <Wire.h> // Libreria para comunicación I2C
#include <LiquidCrystal_I2C.h> // Libreria para LCD
// Conexiones: Pin SDA conectado a pin A4 y Pin SCL conectado al pin A5
// Conectar a LCD via I2C, dirección 0x27
// Configuración de LCD: Direccion, numero de columnas, numero de filas
LiquidCrystal_I2C lcd(0x27, 16, 2);

const int PinADC = A0;
//Crear variable
//Variable para almacenar el valor del ADC
int ValorADC = 0;

void setup()
{
  // inicializar LCD:
  lcd.init();
  // Activar el backlight de la LCD:
  lcd.backlight();
}
```

```
void loop()
{
  //Posicionar al cursor en la columna 3, fila 0
  lcd.setCursor(1, 0);
  // Visualizar texto en la LCD
  lcd.print("LECTURA ADC A0");
  //Posicionar al cursor en la columna 0, fila 1
  lcd.setCursor(0, 1);
  lcd.print("ADC: ");
  //Realizar lectura del ADC
  ValorADC = analogRead(PinADC);
  lcd.setCursor(5, 1);
  lcd.print(ValorADC);
  delay(100);
  lcd.setCursor(5, 1);
  lcd.print("    ");
}
```

DESCRIPCIÓN DEL CÓDIGO

El uso de las librerías *"Wire.h"* y *"LiquidCrystal_I2C.h"* y demás parámetros para el uso de la pantalla de cristal líquido (LCD) se detallaron previamente, por lo cual, en esta sección no se describirá las mismas.

Cuando se define una variable como constante utilizando *"const"*, su valor no puede cambiar posterior a su inicialización. La constante *"PinADC"* del tipo entero *"int"* inicializa su valor con *"A0"*.

```
const int PinADC = A0;
```

Se crea la variable *"ValorADC"*, la cual es del tipo entero *"int"* y se inicializa con un valor con *"0"*.

```
int ValorADC = 0;
```

La función *"analogRead(PinADC)"* realiza la lectura y digitalización del valor analógico presente en el pin *"A0"* que se encuentra identificado con la constante denominada *"PinADC"*. El valor adquirido por el ADC es almacenado en la variable del tipo *"int"* entero denominado *"ValorADC"*.

```
ValorADC = analogRead(PinADC);
```

El valor presente almacenado en la variable *"ValorADC"* es visualizada mediante la pantalla LCD.

5.5.3.2. Visualización porcentual de la posición del potenciómetro

El código a implementar realiza la lectura del voltaje presente en el conversor analógico digital A0 del Arduino UNO, el valor digitalizado es transformado a un dato porcentual (0 – 100%) y se visualiza mediante una pantalla LCD1602 I2C.

Para la implementación del proyecto se utilizará los elementos y el diagrama electrónico del proyecto de la sección "5.5.3.1. VISUALIZACIÓN DIRECTA DEL VALOR DEL ADC".

```
// Incluir las librerías:
#include <Wire.h> // Libreria para comunicación I2C
#include <LiquidCrystal_I2C.h> // Libreria para LCD
// Conexiones: Pin SDA conectado a pin A4 y Pin SCL conectado al pin A5
// Conectar a LCD via I2C, dirección 0x27
// Configuración de LCD: Direccion, numero de columnas, numero de filas
LiquidCrystal_I2C lcd(0x27, 16, 2);

const int PinADC = A0;
//Crear variable
//Variable para almacenar el valor del ADC
int ValorADC = 0;
//Variable para almacenar la posicion del Potenciometro
int Posicion = 0;

void setup()
{
  lcd.init();
  lcd.backlight();
}

void loop()
{
  //Posicionar al cursor en la columna 3, fila 0
  lcd.setCursor(1, 0);
  // Visualizar texto en la LCD
  lcd.print("LECTURA ADC A0");
  //Posicionar al cursor en la columna 0, fila 1
  lcd.setCursor(0, 1);
  lcd.print("ADC: ");
  //Realizar lectura del ADC
  ValorADC = analogRead(PinADC);
  //Convertir a porcentaje
  Posicion = map(ValorADC, 0, 1023, 0, 100);
  lcd.setCursor(5, 1);
  lcd.print(Posicion);
  lcd.print("%");
  delay(100);
  lcd.setCursor(5, 1);
  lcd.print("      ");
}
```

DESCRIPCIÓN DEL CÓDIGO

Al código del proyecto de la sección "5.5.3.1. VISUALIZACIÓN DIRECTA DEL VALOR DEL ADC" se ha agregado una línea de código que permiten procesar matemáticamente valores numéricos.

La función *"map(ValorADC, 0, 1023, 0, 100)* redimensiona el valor presente en la variable *"ValorADC"*, para lo cual se definió al:

- Límite inferior del valor actual = 0
- Límite superior del valor actual = 1023
- Límite inferior del valor objetivo = 0
- Límite superior del valor objetivo = 100

La función *"map"* entrega como resultado un valor entero dentro del rango de 0 a 100 y es almacenado en la variable *"Posicion"* para posterior ser visualizado mediante la LCD.

```
Posicion = map(ValorADC, 0, 1023, 0, 100);
```

5.5.3.3. Visualización porcentual de la posición del potenciómetro mediante una barra de progreso

Una barra de progreso se utiliza para representar visualmente el avance o el estado de finalización de una tarea o proceso. Es una interfaz gráfica utilizada para informar a los usuarios sobre el progreso de una operación, como la descarga de un archivo, la instalación de software, la carga de datos o cualquier otra tarea que requiera tiempo para completarse.

Las barras de progreso son útiles porque proporcionan retroalimentación visual sobre el estado de una tarea, lo que ayuda a los usuarios a estimar cuánto tiempo falta para que se complete. También son útiles para indicar si una tarea se ha detenido o está en progreso.

El código a implementar realiza la lectura del voltaje presente en el conversor analógico digital A0 del Arduino UNO, el valor digitalizado es transformado a un dato porcentual (0 – 100%) y se visualiza como una barra de progreso en la pantalla LCD1602 I2C.

Para la implementación del proyecto se utilizará los elementos y el diagrama electrónico del proyecto de la sección “5.5.3.1. VISUALIZACIÓN DIRECTA DEL VALOR DEL ADC”.

```
// Incluir las librerías:
#include <Wire.h> // Libreria para comunicación I2C
#include <LiquidCrystal_I2C.h> // Libreria para LCD
// Conexiones: Pin SDA conectado a pin A4 y Pin SCL conectado al pin A5
// Conectar a LCD via I2C, dirección 0x27
// Configuración de LCD: Direccion, numero de columnas, numero de filas
LiquidCrystal_I2C lcd(0x27, 16, 2);

// Define caracteres/arrays personalizados - cada carácter tiene dimensiones de 5x8
píxeles
byte G_vacio[8] =  {B11111, B00000, B00000, B00000, B00000, B00000, B00000, B11111};
// empty middle piece
byte G_completo_1[8] = {B11111, B10000, B10000, B10000, B10000, B10000, B10000,
B11111};    // gauge completo - 1 columna
byte G_completo_2[8] = {B11111, B11000, B11000, B11000, B11000, B11000, B11000,
B11111};    // gauge completo - 2 columnas
byte G_completo_3[8] = {B11111, B11100, B11100, B11100, B11100, B11100, B11100,
B11111};    // gauge completo - 3 columnas
byte G_completo_4[8] = {B11111, B11110, B11110, B11110, B11110, B11110, B11110,
B11111};    // gauge completo - 4 columnas
byte G_completo_5[8] = {B11111, B11111, B11111, B11111, B11111, B11111, B11111,
B11111};    // gauge completo - 5 columnas
byte gauge_izquierdo[8] =   {B11111, B10000, B10000, B10000, B10000, B10000, B10000,
B11111};
byte gauge_derecho[8] =  {B11111, B00001, B00001, B00001, B00001, B00001, B00001,
B11111};
byte gauge_masc_izq[8] = {B01111, B11111, B11111, B11111, B11111, B11111, B11111,
B01111};
byte gauge_masc_der[8] = {B11110, B11111, B11111, B11111, B11111, B11111, B11111,
B11110};
byte icono_peligro[8] = {B00100, B00100, B01110, B01010, B11011, B11111, B11011,
B11111};
byte gauge_izq_din[8];
byte gauge_der_din[8];
int gauge_cpu = 0;
char buffer[10];
int desplazamiento = 0;
const int N_caracteres = 16;
char gauge_string[N_caracteres+1];

const int PinADC = A0;
//Crear variable
//Variable para almacenar el valor del ADC
int ValorADC = 0;

void setup()
{
  lcd.init();
  lcd.createChar(7, G_vacio);
  lcd.createChar(1, G_completo_1);
  lcd.createChar(2, G_completo_2);
```

```
  lcd.createChar(3, G_completo_3);
  lcd.createChar(4, G_completo_4);
  lcd.createChar(0, icono_peligro);
  lcd.backlight();
}

void loop()
{
  float unidad_pixel = (N_caracteres*5.0)/100.0;
  int valor_pixel = round(gauge_cpu * unidad_pixel);
  int posicion = 0;

  if (valor_pixel < 5)
  {
    posicion = 1;
  }
  else
  if (valor_pixel > N_caracteres*5.0-5)
  {
    posicion = 3;
  }
  else
  {
    posicion = 2;
  }

  desplazamiento = 4 - ((valor_pixel-1) % 5);

  for (int i=0; i<8; i++)
  {
    if (posicion == 1)
    {
      gauge_izq_din[i] = (G_completo_5[i] << desplazamiento) | gauge_izquierdo[i];
    }
    else
    {
      gauge_izq_din[i] = G_completo_5[i];
    }
    gauge_izq_din[i] = gauge_izq_din[i] & gauge_masc_izq[i];
  }

  for (int i=0; i<8; i++)
  {
    if (posicion == 3)
    {
      gauge_der_din[i] = (G_completo_5[i] << desplazamiento) | gauge_derecho[i];
    }
    else
    {
      gauge_der_din[i] = gauge_derecho[i];
    }
    gauge_der_din[i] = gauge_der_din[i] & gauge_masc_der[i];
  }

  lcd.createChar(5, gauge_izq_din);
  lcd.createChar(6, gauge_der_din);
```

```
  for (int i=0; i<N_caracteres; i++)
  {
    if (i==0)
    {
      gauge_string[i] = byte(5);
    }
    else
    if (i==N_caracteres-1)
    {
      gauge_string[i] = byte(6);
    }
    else
    {
      if (valor_pixel <= i*5)
      {
        gauge_string[i] = byte(7);
      }
      else
      if (valor_pixel > i*5 && valor_pixel < (i+1)*5)
      {
        gauge_string[i] = byte(5-desplazamiento);
      }
      else
      {
        gauge_string[i] = byte(255);
      }
    }
  }

  // Graficar el gauge
  lcd.setCursor(0,0);
  sprintf(buffer, "CPU:%3d%% ", gauge_cpu);
  lcd.print(buffer);
  lcd.write(byte(0));
  lcd.setCursor(0,1);
  lcd.print(gauge_string);

  //Realizar lectura del ADC
  ValorADC = analogRead(PinADC);
  //Convertir a porcentaje
  gauge_cpu = map(ValorADC, 0, 1023, 0, 100);

  if (gauge_cpu > 100)
  {
    gauge_cpu = 0;
  }
  delay(100);
}
```

DESCRIPCIÓN DEL CÓDIGO

El uso de las librerías *"Wire.h"* y *"LiquidCrystal_I2C.h"* y de la línea de código *"LiquidCrystal_I2C lcd(0x27, 16, 2)"* se detallaron previamente, por lo cual, en esta sección no se detallara el uso de las mismas.

Este código define un array llamado *"G_vacio"* que contiene 8 elementos de tipo byte. Cada elemento del array es una secuencia de bits representada en notación binaria.

```
byte G_vacio[8] =  {B11111, B00000, B00000, B00000, B00000, B00000, B00000,
B11111};
```

La variable *"G_vacio"* presenta los siguientes elementos:

```
B11111
B00000
B00000
B00000
B00000
B00000
B00000
B11111
```

El código presenta la definición de diversas variables del tipo array que contiene valores binarios, los cuales serán utilizados para realizar graficas personalizadas en la pantalla LCD y almacenar variables que se utilizarán en el código.

Se declara dos arrays del tipo *byte* denominados *"gauge_izq_din"* y *"gauge_der_din"*, cada uno con 8 elementos. Estos arrays están destinados a almacenar patrones de bits que serán utilizados para representar gráficamente información en la LCD.

```
byte gauge_izq_din[8];
byte gauge_der_din[8];
```

La variable *"PinADC"* es declarada como una constante del tipo entera que almacena el valor *"A0"*, la cual define el conversor analógico digital a ser utilizado. La variable *"ValorADC"* del tipo entero se inicializa en cero y almacenara el valor resultante de la conversión analógico a digital del pin A0.

```
const int PinADC = A0;
int ValorADC = 0;
```

El código *"lcd.createChar(7, G_vacio)"* se utiliza para crear un carácter personalizado en una pantalla LCD, *"lcd"* es un objeto que representa la pantalla LCD, la cual ha sido creado previamente utilizando una biblioteca *"LiquidCrystal_I2C.h"*.

La sección *"createChar(7, G_vacio)"* es invocada en el objeto *"lcd"* y se utiliza para definir un carácter personalizado en la posición de memoria 7 de la pantalla LCD. Los caracteres personalizados permiten definir patrones gráficos específicos que no están disponibles en el conjunto de caracteres estándar. El número 7 hace referencia a la posición de memoria donde se almacenará el patrón gráfico. La variable *"G_vacio"* contiene el patrón de bits que se utilizará para definir el carácter personalizado.

Las demás líneas de código presentan una función similar, en la cual varia la posición de memoria y la variable contenedora del patrón de bits.

```
lcd.createChar(7, G_vacio);
lcd.createChar(1, G_completo_1);
lcd.createChar(2, G_completo_2);
lcd.createChar(3, G_completo_3);
lcd.createChar(4, G_completo_4);
lcd.createChar(0, icono_peligro);
```

Esta sección del código calcula el valor de la variable de tipo flotante *"unidad_pixel"*, la cual depende del proceso matemático relacionada con la constante *"N_caracteres"*, el cual presenta un valor de 16, en referencia al número de columnas de la LCD.

```
float unidad_pixel = (N_caracteres*5.0)/100.0;
```

El código siguiente calcula el valor de la variable *"valor_pixel"* mediante el redondeo *"round"* a un número entero de la multiplicación de la variable entera *"gauge_cpu"* por la variable del tipo flotante *"unidad_pixel"*.

```
int valor_pixel = round(gauge_cpu * unidad_pixel);
```

Si el valor de la variable entera *"valor_pixel"* presenta un valor menor a cinco (5), a la variable posición se le asigna un valor de uno (1), caso contrario; si el valor de *"valor_pixel"* es mayor al *"N_caracteres*5.0 - 5"*), a la variable posición se le asigna un valor de tres (3), caso contrario;), a la variable posición se le asigna un valor de dos (2).

```
if (valor_pixel < 5)
{
  posicion = 1;
}
else
```

```
if (valor_pixel > N_caracteres*5.0-5)
{
  posicion = 3;
}
else
{
  posicion = 2;
}
```

La variable del tipo entero *"desplazamiento"* almacena el resultado de la operación *"4 - ((valor_pixel - 1) % 5)"*; el código *"% 5"* calcula el residuo de la división por 5.

```
desplazamiento = 4 - ((valor_pixel-1) % 5);
```

El bucle *"for"* se ejecutará 8 veces, comenzando con *"i"* igual a 0 e incrementando *"i"* en 1 en cada iteración hasta que *"i"* sea igual a 7. Dentro del bucle for, existe una estructura condicional. Si la variable *"posicion"* es igual a 1, entonces se ejecuta el bloque de código dentro del primer conjunto de llaves. De lo contrario, se ejecuta el bloque dentro del segundo conjunto de llaves. El código *"gauge_izq_din[i] = (G_completo_5[i] << desplazamiento) | gauge_izquierdo[i]"* realiza una operación de manipulación de bits. *"(G_completo_5[i]"* se desplaza hacia la izquierda *"<<"* por el valor presente en la variable *"desplazamiento"*, y luego se realiza una operación OR *" | "* con el valor de *"gauge_izquierdo[i]"*, el resultado se almacena en *"gauge_izq_din[i]"*. En el bloque *"else"*, el valor de *"G_completo_5[i]"* es asignado a la variable *"gauge_izq_din[i]"*.

Finalmente, se realiza una operación AND "&" entre el valor almacenado en *"gauge_izq_din[i]"* y *"gauge_masc_izq[i]"*, el resultado se almacena en *"gauge_izq_din[i]"*.

```
for (int i=0; i<8; i++)
{
  if (posicion == 1)
  {
    gauge_izq_din[i] = (G_completo_5[i] << desplazamiento) |
gauge_izquierdo[i];
  }
  else
  {
    gauge_izq_din[i] = G_completo_5[i];
  }
  gauge_izq_din[i] = gauge_izq_din[i] & gauge_masc_izq[i];
}
```

El bucle *"for"* se ejecutará 8 veces, comenzando con *"i"* igual a 0 e incrementando *"i"* en 1 en cada iteración hasta que *"i"* sea igual a 7. Dentro del bucle for, existe una estructura condicional. Si la variable *"posicion"* es igual a 3, entonces se ejecuta el bloque de código dentro del primer conjunto de llaves. De lo contrario, se ejecuta el bloque dentro del segundo conjunto de llaves. El código *"gauge_der_din[i] = (G_completo_5[i] << desplazamiento) | gauge_derecho[i]"* realiza una operación de manipulación de bits. *"(G_completo_5[i]"* se desplaza hacia la izquierda "<<" por el valor presente en la variable *"desplazamiento"*, y luego se realiza una operación OR " | " con el valor de *"gauge_derecho[i]"*, el resultado se almacena en *"gauge_der_din[i]"*. En el bloque *"else"*, el valor de *"gause_derecho[i]"* es asignado a la variable *"gauge_der_din[i]"*.

Finalmente, se realiza una operación AND "&" entre el valor almacenado en *"gauge_der_din[i]"* y *"gauge_masc_der[i]"*, el resultado se almacena en *"gauge_der_din[i]"*.

```
for (int i=0; i<8; i++)
{
  if (posicion == 3)
  {
    gauge_der_din[i] = (G_completo_5[i] << desplazamiento) |
gauge_derecho[i];
  }
  else
  {
    gauge_der_din[i] = gauge_derecho[i];
  }
  gauge_der_din[i] = gauge_der_din[i] & gauge_masc_der[i];
}
```

La sección *"createChar(5, gauge_izq_din)"* es invocada en el objeto *"lcd"* y se utiliza para definir un carácter personalizado en la posición de memoria 5 de la pantalla LCD. La variable *"gauge_izq_din"* contiene el patrón de bits que se utilizará para definir el carácter personalizado. La otra línea de código presenta una función similar, en la cual varia la posición de memoria y la variable contenedora del patrón de bits.

```
lcd.createChar(5, gauge_izq_din);
lcd.createChar(6, gauge_der_din);
```

Se inicia un bucle *"for"* que se ejecutará hasta que *"i"* sea igual al valor de *"N_caracteres"*, *"i"* inicia con un valor de 0 y su valor se incrementando en uno en cada iteración. Si *"i"* es igual a 0, entonces se asigna el valor 5 a *"gauge_string[i]"*. Caso contrario, si el valor de *"i"* es igual al valor que contiene la variable *"N_caracteres - 1"*, se asigna el valor 6 a la variable *"gauge_string[i]"*.

En caso contrario, si el valor de la variable *"valor_pixel"* es menor o igual al producto de *"i"* por *"5"*, entonces se asigna el valor 7 a *"gauge_string[i]"*, caso contrario; Si el valor de la variable *"valor_pixel"* es mayor que el producto de *"i*5"* y menor que "(i + 1) * 5" se asigna el valor "*5 - desplazamiento*" a la variable *"gauge_string[i]"*, caso contrario, se asigna el valor 255 a *"gauge_string[i]"*.

```
for (int i=0; i<N_caracteres; i++)
{
  if (i==0)
  {
    gauge_string[i] = byte(5);
  }
  else
  if (i==N_caracteres-1)
  {
    gauge_string[i] = byte(6);
  }  // last character = custom right piece
  else
  {
    if (valor_pixel <= i*5)
    {
      gauge_string[i] = byte(7);
    }
    else
    if (valor_pixel > i*5 && valor_pixel < (i+1)*5)
    {
      gauge_string[i] = byte(5-desplazamiento);
    }
    else
    {
      gauge_string[i] = byte(255);
    }
  }
}
```

La línea de código *"lcd.setCursor(0, 0)"* establece el cursor en la posición (0, 0) de la pantalla LCD. Esto indica que el texto comenzará a mostrarse desde la esquina superior izquierda de la pantalla.

"sprintf(buffer, "CPU:%3d%% ", gauge_cpu)" utiliza la función *"sprintf"* para formatear una cadena en el array de caracteres *"buffer"*. La cadena formateada incluye la etiqueta *"CPU:"* seguida de un número entero de tres dígitos *"%3d"* representado por la

variable *"gauge_cpu"* y seguido por el símbolo de porcentaje. La cadena resultante se almacenará en la variable *"buffer"*.

La codificación *"lcd.print(buffer)"* muestra la cadena formateada en la pantalla LCD utilizando el objeto *"lcd"*.

La línea de código *"lcd.write(byte(0))"* presenta en la pantalla LCD un carácter.

La línea de código "lcd.setCursor(0, 1)" establece el cursor de la LCD en la posición (0, 1), esto indica que el texto siguiente se mostrará en la primer columna y segunda fila de la pantalla.

"lcd.print(gauge_string)" muestra en la pantalla LCD el contenido del array de caracteres *"gauge_string"*, este array contiene información relacionada con el indicador gráfico, como se ha calculado y definido previamente en el código.

```
lcd.setCursor(0,0);
sprintf(buffer, "CPU:%3d%% ", gauge_cpu);
lcd.print(buffer);
lcd.write(byte(0));
lcd.setCursor(0,1);
lcd.print(gauge_string);
```

En la variable *"ValorADC"* se almacena el valor resultante de la conversión analógica a digital mediante la función *"analogRead"* del terminal *"PinADC"*.

```
ValorADC = analogRead(PinADC);
```

Este código utiliza la función *"map"* para convertir el valor analógico leído (ValorADC) en el rango de 0 a 1023 a un nuevo rango de 0 a 100. *"ValorADC"* representa el valor analógico de 10 bits leído, que proviene del pin analógico *"A0"*. La función *"map"* toma un valor y lo transforma de un rango dado a otro. En este caso, la variable *"ValorADC"* se mapea desde el rango original de 0 a 1023 a un nuevo rango de 0 a 100. El resultado de esta operación se asigna a la variable *"gauge_cpu"*.

```
gauge_cpu = map(ValorADC, 0, 1023, 0, 100)
```

Si el valor de la variable *"gauge_cpu"* es superior a 100, se asigna a *"gauge_cpu"* un valor de cero (0).

```
if (gauge_cpu > 100)
{
  gauge_cpu = 0;
}
```

5.5.4. Termómetro digital con LM35

Un termómetro es un instrumento utilizado para medir la temperatura de un cuerpo o sustancia. Mide la magnitud de la temperatura, que es una medida de la energía térmica presente en un objeto. Existen diferentes tipos de termómetros, pero todos funcionan midiendo algún cambio en una propiedad física que varía con la temperatura.

Existen diversos tipos de termómetros, entre los más comunes se encuentran los termómetros de: mercurio, digitales, infrarrojos, entre otros. En esta sección se desarrollará un termómetro digital, el cual utilizará como sensor al circuito integrado LM35.

Circuito Integrado LM35

El circuito integrado LM35, es un sensor de temperatura de precisión, cuya tensión de salida es linealmente proporcional a la temperatura en grados Centígrados. El LM35 no requiere calibración externa ni ajuste para proporcionar precisiones típicas de $\pm 1/4°C$ a temperatura ambiente y $\pm 3/4°C$ en un rango de temperatura completo de $-55\ a\ +150°C$.

La baja impedancia de salida, la salida lineal y la precisa calibración inherente del LM35 facilitan especialmente la interfaz con circuitos de lectura o control. Puede utilizarse con fuentes de alimentación únicas o con fuentes simétricas (positivas y negativas). Al consumir solo $60\ \mu A$ de corriente eléctrica, presenta un calentamiento muy bajo, menos de $0.1°C$ en aire quieto. El LM35 está clasificado para operar en un rango de temperatura de $-55°\ a\ +150°C$, mientras que el LM35C está clasificado para un rango de $-40°\ a\ +110°C$ (-10 ° con una precisión mejorada).

El LM35 está disponible en paquetes de encapsulamiento del tipo TO-46, mientras que el LM35C, LM35CA y LM35D también están disponibles en el paquete de encapsulamiento del tipo TO-92. El LM35D también está disponible en un paquete de montaje superficial de 8 pines y en un paquete de transistor TO-220 de plástico.

Tabla 5.11. *Características del sensor LM35.*

Características LM35
Calibrado directamente en grados Celsius (Centígrados)
Factor de escala lineal de +10.0 mV/°C
Precisión de ±0.5 °C (a +25 °C).
Rango de medición -55 °C a +150 °C
Opera en un rango de 4 a 30 voltios
Consumo de corriente inferior a 60 µA
Bajo auto-calentamiento, 0.08 °C en aire quieto
Salida de baja impedancia, 0.1 Ω para una carga de 1 mA

Para la implementación del proyecto se utilizará los siguientes elementos:

```
1 Arduino UNO
1 Pantalla de cristal líquido de 16 columnas, 2 filas, basada en el chip
Hitachi HD44780
1 Módulo I2C PCF8574
1 LM35
```

La ilustración siguiente muestra el esquema de montaje de la pantalla LCD con interface I2C, sensor LM35 y el Arduino UNO.

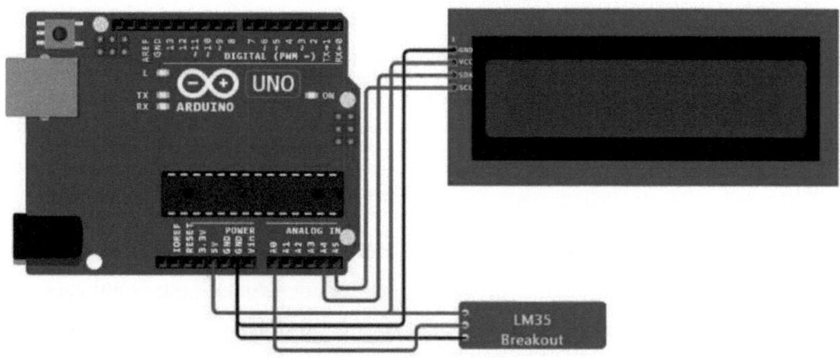

Ilustración 5.42. Circuito termómetro digital

El siguiente código visualiza en una pantalla LCD1602 I2C la temperatura ambiental y la temperatura máxima instrumentada, la cual es censada mediante el circuito integrado LM35.

```
// Incluir las librerías:
#include <Wire.h> // Libreria para comunicación I2C
#include <LiquidCrystal_I2C.h> // Libreria para LCD
// Conexiones: Pin SDA conectado a pin A4 y Pin SCL conectado al pin A5
// Conectar a LCD via I2C, dirección 0x27
// Configuración de LCD: Direccion, numero de columnas, numero de filas
LiquidCrystal_I2C lcd(0x27, 16, 2);
```

```
//Asignar el nombre de pinADC a A0
#define PinADC A0
//Crear variable tipo int para almacenar el valor del ADC
int ValorAnalogico = 0;
//Crear variable tipo float para almacenar la conversion a milivoltios del ADC
float mV = 0.0;
//Crear variable tipo float para almacenar la temperatura en grados centigrados
float TempC = 0.0;
//Crear variable tipo float para almacenar la temperatura maxima
float TempMax = 0.0;
byte flag = 0;

void setup()
{
  lcd.init();
}

void loop()
{
  ValorAnalogico = analogRead(PinADC);
  mV = (ValorAnalogico/1023.0)*5000;
  TempC = mV / 10;
  if (flag == 0)
  {
    TempMax = TempC;
    flag = 1;
  }
  if (TempC > TempMax)
  {
    TempMax = TempC;
  }

  lcd.setCursor(0,0);
  lcd.print("Temp ");
  lcd.print(TempC);
  lcd.print(" C");
  lcd.setCursor(0,1);
  lcd.print("TempMax ");
  lcd.print(TempMax);
  lcd.print(" C");
  delay(1000);
}
```

DESCRIPCIÓN DEL CÓDIGO

El uso de las librerías *"Wire.h"* y *"LiquidCrystal_I2C.h"* y de la línea de código *"LiquidCrystal_I2C lcd(0x27, 16, 2)"* se detallaron previamente, por lo cual, en esta sección no se detallara el uso de las mismas.

Se define una constante denominada *"PinADC"* y se asigna el valor *"A0"*, esta constante se utilizará posteriormente en el código para referirse al pin analógico *"A0"*. Se define diversas variables del tipo *"int"*, *"float"* y *"byte"*, los cuales permitirán almacenar diversos datos.

```
#define PinADC A0
int ValorAnalogico = 0;
float mV = 0.0;
float TempC = 0.0;
float TempMax = 0.0;
byte flag = 0;
```

La función *"analogRead(PinADC)"* realiza la conversión analógica a digital (ADC) en un formato de 10 bits del valor de la tensión eléctrica presente en el pin *"A0"* del Arduino. El valor es almacenado en la variable *"ValorAnalogico"* del tipo entera *"int"*.

```
ValorAnalogico = analogRead(PinADC);
```

El valor digital almacenada en la variable *"ValorAnalogico"* es procesado de forma matemática y convertido a un valor decimal de punto flotante, el cual es almacenado en la variable *"mV"*, esta variable almacena el valor del dato en milivoltios. Al dividir para 10 la variable *"mV"*, se obtiene el valor de la temperatura en grados centígrados, la cual se almacena en la variable *"TempC"*.

```
mV = (ValorAnalogico/1023.0)*5000;
TempC = mV / 10;
```

La variable *"flag"* permite la asignación del valor de la temperatura medida en la variable *"TempMax"*, posterior se asigna a la variable *"flag"* con un valor de 1. Esta sección de código se ejecuta una única vez al inicializarse el Arduino.

```
if (flag == 0)
{
  TempMax = TempC;
  flag = 1;
}
```

Se asigna en la variable *"TempMax"* el valor de la temperatura presente en la variable *"TempC"* siempre que se cumpla la condición que *"TempC > TempMax"*.

```
if (TempC > TempMax)
{
  TempMax = TempC;
}
```

Por medio de la pantalla LCD se visualiza el valor de la temperatura y de la temperatura máxima censado por el LM35, la medición de la temperatura se realiza cada un segundo.

```
lcd.setCursor(0,0);
lcd.print("Temp ");
lcd.print(TempC);
lcd.print(" C");
lcd.setCursor(0,1);
lcd.print("TempMax ");
lcd.print(TempMax);
lcd.print(" C");
```

5.5.5. Diversos botones en un solo pin analógico

En la Tabla 1.1 se muestra las principales características de las tarjetas de desarrollo Arduino de 8 bits. Una de las principales desventajas al utilizar el Arduino UNO es su limitada cantidad de GPIO disponibles, esta tarjeta cuenta con 12 pines de entrada/salida digitales y 6 pines de entrada analógica. Sin embargo, en proyectos más extensos o complejos, es posible que se agoten los pines digitales disponibles.

Existen diversos métodos que permiten ampliar la cantidad de GPIO disponibles en un Arduino, entre las cuales se encuentran el uso de:

- Multiplexores
- Expansor de puertos
- Tarjetas de expansión
- Otras tarjetas Arduino como esclavos, entre otros

El principio de funcionamiento para realizar la lectura de diversos pulsadores en un solo pin analógico se basa en el cálculo de divisores de tensión, para lo cual se aplica la ley de Ohm. La ilustración 5.37 muestra el circuito divisor de tensión a ser implementado.

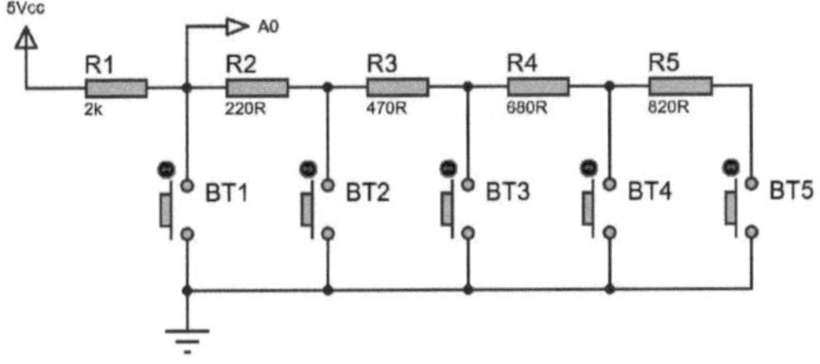

Ilustración 5.43. Divisores de tensión

El funcionamiento del circuito y sus respectivos cálculos se expone a continuación:

Caso 1: Ninguno de los botones ha sido presionado

El voltaje presente en el terminal *"A0"* es igual al voltaje de la fuente de alimentación del circuito *"5Vcc"*.

El circuito electrónico equivalente es:

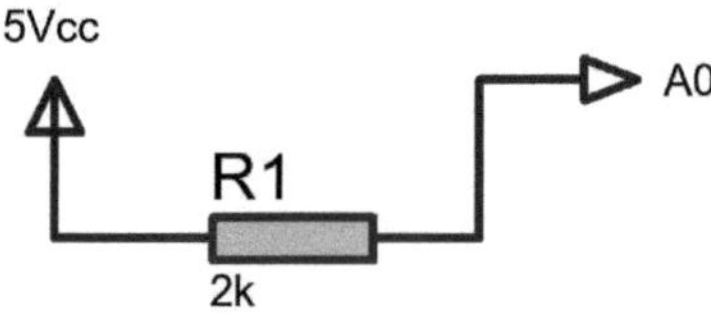

Ilustración 5.44. Circuito caso 1

El valor resultante al realizar la conversión analogía a digital por el Arduino es *"1024"*.

Caso 2: Botón *"BT1"* ha sido presionado

El voltaje presente en el terminal *"A0"* es igual a *"0Vcc"*.

El circuito electrónico equivalente es:

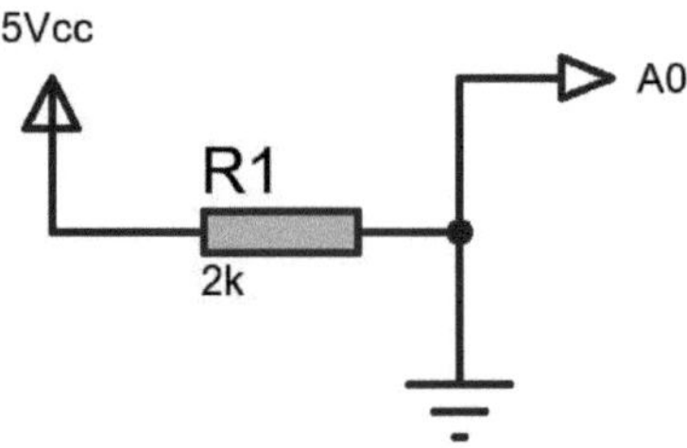

Ilustración 5.45. Circuito caso 2

El valor resultante al realizar la conversión analogía a digital por el Arduino es *"0"*.

Caso 3: Botón *"BT2"* ha sido presionado

El voltaje presente en el terminal *"A0"* se obtiene mediante el cálculo de divisores de tensión.

El circuito electrónico equivalente es:

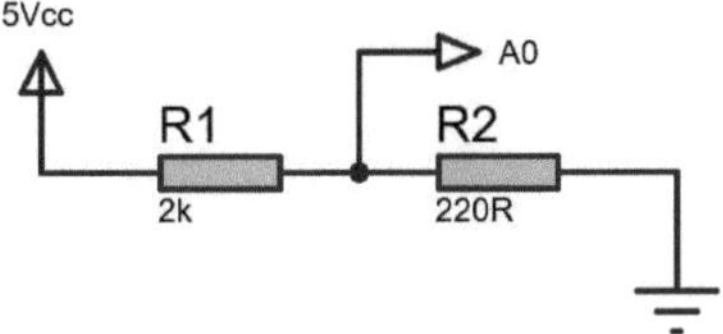

Ilustración 5.46. Circuito caso 3

El circuito presente en la ilustración 5.46, es un circuito resistivo en serie, la resistencia total es la suma de las dos resistencias:

$$R_T = R_1 + R_2$$

Aplicando la ley de Ohm se calcula la corriente total del circuito resistivo en serie

$$I_T = \frac{V}{RT}$$

Remplazando el valor de R_T en la fórmula de I_T se obtiene:

$$I_T = \frac{V}{R_1 + R_2}$$

Aplicando la ley de Ohm se calcula el voltaje en R_2 que es el voltaje en *"A0"*.

$$V_{R2} = I_T * R_2$$

$$V_{R2} = \frac{V}{R_1 + R_2} * R_2$$

Remplazando los diversos valores de las resistencias y de voltaje se obtiene:

$$V_{R2} = \frac{5V}{2000\,Ohm + 220\,Ohm} * 220\,Ohm$$

$$V_{R2} = 0.4955\,V$$

El valor resultante al realizar la conversión analogía a digital por el Arduino es *"101"*.

Caso 4: Botón *"BT3"* ha sido presionado

El voltaje presente en el terminal *"A0"* se obtiene mediante el cálculo de divisores de tensión.

El circuito electrónico equivalente es:

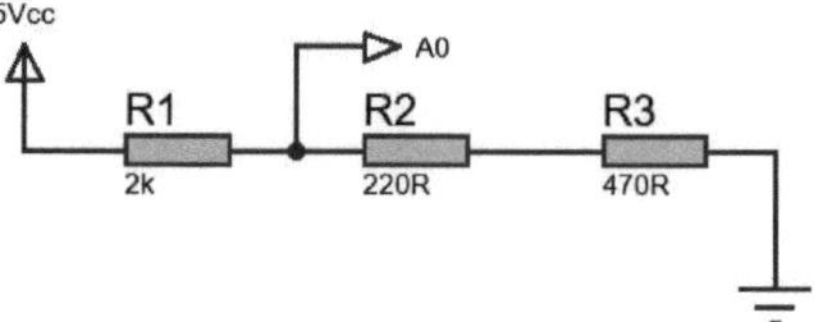

Ilustración 5.47. Circuito caso 4

El circuito presente en la ilustración 5.47, es un circuito resistivo en serie, la resistencia total es la suma de las dos resistencias:

$$R_T = R_1 + R_2 + R_3$$

Aplicando la ley de Ohm se calcula la corriente total del circuito resistivo en serie

$$I_T = \frac{V}{RT}$$

Remplazando el valor de R_T en la fórmula de I_T se obtiene:

$$I_T = \frac{V}{R_1 + R_2 + R_3}$$

Aplicando la ley de Ohm se calcula el voltaje en $R_2 + R_3$ que es el voltaje en *"A0"*.

$$V_{R2+R3} = I_T * (R_2 + R_3)$$

$$V_{R2+R3} = \frac{V}{R_1 + R_2 + R_3} * (R_2 + R_3)$$

Remplazando los diversos valores de las resistencias y de voltaje se obtiene:

$$V_{R2+R3} = \frac{5V}{2000\,Ohm + 220\,Ohm + 470\,Ohm} * (220\,Ohm + 470\,Ohm)$$

$$V_{R2} = 1.2825\,V$$

El valor resultante al realizar la conversión analogía a digital por el Arduino es *"263"*.

Caso 5: Botón *"BT4"* ha sido presionado

El voltaje presente en el terminal *"A0"* se obtiene mediante el cálculo de divisores de tensión.

El circuito electrónico equivalente es:

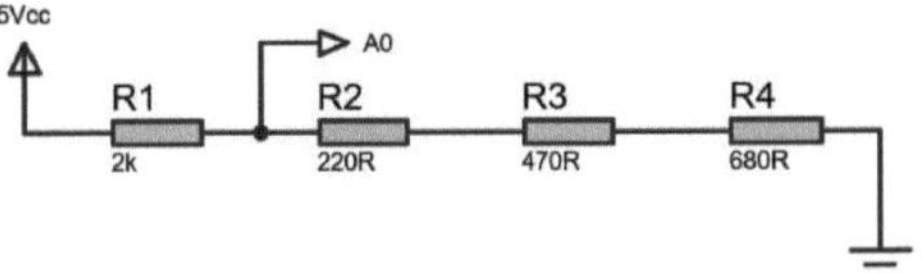

Ilustración 5.48. Circuito caso 5

El circuito presente en la ilustración 5.48, es un circuito resistivo en serie, la resistencia total es la suma de las dos resistencias:

$$R_T = R_1 + R_2 + R_3 + R_4$$

Aplicando la ley de Ohm se calcula la corriente total del circuito resistivo en serie

$$I_T = \frac{V}{RT}$$

Remplazando el valor de R_T en la fórmula de I_T se obtiene:

$$I_T = \frac{V}{R_1 + R_2 + R_3 + R_4}$$

Aplicando la ley de Ohm se calcula el voltaje en $R_2 + R_3 + R_4$ que es el voltaje en *"A0"*.

$$V_{R2+R3+R4} = I_T * (R_2 + R_3 + R_4)$$

$$V_{R2+R3+R4} = \frac{V}{R_1 + R_2 + R_3 + R_4} * (R_2 + R_3 + R_4)$$

Remplazando los diversos valores de las resistencias y de voltaje se obtiene:

$$V_{R2+R3+R4} = \frac{5V}{2000\,Ohm + 220\,Ohm + 470\,Ohm + 680\,Ohm} * (220\,Ohm + 470\,Ohm + 680\,Ohm)$$

$$V_{R2} = 2.0326\,V$$

El valor resultante al realizar la conversión analogía a digital por el Arduino es *"416"*.

Caso 6: Botón *"BT5"* ha sido presionado

El voltaje presente en el terminal *"A0"* se obtiene mediante el cálculo de divisores de tensión.

El circuito electrónico equivalente es:

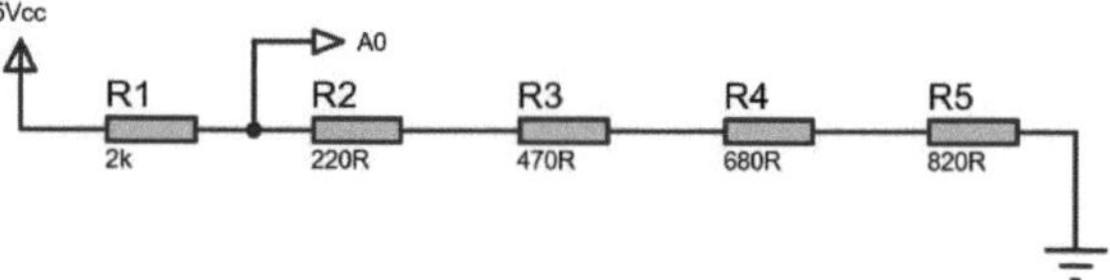

Ilustración 5.49. Circuito caso 6

El circuito presente en la ilustración 5.49, es un circuito resistivo en serie, la resistencia total es la suma de las dos resistencias:

$$R_T = R_1 + R_2 + R_3 + R_4 + R_5$$

Aplicando la ley de Ohm se calcula la corriente total del circuito resistivo en serie

$$I_T = \frac{V}{RT}$$

Remplazando el valor de R_T en la fórmula de I_T se obtiene:

$$I_T = \frac{V}{R_1 + R_2 + R_3 + R_4 + R_5}$$

Aplicando la ley de Ohm se calcula el voltaje en $R_2 + R_3 + R_4$ que es el voltaje en *"A0"*.

$$V_{R2+R3+R4+R5} = I_T * (R_2 + R_3 + R_4 + R_5)$$

$$V_{R2+R3+R4} = \frac{V}{R_1 + R_2 + R_3 + R_4} * (R_2 + R_3 + R_4 + R_5)$$

Remplazando los diversos valores de las resistencias y de voltaje se obtiene:

$$V_{R2+R3+R4+R5} = \frac{5V}{2000\ Ohm + 220\ Ohm + 470\ Ohm + 680\ Ohm + 820\ Ohm} * (220\ Ohm + 470\ Ohm + 680\ Ohm + 820\ Ohm)$$

$$V_{R2} = 2.6134\ V$$

El valor resultante al realizar la conversión analogía a digital por el Arduino es *"535"*.

Nota: El valor de las resistencias pueden presentar otros valores, para lo cual es necesario realizar los cálculos correspondientes.

Para la implementación del proyecto se utilizará los siguientes elementos:

```
1 Arduino UNO
1 Pantalla de cristal líquido de 16 columnas, 2 filas, basada en el chip
Hitachi HD44780
1 Módulo I2C PCF8574
1 Resistencia de 2 Kohm (R1)
1 Resistencia de 220 Ohm (R2)
1 Resistencia de 470 Ohm (R3)
1 Resistencia de 680 Ohm (R4)
1 Resistencia de 820 Ohm (R5)
1 Resistencia de 1.2 Kohm (R6)
5 Pulsadores normalmente abiertos (NO)
```

En esta guía, se explorará cómo emplear múltiples botones utilizando un único pin analógico de la tarjeta Arduino, para lo cual se debe implementar el siguiente circuito electrónico.

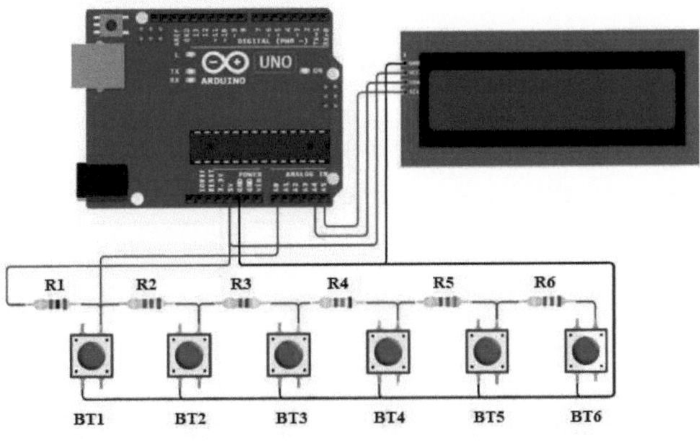

Ilustración 5.50. Conexión de 6 botones con un solo pin analógico

El código dispuesto a continuación identifica cual botón ha sido presionado, este circuito se caracteriza por usar un solo pin analógico de entrada, mediante una pantalla LCD se visualiza el botón presionado.

```
// Incluir las librerías:
#include <Wire.h> // Libreria para comunicación I2C
#include <LiquidCrystal_I2C.h> // Libreria para LCD
// Conexiones: Pin SDA conectado a pin A4 y Pin SCL conectado al pin A5
// Conectar a LCD via I2C, dirección 0x27
// Configuración de LCD: Direccion, numero de columnas, numero de filas
LiquidCrystal_I2C lcd(0x27, 16, 2);
//Asignar el nombre de pinADC a A0
#define PinADC A0
```

```
//Crear variable tipo int para almacenar el valor del ADC
int ValorAnalogico = 0;

void setup()
{
  lcd.init();
}

void loop()
{
  ValorAnalogico = analogRead(PinADC);
  lcd.setCursor(0,0);
  lcd.print("BOTON PRESIONADO");
  lcd.print(ValorAnalogico);
  lcd.setCursor(0,1);
  if (ValorAnalogico >=0 &&  ValorAnalogico <=10)
  {
    lcd.print("BTN 1");
  }

  if (ValorAnalogico >=92 &&  ValorAnalogico <=112)
  {
    lcd.print("BTN 2");
  }

  if (ValorAnalogico >=253 &&  ValorAnalogico <=273)
  {
    lcd.print("BTN 3");
  }

  if (ValorAnalogico >=406 &&  ValorAnalogico <=426)
  {
    lcd.print("BTN 4");
  }

  if (ValorAnalogico >=525 &&  ValorAnalogico <=545)
  {
    lcd.print("BTN 5");
  }
  delay(100);
  lcd.print("        ");

}
```

DESCRIPCIÓN DEL CÓDIGO

Para la creación del código se ha utilizado las líneas de comando ya analizadas anteriormente, por consiguiente, no se realizará una descripción detallada de este código.

5.5.6. Manejo de un joystick

Un joystick es un dispositivo de entrada que se utiliza comúnmente en videojuegos y aplicaciones de simulación para controlar la posición o movimiento de un objeto. El joystick consta de una palanca que se puede mover en varias direcciones y a menudo está equipado con botones adicionales para realizar acciones específicas en el juego.

Los joysticks se utilizan en una variedad de dispositivos, como consolas de videojuegos, computadoras personales y controladores de vuelo. Pueden ser analógicos o digitales, dependiendo de la precisión y la sensibilidad requeridas para la aplicación en la que se utilicen.

Los joysticks se componen de un mecanismo de palanca basado en un sistema de balancín que incorpora dos ejes ortogonales conectados a dos potenciómetros. Los potenciómetros registran la posición de la palanca en ambos ejes. Adicionalmente, uno de los ejes hace contacto con un micro-interruptor, posibilitando así la detección de la pulsación de la palanca.

Ilustración 5.51. Joystick analógico

El joystick cuenta con dos salidas analógicas: una denominada *"VRx"* para el eje X y otra llamada *"VRy"* para el eje Y. Estas salidas analógicas generan valores de voltaje que varían según la posición del joystick.

Por ejemplo, en base a la ilustración 5.46, cuando el joystick está completamente a la izquierda, la salida analógica *VRx* muestra un valor de 0 y la salida analógica *VRy* muestra un valor de 512, mientras que, al estar totalmente a la derecha, *VRx* devuelve el valor de 1023 y *VRy* un valor de 512. Es importante señalar que esta orientación puede variar, ya que algunos joysticks presentan la inversa: 1023 en la izquierda y 0 en la derecha. En una posición intermedia, la salida analógica refleja el valor correspondiente, como 512, 128, entre otros.

Adicionalmente, el joystick cumple la función de un simple botón al presionarse hacia abajo.

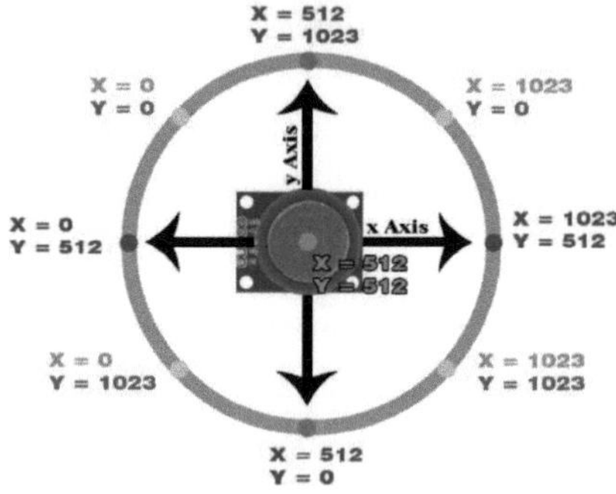

Ilustración 5.52. Valores análogos del joystick
Fuente: wexterhome.com

Para la implementación del proyecto se utilizará los siguientes elementos:

```
1 Arduino UNO
1 Pantalla de cristal líquido de 16 columnas, 2 filas, basada en el chip
Hitachi HD44780
1 Módulo I2C PCF8574
1 Joystick 2 ejes
```

En esta sección, se explica como integrar un joystick analógico de 2 ejes a proyectos a realizarse con la tarjeta Arduino, para lo cual se debe implementar el siguiente circuito electrónico.

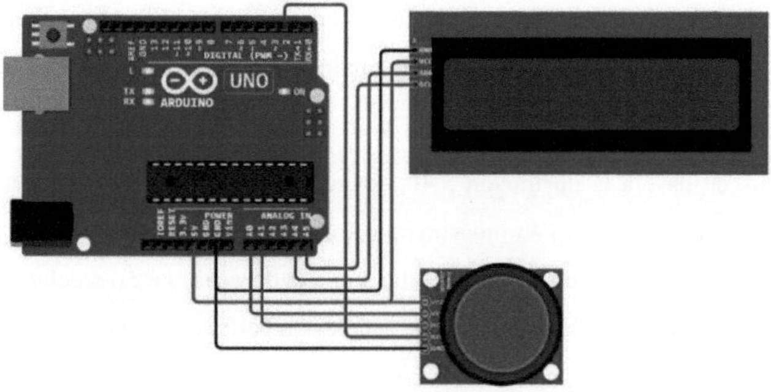

Ilustración 5.53. Conexión de un joystick analógico

El código desarrollado permite leer la posición de un joystick, identificar si el botón ha sido presionado o no, en base a los datos obtenidos mediante dos entradas analógicas del Arduino y mediante una pantalla LCD, se visualiza en formato texto los valores de los ADC y la posición del joystick.

```
// Incluir las librerías:
#include <Wire.h> // Libreria para comunicación I2C
#include <LiquidCrystal_I2C.h> // Libreria para LCD
// Conexiones: Pin SDA conectado a pin A4 y Pin SCL conectado al pin A5
// Conectar a LCD via I2C, dirección 0x27
// Configuración de LCD: Direccion, numero de columnas, numero de filas
LiquidCrystal_I2C lcd(0x27, 16, 2);
//Asignar el nombre de RY a A0
#define RX A0
//Asignar el nombre de RX a A0
#define RY A1
//Asignar el nombre de Boton al pin 2
#define Boton 2
//Declaro variables para almacenar posicion del Joystick
int ADC_RX = 0;
int ADC_RY = 0;
//Declaro variables para almacenar estado del boton
byte EstBoton = 1;

int Tolerancia = 50;

void setup()
{
  pinMode(Boton, INPUT_PULLUP);
  lcd.init();
}


void loop()
{
  ADC_RX = analogRead(RX);
  ADC_RY = analogRead(RY);

  if (ADC_RX > 512 - Tolerancia && ADC_RX < 512 + Tolerancia && ADC_RY > 512 -
Tolerancia && ADC_RY < 512 + Tolerancia)
  {
    lcd.setCursor(4,0);
    lcd.print("CENTRO");
  }

  if (ADC_RX > 512 - Tolerancia && ADC_RX < 512 + Tolerancia && ADC_RY > 0 -
Tolerancia && ADC_RY < 0 + Tolerancia)
  {
    lcd.setCursor(3,0);
    lcd.print("ATRAS");
  }
```

```
  if (ADC_RX > 512 - Tolerancia && ADC_RX < 512 + Tolerancia && ADC_RY > 1023 -
Tolerancia && ADC_RY < 1023 + Tolerancia)
  {
    lcd.setCursor(5,0);
    lcd.print("ADELANTE");
  }

  if (ADC_RX > 1023 - Tolerancia && ADC_RX < 1023 + Tolerancia && ADC_RY > 512 -
Tolerancia && ADC_RY < 512 + Tolerancia)
  {
    lcd.setCursor(4,0);
    lcd.print("DERECHA");
  }

  if (ADC_RX > 0 - Tolerancia && ADC_RX < 0 + Tolerancia && ADC_RY > 512 - Tolerancia
&& ADC_RY < 512 + Tolerancia)
  {
    lcd.setCursor(3,0);
    lcd.print("IZQUIERDA");
  }
  EstBoton = digitalRead(Boton);
  if(EstBoton == LOW)
  {
    lcd.setCursor(14,0);
    lcd.print("BP");  //BP = Boton presionado
  }
  else
  {
    lcd.setCursor(14,0);
    lcd.print("BS");  //BS = Boton suelto
  }

  lcd.setCursor(0,1);
  lcd.print("RX ");
  lcd.print(ADC_RX);
  lcd.setCursor(8,1);
  lcd.print("RY ");
  lcd.print(ADC_RY);
  delay(100);
  lcd.clear();
}
```

DESCRIPCIÓN DEL CÓDIGO

En el código expuesto, se ha utilizado líneas de comando previamente utilizadas, por consiguiente, no se realizará una descripción detallada de este código.

5.6. PROYECTOS CON SEÑALES PWM

La modulación de ancho de pulso (PWM), conocida en inglés como *"pulse width modulation"*, es una forma de señal de voltaje empleada para transmitir datos o ajustar la cantidad de energía suministrada a un dispositivo conectado, estas señales poseen una frecuencia constante y una amplitud que puede cambiar.

El ciclo de trabajo de una señal PWM, también conocido como duty cycle, de una señal periódica se refiere al ancho de su componente positivo en comparación con el período total. Se expresa como un porcentaje; por ejemplo, un duty cycle del 10% significa que el nivel alto ocupa el 10% del período total.

$$Duty\ cycle = \frac{t}{T}$$

Donde:

- t es el tiempo de la parte positiva de la señal
- T es el periodo de la señal

En esencia, implica activar una salida digital durante un periodo de tiempo y mantenerla desactivada el resto del tiempo, produciendo pulsos positivos que se repiten de forma continua. En este proceso, la frecuencia permanece constante (es decir, el intervalo entre la emisión de pulsos), mientras que se ajusta la duración del pulso, conocida como ciclo de trabajo. El promedio de esta tensión de salida a lo largo del tiempo será igual al valor analógico deseado.

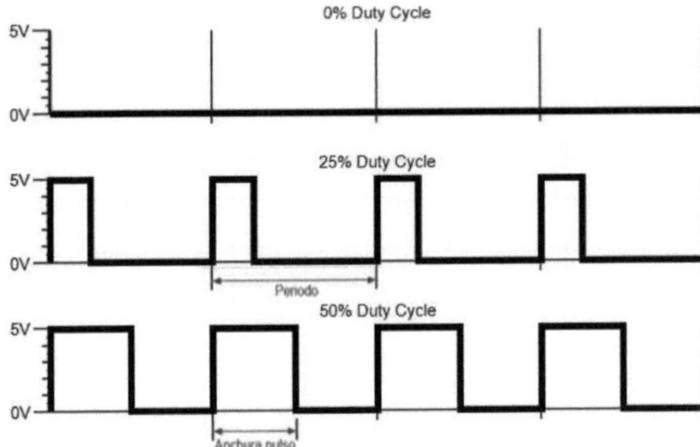

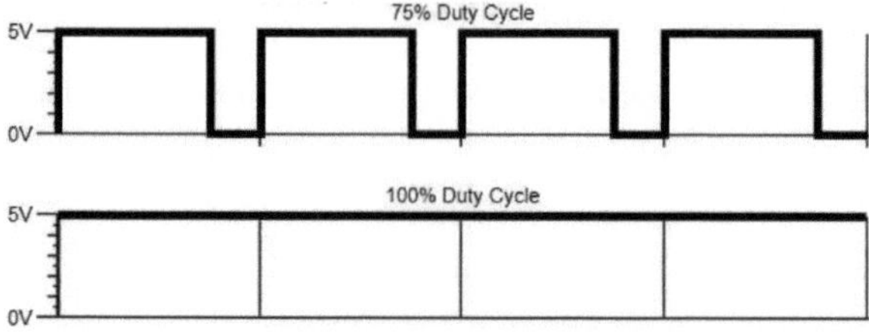

Ilustración 5.54. Duty cycle – señal PWM

El voltaje promedio generado por la señal PWM se calcula mediante la siguiente formula:

$$V_{promedio} = (5V - 0V)\,\frac{Duty\ cicle}{100}$$

Por ejemplo;

- Si con una tensión Vcc de 5V se desea una señal PWM de 2V, se generará una señal que el 40% del tiempo valdrá 5V y el 60% restante 0V.
- Si con una tensión Vcc de 5V se desea una señal PWM de 4V, se generará una señal que el 80% del tiempo valdrá 5V y el 20% restante 0V.

5.6.1. Servomotores y señal PWM

Un servomotor es un dispositivo electromecánico que se utiliza para controlar el movimiento en sistemas automatizados. Este tipo de motor está diseñado para convertir señales eléctricas en movimiento mecánico con alta precisión. Los servomotores son comúnmente utilizados en aplicaciones donde se requiere un control preciso de la posición, velocidad y/o aceleración, como en sistemas de robótica, modelismo, sistemas de posicionamiento, automatización industrial, entre otros.

Los servomotores constan típicamente de un motor eléctrico, un conjunto de engranajes para amplificar el torque y un mecanismo de retroalimentación (como un potenciómetro o un codificador) que proporciona información sobre la posición actual del eje. Esta retroalimentación permite al sistema de control ajustar y mantener la posición deseada del servomotor.

Los servomotores son conocidos por su capacidad para moverse con precisión a una posición angular específica y mantenerse en esa posición, incluso bajo cargas variables. Esto los hace ideales para aplicaciones donde la precisión y el control son fundamentales.

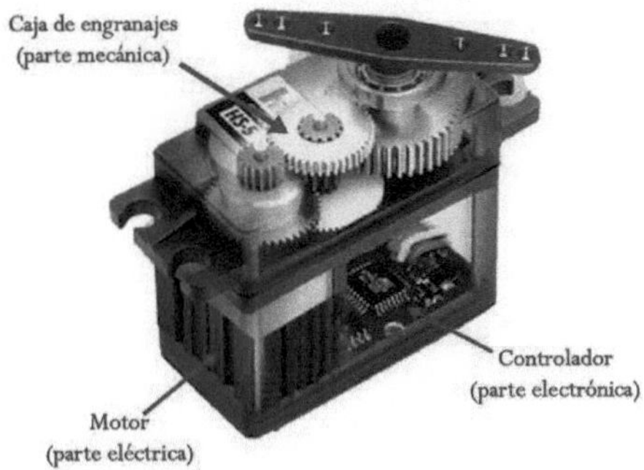

Ilustración 5.55. Servomotor
Fuente: escholarium.educarex.es

Un servomotor es un dispositivo alimentado por corriente continua que puede controlar con gran precisión la posición (entre 0º y 180º). Su conexión se realiza a través de tres pines: alimentación (generalmente 5 V), tierra (GND) y el pin de señal. Mediante este último, el sistema de control emite una señal PWM que indica al servomotor la posición que debe alcanzar.

Usualmente, existen dos categorías de servomotores: aquellos con un rango de giro limitado, los más comúnmente empleados, que abarcan un ángulo desde 0 hasta 180º; y los servomotores de rotación continua, los cuales pueden girar 360º.

La señal de control típica para servomotores tiene un periodo de 20 ms (50 Hz), y la duración del pulso varía de 1 ms a 2 ms, representando la posición mínima y máxima del servomotor.

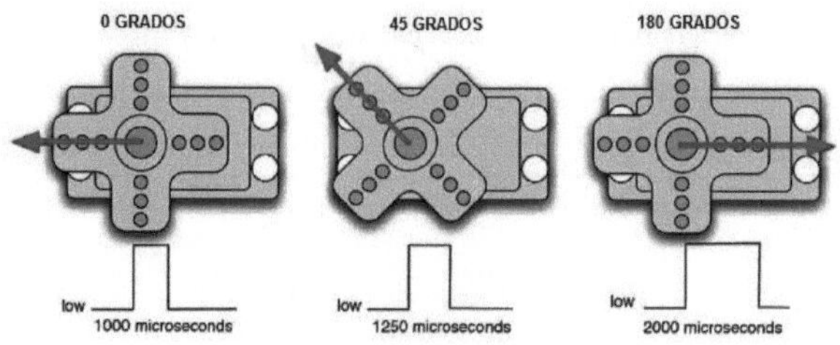

Ilustración 5.56. Posicionamiento del servomotor
Fuente: ateatecnologia.com

Los servomotores cuentan con un conector estándar de tres cables: VCC (rojo), GND (marrón) y Señal (naranja).

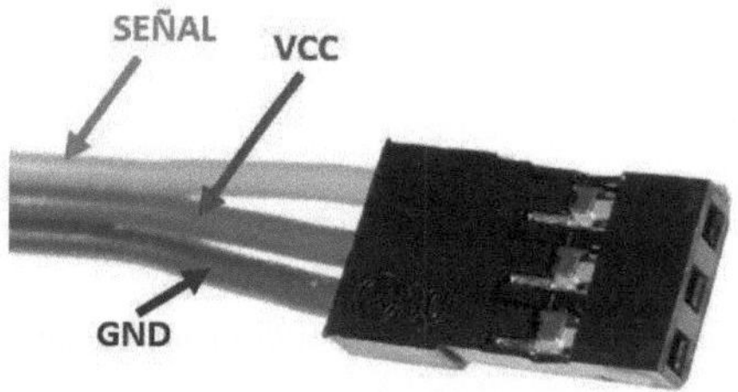

Ilustración 5.57. Conector del servomotor
Fuente: naylampmechatronics.com

5.6.2. Control de la intensidad luminosa de un led

El control de la intensidad luminosa a través de la modulación por ancho de pulso (PWM) utilizando Arduino es una técnica eficaz y versátil en el ámbito de la electrónica y la automatización. PWM es un método que permite ajustar el nivel de potencia entregado a un dispositivo, como una fuente de luz en este caso, mediante la variación del ancho de los pulsos de una señal cuadrada.

Para llevar a cabo este proceso, se utiliza un pin PWM de Arduino para enviar señales a un componente electrónico, como un LED o una lámpara, regulando así la cantidad de energía que recibe. El código en el entorno de desarrollo de Arduino permite establecer la frecuencia y el ciclo de trabajo de la señal PWM, determinando así la intensidad luminosa deseada.

Este método de control proporciona varios beneficios, como una regulación precisa de la intensidad luminosa, un consumo de energía eficiente y una mayor vida útil de los dispositivos de iluminación. Además, la capacidad de Arduino para interactuar con diversos sensores y condiciones ambientales permite la creación de sistemas de iluminación inteligentes y adaptables.

Para la implementación del proyecto se utilizará los siguientes elementos:

```
1 Arduino UNO
1 Pantalla de cristal líquido de 16 columnas, 2 filas, basada en el chip
Hitachi HD44780 con comunicación I2C
1 Módulo I2C PCF8574
1 Led
```

La ilustración siguiente muestra el esquema de montaje para el control de la intensidad luminosa de un LED mediante una señal PWM.

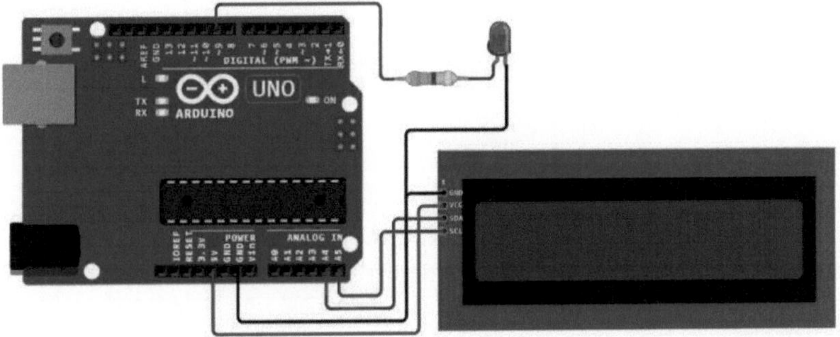

Ilustración 5.58. Circuito – Control de intensidad luminosa de un LED.

El código descrito a continuación, mediante la utilización de una señal modulada por ancho de pulso (PWM) permite controlar la intensidad luminosa de un LED. El programa aumenta del 0% al 100% la intensidad del LED y luego disminuye la intensidad luminosa del 100% al 0%, el control de la intensidad luminosa del LED es cíclico. Mediante una pantalla LCD se visualizará el porcentaje de intensidad que presenta el LED.

```
// Incluir las librerías:
#include <Wire.h> // Libreria para comunicación I2C
#include <LiquidCrystal_I2C.h> // Libreria para LCD
LiquidCrystal_I2C lcd(0x27, 16, 2);
byte PinPWM = 9;
int Brillo = 0;
```

```
void setup()
{
  pinMode(PinPWM, OUTPUT);
  lcd.init(); // inicializar pantalla
  lcd.backlight(); //luz de fondo
  lcd.clear();
}

void loop()
{
  lcd.setCursor(0,0);
  lcd.print(" INTENSIDAD LED ");

  for (Brillo = 0; Brillo <=255; Brillo ++)
  {
    analogWrite(PinPWM, Brillo);
    lcd.setCursor(0,1);
    lcd.print("PWM: ");
    lcd.print(Brillo);
    delay(100);
    lcd.print("              ");
  }
  delay(1000);
  lcd.print("              ");
  for (Brillo = 255; Brillo > 0; Brillo --)
  {
    analogWrite(PinPWM, Brillo);
    lcd.setCursor(0,1);
    lcd.print("PWM: ");
    lcd.print(Brillo);
    delay(100);
    lcd.print("              ");
  }
  delay(1000);
  lcd.print("              ");
}
```

DESCRIPCIÓN DEL CÓDIGO

Diversas secciones del código fueron descritas en proyectos anteriores, en este apartado se describirá la funcionalidad de nuevas líneas de código.

El código proporcionado es un bucle *for*, diseñado para controlar la intensidad de un diodo emisor de luz utilizando modulación por ancho de pulso (PWM).

La línea de código *"for (Brillo = 0; Brillo <= 255; Brillo++)"*, hace referencia a un bucle *"for"* que inicializa una variable llamada *"Brillo"* con el valor de 0. El bucle se ejecutará siempre que *"Brillo"* sea menor o igual a 255, y después de cada iteración, incrementará la variable *"Brillo"* en 1.

El código *"analogWrite(Brillo, PinPWM)"* establece la intensidad luminosa conectado al *"PinPWM"* con el valor de la variable *"Brillo"*. La función *"analogWrite"* permite generar señales PWM en un pin específico con un valor que varía entre 0 y 255, representando la duración del pulso PWM y, por lo tanto, la intensidad luminosa. Esta sección de código incrementa la intensidad luminosa del 0% al 100%.

```
for (Brillo = 0; Brillo <=255; Brillo ++)
{
  analogWrite(PinPWM, Brillo);
  //Código

}
```

La línea de código *"for (Brillo = 255; Brillo > 0; Brillo --)"*, hace referencia a un bucle "*for*" que inicializa una variable llamada *"Brillo"* con el valor de 255. El bucle se ejecutará siempre que *"Brillo"* sea mayor a 0, y después de cada iteración, se decrementará la variable *"Brillo"* en 1.

El funcionamiento de la siguiente línea de código es muy similar a la anterior, con la excepción que decrementa la intensidad luminosa del LED del 100% al 0%.

```
for (Brillo = 255; Brillo > 0; Brillo --)
{
  analogWrite(PinPWM, Brillo);
  //Código
}
```

5.6.3. Control de la posición de un servomotor

En el ámbito comercial, se encuentran diversas variantes de servomotores, siendo el torque la característica principal que los distingue entre sí. Es recomendable optar por un servomotor con un torque mayor al necesario, ya que el consumo de corriente se relaciona directamente con la carga. En contraste, si sometemos un servomotor a cargas que exceden su capacidad de torque, existe el riesgo de dañar tanto la parte mecánica (engranajes) como la eléctrica del servo.

Para que el servomotor cumpla con su función, se requiere enviarle una señal de modulación por ancho de pulso (PWM) con un periodo total de 20 ms (50 Hz), en la que la duración del pulso alto corresponde a la posición deseada del servo, esta duración debe situarse en el rango de 1 a 2 ms.

LIBRERÍA SERVO.H

Para facilitar la gestión de las señales de control, se hará uso de la biblioteca *servo.h*, la cual viene preinstalada en el entorno de desarrollo integrado (IDE) de Arduino. Esta biblioteca incluye las funciones esenciales para controlar hasta 12 servomotores en la mayoría de las placas Arduino, y hasta 48 servomotores en el caso de la tarjeta de desarrollo Arduino Mega.

Para emplear la librería *servo.h*, es esencial declarar al comienzo del programa una variable del tipo *Servo*, como, por ejemplo, *"Servo servoMotor1"*. Esta variable será empleada para acceder a las funciones proporcionadas por la librería.

Entre las funciones incorporadas en la librería *servo.h* se encuentran:

attach(Pin) Configura el pin especificado en la variable servo. Donde: **Pin:** Es el pin a ser utilizado mediante la librería servo. **Ejemplo:** servo.attach(3)
attach(Pin, Min, Max) Configura el pin designado en la variable servo, teniendo en cuenta que el ancho de pulso mínimo (min) corresponde a la posición de 0°, mientras que el ancho de pulso máximo (max) corresponde a la posición de 180°. Donde: **Pin:** Es el pin a ser utilizado mediante la librería servo. **Min:** Valor del ancho del pulso en microsegundos correspondiente a un giro de 0º del servo (por defecto es 544). **Max:** Valor del ancho del pulso en microsegundos correspondiente a un giro de 180º del servo (por defecto es 2400). **Ejemplo:** servo.attach(3, 900, 2100)
write(Angulo) Envía la señal apropiada al servo para posicionarlo en el ángulo especificado, siendo dicho ángulo un valor comprendido entre 0 y 180°. Donde: **Angulo:** Representará el ángulo al cual se desea que el servomotor gire, variando desde 0º hasta 180º.

En los servomotores de giro continuo, este parámetro determinará la velocidad de rotación, donde 0 indicará la velocidad máxima en una dirección, 180 será la velocidad máxima en la dirección opuesta, y un valor cercano a 90 indicará detenerse. **Ejemplo:** servo.write(30)
writeMicroseconds(Tiempo) Envía al servomotor un ancho de pulso definido. Donde: **Tiempo:** Define el ancho del pulso en microsegundos. **Ejemplo:** servo.writeMicrosecons(1000)
read() Lee la posición actual del servomotor en grados, proporcionando un valor que varia entre 0 y 180. **Ejemplo:** servo.read()
attached(Pin) Comprueba si la variable del tipo Servo está asociada al pin especificado y devuelve un valor de verdadero (true) o falso (false). Donde: **Pin:** Es el pin a ser analizado. **Ejemplo:** servo.attached(3)
detach(Pin) Desvincula la variable Servo de su pin. Si todas las variables Servo están desasociadas, entonces los pines pueden emplearse para generar salidas PWM mediante analogWrite(). Donde: **Pin:** Es el pin a ser separado. **Ejemplo:** servo.detach(3)

Para la implementación del proyecto se utilizará los siguientes elementos:

```
1 Arduino UNO
1 Pantalla de cristal líquido de 16 columnas, 2 filas, basada en el chip
Hitachi HD44780 con comunicación I2C
1 Módulo I2C PCF8574
1 Servomotor
```

La ilustración siguiente muestra el esquema de montaje para el control de la posición de un servomotor mediante una señal PWM generada en base a la librería *servo.h*.

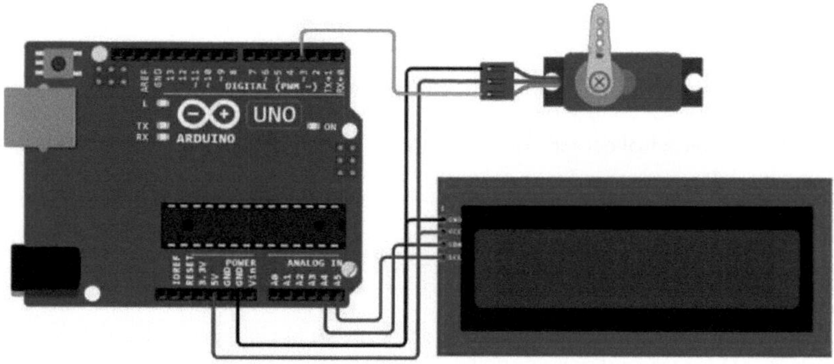

Ilustración 5.59. Circuito – Control de posición de un servomotor.

El código descrito a continuación permite el control de giro de un servomotor, primero el servomotor girará en una dirección, luego cambiará de dirección y volverá a empezar de manera automática, el proceso es cíclico. Mediante una pantalla LCD se visualizará la posición del servomotor.

```
// Incluir las librerías:
#include <Wire.h> // Libreria para comunicación I2C
#include <LiquidCrystal_I2C.h> // Libreria para LCD
#include <Servo.h>
LiquidCrystal_I2C lcd(0x27, 16, 2);
byte Servo1 = 3;
int Posicion = 0;
Servo servoMotor1;

void setup()
{
  lcd.init(); // inicializar pantalla
  lcd.backlight(); //luz de fondo
  lcd.clear();
  servoMotor1.attach(Servo1);
}
```

```
void loop()
{
  lcd.setCursor(0,0);
  lcd.print("  POSICION PWM  ");

  for (Posicion = 0; Posicion <=180; Posicion ++)
  {
    servoMotor1.write(Posicion);
    lcd.setCursor(0,1);
    lcd.print("ANGULO: ");
    lcd.print(Posicion);
    delay(500);
    lcd.print("              ");
  }
  delay(1000);
  lcd.print("              ");
  for (Posicion = 180; Posicion > 0; Posicion --)
  {
    servoMotor1.write(Posicion);
    lcd.setCursor(0,1);
    lcd.print("ANGULO: ");
    lcd.print(Posicion);
    delay(500);
    lcd.print("              ");
  }
  delay(1000);
  lcd.print("              ");
}
```

DESCRIPCIÓN DEL CÓDIGO

En el código expuesto, se ha utilizado líneas de comando previamente utilizadas, por consiguiente, no se realizará una descripción detallada de este código.

5.6.4. Control de la posición de un servomotor mediante un potenciómetro

Para la implementación del proyecto se utilizará los siguientes elementos:

```
1 Arduino UNO
1 Pantalla de cristal líquido de 16 columnas, 2 filas, basada en el chip
Hitachi HD44780 con comunicación I2C
1 Módulo I2C PCF8574
1 Servomotor
1 Potenciómetro de 10KOhm
```

La ilustración siguiente muestra el esquema de montaje para el control de la posición de un servomotor mediante una señal PWM, la referencia de la posición del servomotor estará dada en base a un potenciómetro.

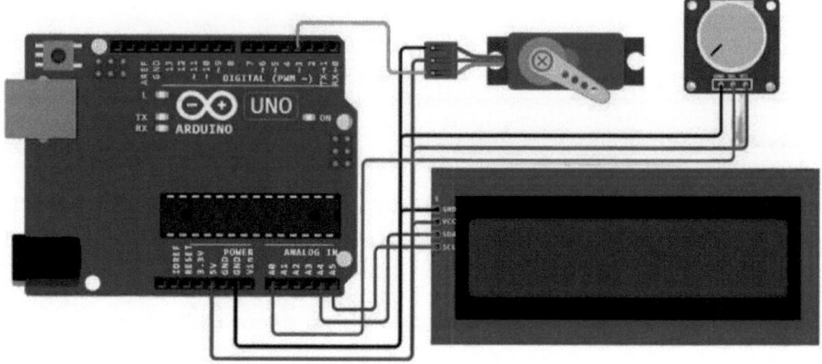

Ilustración 5.60. Circuito – Control de posición de un servomotor mediante un potenciómetro.

El código descrito a continuación permite el control de la posición de un servomotor, el cual está definido mediante la posición de un potenciómetro, mediante una pantalla LCD se visualizará la posición del servomotor.

```
// Incluir las librerías:
#include <Wire.h> // Libreria para comunicación I2C
#include <LiquidCrystal_I2C.h> // Libreria para LCD
#include <Servo.h>
LiquidCrystal_I2C lcd(0x27, 16, 2);
byte Servo1 = 3;
int Posicion = 0;
byte ADC1 = A0;
int Valor_Pot = 0; //Almacena el valor del ADC0
Servo servoMotor1;

void setup()
{
  lcd.init(); // inicializar pantalla
  lcd.backlight(); //luz de fondo
  lcd.clear();
  servoMotor1.attach(Servo1);
}

void loop()
{
  Valor_Pot = analogRead(ADC1);
  Posicion = map(Valor_Pot, 0, 1023, 0, 180);

  lcd.setCursor(0,0);
  lcd.print("  POSICION PWM  ");
  servoMotor1.write(Posicion);
  lcd.setCursor(0,1);
  lcd.print("ANGULO: ");
```

```
  lcd.print(Posicion);
  delay(500);
  lcd.print("              ");
}
```

DESCRIPCIÓN DEL CÓDIGO

Diversas secciones del código fueron descritas en proyectos anteriores, en este apartado se describirá la funcionalidad de nuevas líneas de código utilizadas.

La línea de código *"Posicion = map(Valor_Pot, 0, 1023, 0, 180)"* asigna mediante la función map un valor a la variable del tipo *int* denominada *"Posicion"*. La función *map()* permite la conversión de un valor entero desde un rango de entrada al valor equivalente en otro rango de salida. En este caso en particular, el rango de entrada presenta un valor mínimo de 0 y un valor máximo de 1023, mientras que el rango de salida presenta un valor mínimo de 0 y un valor máximo de 180.

```
Posicion = map(Valor_Pot, 0, 1023, 0, 180);
```

5.6.5. Control de la posición de varios servomotores mediante potenciómetros

Para la implementación del proyecto se utilizará los siguientes elementos:

```
1 Arduino UNO
1 Pantalla de cristal líquido de 16 columnas, 2 filas, basada en el chip
Hitachi HD44780 con comunicación I2C
1 Módulo I2C PCF8574
5 Servomotor
5 Potenciómetro de 10KOhm
```

La ilustración siguiente muestra el esquema de montaje para el control de la posición de cinco (05) servomotores mediante una señal PWM, la referencia de la posición de cada uno de los servomotores estará dada en base a un potenciómetro.

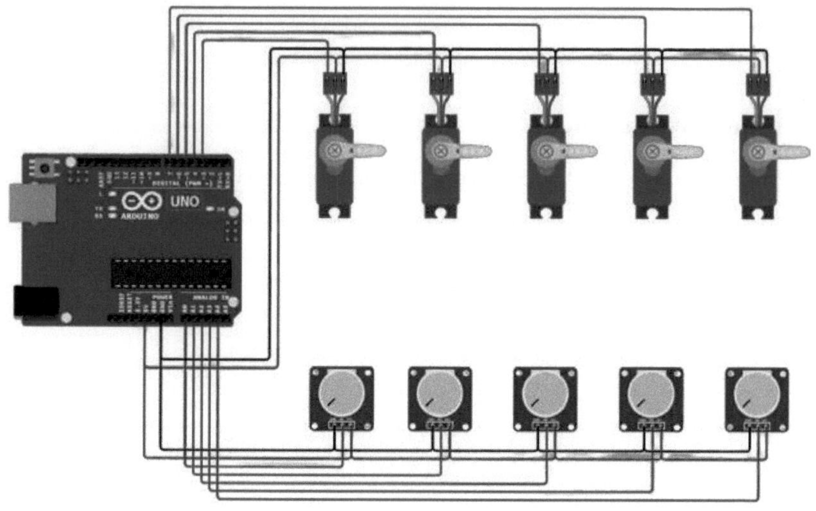

Ilustración 5.61. Circuito – Control de posición de cinco servomotores.

El código descrito a continuación permite el control de la posición de cinco servomotores, la posición de cada servomotor está definido mediante la posición de un potenciómetro.

```
// Incluir las librerías:
#include <Servo.h>
byte Servo1 = 3;
byte Servo2 = 4;
byte Servo3 = 5;
byte Servo4 = 6;
byte Servo5 = 7;
int Posicion1 = 0;
int Posicion2 = 0;
int Posicion3 = 0;
int Posicion4 = 0;
int Posicion5 = 0;
byte ADC1 = A0;
byte ADC2 = A1;
byte ADC3 = A2;
byte ADC4 = A3;
byte ADC5 = A4;
int Valor_Pot1 = 0; //Almacena el valor del ADC0
int Valor_Pot2 = 0; //Almacena el valor del ADC1
int Valor_Pot3 = 0; //Almacena el valor del ADC2
int Valor_Pot4 = 0; //Almacena el valor del ADC3
int Valor_Pot5 = 0; //Almacena el valor del ADC4

Servo servoMotor1;
Servo servoMotor2;
Servo servoMotor3;
```

```
Servo servoMotor4;
Servo servoMotor5;

void setup()
{
  servoMotor1.attach(Servo1);
  servoMotor2.attach(Servo2);
  servoMotor3.attach(Servo3);
  servoMotor4.attach(Servo4);
  servoMotor5.attach(Servo5);
}

void loop()
{
  Valor_Pot1 = analogRead(ADC1);
  Valor_Pot2 = analogRead(ADC2);
  Valor_Pot3 = analogRead(ADC3);
  Valor_Pot4 = analogRead(ADC4);
  Valor_Pot5 = analogRead(ADC5);
  Posicion1 = map(Valor_Pot1, 0, 1023, 0, 180);
  Posicion2 = map(Valor_Pot2, 0, 1023, 0, 180);
  Posicion3 = map(Valor_Pot3, 0, 1023, 0, 180);
  Posicion4 = map(Valor_Pot4, 0, 1023, 0, 180);
  Posicion5 = map(Valor_Pot5, 0, 1023, 0, 180);

  servoMotor1.write(Posicion1);
  servoMotor2.write(Posicion2);
  servoMotor3.write(Posicion3);
  servoMotor4.write(Posicion4);
  servoMotor5.write(Posicion5);
  delay(500);
}
```

DESCRIPCIÓN DEL CÓDIGO

En el código expuesto, se ha utilizado líneas de comando previamente utilizadas, por consiguiente, no se realizará una descripción detallada de este código.

5.6.6. Control de un LED RGB

Los LED (Diodo Emisor de Luz) RGB (Red – Green - Blue) son dispositivos de iluminación que pueden emitir luz en tres colores diferentes: rojo (R), verde (G) y azul (B). La combinación de estos tres colores permite generar una amplia variedad de más de 16 millones de tonalidades de luz, permitiendo que, según la tonalidad especificada como parámetro, emita un color de luz diferente.

Los colores en un LED RGB se expresan mediante valores numéricos enteros que van de $0\ a\ 255$. En este sentido, para configurar el color rojo, se establece el valor máximo para el rojo y los valores mínimos para los otros colores, representando el rojo como "R=255; G=0; B=0", y así sucesivamente para los demás colores.

La definición de colores se rige por el principio de mezcla aditiva, por ejemplo, al combinar los colores rojo y verde se obtiene amarillo, al mezclar el color rojo y el azul se logra el color púrpura, y al mezclar el color verde con el color azul se obtiene el color cian. La combinación de los tres colores primarios con igual intensidad produce el color blanco.

Es posible controlar individualmente cada LED al conectar solo sus terminales a una fuente de alimentación, desconectando los demás. No obstante, la característica distintiva radica en utilizar los tres LEDs simultáneamente. Debido a la proximidad de los tres LEDs en el interior, el ojo humano no puede distinguirlos, ya que percibe únicamente la mezcla de los colores resultante.

Para la implementación del proyecto se utilizará los siguientes elementos:

```
1 Arduino UNO
1 LED RGB
3 Resistencias de 330 Ohm
```

La ilustración siguiente muestra la forma de conectar un diodo emisor de luz RGB con el Arduino.

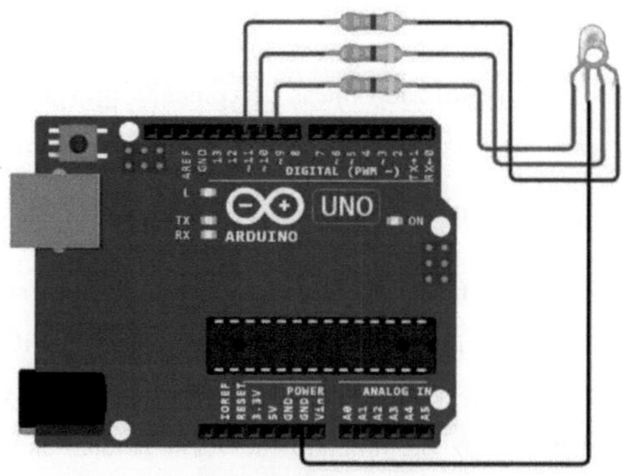

Ilustración 5.62. Circuito – Control de un LED RGB.

El código descrito a continuación permite el control de un LED RGB utilizando tres señales PWM, con lo cual se podrá visualizar diferentes colores. El código podrá ser modificado para generar una variedad amplia de colores.

```
byte Led_Red = 9;
byte Led_Green = 10;
byte Led_Blue = 11;

void setup()
{
  pinMode(Led_Red,OUTPUT);
  pinMode(Led_Green,OUTPUT);
  pinMode(Led_Blue,OUTPUT);
}

void loop()
{
  //Color rojo
  digitalWrite(Led_Red,255);
  digitalWrite(Led_Green,0);
  digitalWrite(Led_Blue,0);
  delay(1500);

  //Color verde
  digitalWrite(Led_Red,0);
  digitalWrite(Led_Green,255);
  digitalWrite(Led_Blue,0);
  delay(1500);

  //Color azul
  digitalWrite(Led_Red,0);
  digitalWrite(Led_Green,0);
  digitalWrite(Led_Blue,255);
  delay(1500);

  //Color blanco
  digitalWrite(Led_Red,255);
  digitalWrite(Led_Green,255);
  digitalWrite(Led_Blue,255);
  delay(1500);

  //Color amarillo
  digitalWrite(Led_Red,255);
  digitalWrite(Led_Green,255);
  digitalWrite(Led_Blue,0);
  delay(1500);

  //Color magenta
  digitalWrite(Led_Red,255);
  digitalWrite(Led_Green,0);
  digitalWrite(Led_Blue,255);
  delay(1500);
```

```
  //Color cian
  digitalWrite(Led_Red,0);
  digitalWrite(Led_Green,255);
  digitalWrite(Led_Blue,255);
  delay(1500);

  //Color rosa
  analogWrite(Led_Red,255);
  analogWrite(Led_Green,0);
  analogWrite(Led_Blue,128);
  delay(1500);
}
```

DESCRIPCIÓN DEL CÓDIGO

En el código expuesto, se ha utilizado líneas de comando previamente utilizadas, por consiguiente, no se realizará una descripción detallada de este código.

5.6.7. Control del color de un led RGB mediante potenciómetros

Para la implementación del proyecto se utilizará los siguientes elementos:

```
1 Arduino UNO
1 LED RGB
3 Resistencias de 330 Ohm
3 Potenciómetros de 10 KOhm
```

La ilustración siguiente muestra la forma de conectar un diodo emisor de luz RGB con el Arduino.

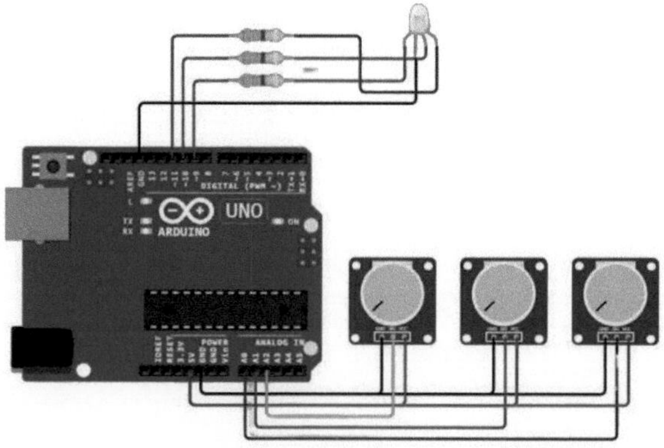

Ilustración 5.63. Circuito – Control de un LED RGB mediante potenciómetros.

El código descrito a continuación permite el control del color que emite un LED RGB utilizando tres potenciómetros, los cuales controlar tres señales PWM.

```
byte Pin_Red = 9;
byte Pin_Green = 10;
byte Pin_Blue = 11;

int Pot_1 = A0;
int Pot_2 = A1;
int Pot_3 = A2;

byte PWM_1;
byte PWM_2;
byte PWM_3;

int Valor_Pot1;
int Valor_Pot2;
int Valor_Pot3;

void setup()
{
  // Configurar los pines del LED RGB como salidas
  pinMode(Pin_Blue, OUTPUT);
  pinMode(Pin_Green, OUTPUT);
  pinMode(Pin_Red, OUTPUT);

  // Configurar los pines como entradas
  pinMode(Pot_1, INPUT);
  pinMode(Pot_2, INPUT);
  pinMode(Pot_3, INPUT);
}

void loop()
{
  Valor_Pot1 = analogRead(Pot_1);
  PWM_1 = map(Valor_Pot1, 0, 1023, 0, 225);
  analogWrite(Pin_Blue, PWM_1);

  Valor_Pot2 = analogRead(Pot_2);
  PWM_2 = map(Valor_Pot2, 0, 1023, 0, 225);
  analogWrite(Pin_Green, PWM_2);

  Valor_Pot3 = analogRead(Pot_3);
  PWM_3 = map(Valor_Pot3, 0, 1023, 0, 225);
  analogWrite(Pin_Red, PWM_3);

  delay(100);
}
```

DESCRIPCIÓN DEL CÓDIGO

En el código expuesto, se ha utilizado líneas de comando previamente utilizadas, por consiguiente, no se realizará una descripción detallada de este código.

5.7. GENERACIÓN DE SONIDOS

Generar tonos de música con Arduino es una tarea muy interesante y fácil, para lo cual se requiere el uso de un zumbador piezoeléctrico.

Un dispositivo piezoeléctrico convierte la energía eléctrica en ondas sonoras al hacer que una lámina metálica vibre. Este dispositivo posee dos terminales o pines que no presentan polaridad, lo que significa que pueden conectarse tanto al polo positivo como al negativo de una fuente de energía sin distinción.

Hay diversos tipos de zumbadores disponibles, cada uno con sus características específicas y aplicaciones particulares. Algunos de los tipos más comunes incluyen:

- **Zumbadores piezoeléctricos activos**: Generan sonido cuando se les aplica un voltaje. Son simples de usar y no requieren circuitos adicionales para generar sonido.
- **Zumbadores piezoeléctricos pasivos:** A diferencia de los activos, estos zumbadores necesitan un circuito externo para generar sonido. Se utilizan comúnmente en aplicaciones donde se requiere un control más preciso del tono y la duración del sonido.
- **Zumbadores electromagnéticos:** Estos zumbadores utilizan un electroimán para generar vibraciones audibles. Son más grandes y suelen consumir más energía que los zumbadores piezoeléctricos, pero pueden generar tonos más potentes.
- **Zumbadores mecánicos:** Estos zumbadores utilizan un mecanismo mecánico para generar sonido, como una campana, son menos comunes en aplicaciones electrónicas.

Un zumbador piezoeléctrico produce sonido mediante vibraciones que corresponden a la frecuencia de la señal eléctrica que recibe, lo que influye en el tono resultante. Aunque su calidad sonora es limitada, aún es posible generar notas musicales con él, permitiendo la creación de música básica y efectos sonoros en proyectos.

5.7.1. Función Tone

La función *"tone( )"* se utiliza para generar señales de audio de frecuencia específica en un pin digital. Esta función produce señales de onda cuadrada, lo que significa que el pin se alterna entre alto (5V) y bajo (0V) a la frecuencia especificada, produciendo un tono.

Solo es posible generar un tono en un pin específico a la vez. Si un tono ya está siendo reproducido en otro pin, cualquier llamada adicional a la función *"tone( )"* no tendrá impacto. En el caso de que el tono esté siendo reproducido en el mismo pin, la nueva llamada a *"tone( )"* actualizará su frecuencia.

Solo se puede emplear la función *"tone( )"* en los pines del Arduino que con función PWM.

No es factible generar tonos con frecuencias inferiores a 31 Hz mediante esta función.

Función: TONE( )
Sintaxis: tone (pin, frecuencia, duración) Donde: tone: Palabra reservada del Arduino IDE que permite generar un tono **pin:** Pin donde en donde se generará el tono. **frecuencia:** Valor del tipo entero que especifica la frecuencia del tono en Hertz (Hz). **duración:** Duración del tono en milisegundos (parámetro opcional)

Ejemplo1:

```
void loop( )
{
   // Genera un tono por el pin 11, con una frecuencia de 440 Hz y
   // una duración de 500 milisegundos
   tone = (11, 440, 500);
}
```

La función *"noTone( )"* se utiliza para detener la generación de tono en un pin digital que ha sido configurado previamente con la función *"tone( )"*. Esto es útil para detener un tono en un momento específico, como parte de un programa o en respuesta a alguna condición.

Función: NOTONE( )
Sintaxis: noTone (pin) Donde: noTone: Palabra reservada del Arduino IDE que permite detener un tono **pin:** Pin donde en donde se generará el tono.

5.7.2. Tiempo de duración de la nota

Para describir la duración de los sonidos, se utilizan las figuras musicales, en esta sección se explicará su funcionamiento y cómo se representan en una partitura.

Las figuras musicales se utilizan para indicar la duración de los sonidos, su forma y disposición determinan el valor temporal exacto de cada sonido. En la actualidad, las figuras más comunes son siete: ***la redonda, la blanca, la negra, la corchea, la semicorchea, la fusa y la semifusa***.

La redonda es la figura de mayor valor, y a partir de ella se asignan los valores temporales a las demás notas musicales.

NOMBRE	FIGURA	DURACIÓN EN 4/4	VALOR DE NOTA	DENOMINADOR (en la indicación de compás)
REDONDA (Unidad)		4 Tiempos	4/4	1
BLANCA (Mitad)		2 Tiempos	2/4	2
NEGRA (Cuarto)		1 Tiempo	1/4	4
CORCHEA (Octavo)		1/2 Tiempo	1/8	8
SEMICORCHEA (Dieciseisavo)		1/4 Tiempo	1/16	16
FUSA (Treintaidosavo)		1/8 Tiempo	1/32	32
SEMIFUSA (Sesentaicuatroavo)		1/16 Tiempo	1/64	64

Ilustración 5.64. Circuito – Control de un LED RGB mediante potenciómetros.

Se puede expresar que la ***redonda*** equivale a una unidad completa (1), la ***blanca*** representa la mitad de una redonda (1/2), la ***negra*** corresponde a un cuarto de redonda (1/4), la ***corchea*** es la octava parte de una redonda (1/8), la ***semicorchea*** (también conocida como "doble corchea") representa la dieciseisava parte de una redonda (1/16), la ***fusa*** (también llamada "triple corchea") es la treintaidosava parte de una redonda (1/32), y finalmente la ***semifusa*** (también conocida como "cuádruple corchea") corresponde a la sesentaicuatroava parte de una redonda (1/64). Estas relaciones matemáticas establecen que una redonda puede ser equivalente a dos blancas, cuatro negras, ocho corcheas, dieciséis semicorcheas, treintaidós fusas o sesentaicuatro semifusas.

5.7.3. Octava musical

La octava en música es un concepto fundamental que se refiere a un intervalo de ocho notas musicales que comparten una relación armónica. Estas ocho notas incluyen tanto las notas naturales (Do, Re, Mi, Fa, Sol, La, Si) como sus correspondientes sostenidos y bemoles, lo que resulta en un total de doce notas por octava en la escala cromática.

Cada octava abarca una serie de tonos ascendentes y descendentes que se repiten en un patrón regular, duplicando o dividiendo la frecuencia de las notas en relación con la octava anterior o posterior. Por ejemplo, si una nota tiene una frecuencia de 440 Hz en una octava, en la siguiente octava esa misma nota tendrá una frecuencia de 880 Hz, duplicando su frecuencia original.

La octava es fundamental en la música occidental y en muchas otras tradiciones musicales en todo el mundo. Sirve como un marco de referencia importante para comprender la relación entre diferentes notas musicales y cómo se organizan en escalas y acordes. Además, la relación armónica entre las notas de una misma octava contribuye a la consonancia y la armonía en la música.

Tabla 5.12. *Frecuencia de las notas en dependencia de la nota y la octava*

Nota	Octava	Frecuencia (Hz)	Octava	Frecuencia (Hz)
Do / C	0	16,35	1	32,70
Do# / C#	0	17,32	1	34,64
Re / D	0	18,35	1	36,70
Re# / D#	0	19,45	1	38,90
Mi / E	0	20,60	1	41,20
Fa / F	0	21,83	1	43,66
Fa# / F#	0	23,12	1	46,24
Sol / G	0	24,50	1	49,00
Sol# L G#	0	25,96	1	51,92
La / A	0	27,50	1	55,00
La# / A#	0	29,14	1	58,28
Si / B	0	30,87	1	61,74
Do / C	2	65,40	3	130,80
Do# / C#	2	69,28	3	138,56
Re / D	2	73,40	3	146,80
Re# / D#	2	77,80	3	155,60
Mi / E	2	82,40	3	164,80

Fa / F	2	87,32	3	174,64
Fa# / F#	2	92,48	3	184,96
Sol / G	2	98,00	3	196,00
Sol# L G#	2	103,84	3	207,68
La / A	2	110,00	3	220,00
La# / A#	2	116,56	3	233,12
Si / B	2	123,48	3	246,96
Do / C	4	261,60	5	523,20
Do# / C#	4	277,12	5	554,24
Re / D	4	293,60	5	587,20
Re# / D#	4	311,20	5	622,40
Mi / E	4	329,60	5	659,20
Fa / F	4	349,28	5	698,56
Fa# / F#	4	369,92	5	739,84
Sol / G	4	392,00	5	784,00
Sol# L G#	4	415,36	5	830,72
La / A	4	440,00	5	880,00
La# / A#	4	466,24	5	932,48
Si / B	4	493,92	5	987,84
Do / C	6	1046,40	7	2092,80
Do# / C#	6	1108,48	7	2216,96
Re / D	6	1174,40	7	2348,80
Re# / D#	6	1244,80	7	2489,60
Mi / E	6	1318,40	7	2636,80
Fa / F	6	1397,12	7	2794,24
Fa# / F#	6	1479,68	7	2959,36
Sol / G	6	1568,00	7	3136,00
Sol# L G#	6	1661,44	7	3322,88
La / A	6	1760,00	7	3520,00
La# / A#	6	1864,96	7	3729,92
Si / B	6	1975,68	7	3951,36
Do / C	8	4185,60	9	8371,20
Do# / C#	8	4433,92	9	8867,84
Re / D	8	4697,60	9	9395,20
Re# / D#	8	4979,20	9	9958,40
Mi / E	8	5273,60	9	10547,20
Fa / F	8	5588,48	9	11176,96
Fa# / F#	8	5918,72	9	11837,44
Sol / G	8	6272,00	9	12544,00
Sol# L G#	8	6645,76	9	13291,52
La / A	8	7040,00	9	14080,00
La# / A#	8	7459,84	9	14919,68
Si / B	8	7902,72	9	15805,44

5.7.4. Melodía de Star Wars

Star Wars es una de las franquicias más icónicas y populares en la cultura popular, creada por George Lucas. La saga comenzó con la película original "Star Wars: Episode IV - A New Hope" (también conocida simplemente como "Star Wars") en 1977. La historia se desarrolla en una galaxia ficticia en un pasado muy lejano, donde se enfrentan fuerzas del bien y del mal, representadas por los Jedi y los Sith, respectivamente.

La saga de Star Wars incluye múltiples películas, series de televisión, libros, cómics, videojuegos y otros productos de medios de comunicación. La franquicia ha generado una gran base de seguidores en todo el mundo y ha dejado un impacto duradero en la cultura pop, con personajes icónicos como Luke Skywalker, Darth Vader, Princess Leia, Han Solo, Yoda y muchos más. Además de su éxito en la pantalla grande, Star Wars ha influido en áreas como la tecnología, la moda, los juguetes y la música.

La "Marcha Imperial" es una de las composiciones musicales más reconocibles de la franquicia de Star Wars. Fue compuesta por John Williams e hizo su debut en la película "Star Wars: Episode V - The Empire Strikes Back" (1980), la segunda entrega de la trilogía original de Star Wars.

La "Marcha Imperial" es una pieza musical que se asocia principalmente con el villano principal de la saga, Darth Vader, y el Imperio Galáctico. Es una marcha majestuosa y poderosa que a menudo se utiliza para representar la presencia intimidante y la fuerza del Imperio en la galaxia. La pieza ha sido ampliamente utilizada en películas, programas de televisión, parodias y otros medios de entretenimiento como un símbolo icónico de la saga de Star Wars.

La melodía de la "Marcha Imperial" es distintiva y fácilmente reconocible, lo que la convierte en una de las piezas musicales más memorables y queridas de la música cinematográfica. Su impacto en la cultura popular es innegable, y sigue siendo una de las composiciones más emblemáticas asociadas con la saga de Star Wars.

Para la implementación del proyecto se utilizará los siguientes elementos:

```
1 Arduino UNO
1 Zumbador
```

La ilustración siguiente muestra el circuito de conexión del Arduino y un zumbador.

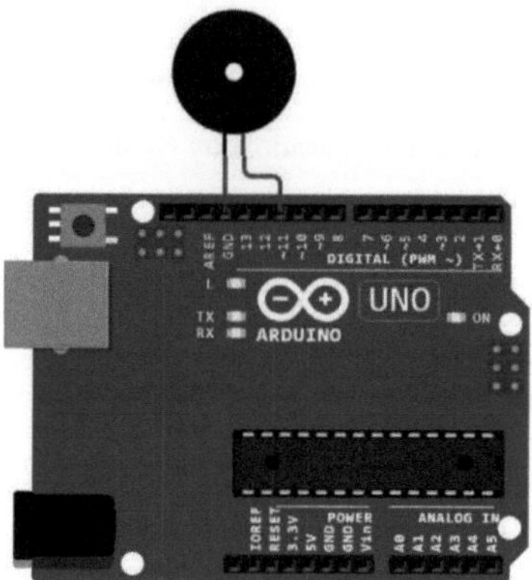

Ilustración 5.65. Circuito – Generar tonos

El código descrito a continuación permite generar mediante un zumbador la melodía de la "Marcha Imperial" de la saga de Star Wars.

```
int Zumbador = 11;

//Notas musicales
int Do= 261;
int Re= 294;
int Mi= 329;
int Fa= 349;
int Sol= 391;
int SolS= 415;
int La= 440;
int LaS= 455;
int Si= 466;
int DoH= 523;
int DoSH= 554;
int ReH= 587;
int ReSH= 622;
int MiH= 659;
int FaH= 698;
int FaSH= 740;
int SolH= 783;
int SolSH= 830;
int LaH= 880;

void setup()
{
  pinMode(Zumbador, OUTPUT); // definir la variable Zumbador como una salida.
}
```

```
void loop()
{
  tone(Zumbador, La, 500);
  delay(550);
  tone(Zumbador, La, 500);
  delay(550);
  tone(Zumbador, La, 500);
  delay(550);
  tone(Zumbador, Fa, 350);
  delay(40);
  tone(Zumbador, DoH, 150);
  delay(200);

  tone(Zumbador, La, 500);
  delay(550);
  tone(Zumbador, Fa, 350);
  delay(400);
  tone(Zumbador, DoH, 150);
  delay(200);
  tone(Zumbador, La, 1000);
  delay(1050);

  tone(Zumbador, MiH, 500);
  delay(550);
  tone(Zumbador, MiH, 500);
  delay(550);
  tone(Zumbador, MiH, 500);
  delay(550);
  tone(Zumbador, FaH, 350);
  delay(400);
  tone(Zumbador, DoH, 150);
  delay(200);

  tone(Zumbador, SolS, 500);
  delay(550);
  tone(Zumbador, Fa, 350);
  delay(400);
  tone(Zumbador, DoH, 150);
  delay(200);
  tone(Zumbador, La, 1000);
  delay(1050);

  tone(Zumbador, LaH, 500);
  delay(550);
  tone(Zumbador, La, 350);
  delay(400);
  tone(Zumbador, La, 150);
  delay(200);
  tone(Zumbador, LaH, 500);
  delay(550);
  tone(Zumbador, SolSH, 250);
  delay(300);
  tone(Zumbador, SolH, 250);
  delay(300);

  tone(Zumbador, FaSH, 125);
  delay(175);
```

```
tone(Zumbador, FaH, 125);
delay(200);
tone(Zumbador, FaSH, 250);
delay(500);
tone(Zumbador, LaS, 250);
delay(300);
tone(Zumbador, ReSH, 500);
delay(550);
tone(Zumbador, ReH, 250);
delay(300);
tone(Zumbador, DoSH, 250);
delay(300);

tone(Zumbador, DoH, 125);
delay(175);
tone(Zumbador, Si, 125);
delay(175);
tone(Zumbador, DoH, 250);
delay(550);
tone(Zumbador, Fa, 125);
delay(175);
tone(Zumbador, SolS, 500);
delay(550);
tone(Zumbador, Fa, 375);
delay(425);
tone(Zumbador, La, 125);
delay(175);

tone(Zumbador, DoH, 500);
delay(550);
tone(Zumbador, La, 375);
delay(425);
tone(Zumbador, DoH, 125);
delay(175);
tone(Zumbador, MiH, 1000);
delay(1050);

tone(Zumbador,LaH, 500);
delay(550);
tone(Zumbador, La, 350);
delay(400);
tone(Zumbador, La, 150);
delay(200);
tone(Zumbador, LaH, 500);
delay(500+50);
tone(Zumbador, SolSH, 250);
delay(550);
tone(Zumbador, SolH, 250);
delay(300);

tone(Zumbador, FaSH, 125);
delay(175);
tone(Zumbador, FaH, 125);
delay(175);
tone(Zumbador, FaSH, 250);
delay(550);
tone(Zumbador, LaS, 250);
```

```
    delay(300);
    tone(Zumbador, ReSH, 500);
    delay(550);
    tone(Zumbador, ReH, 250);
    delay(300);
    tone(Zumbador, DoSH, 250);
    delay(300);

    tone(Zumbador, DoH, 125);
    delay(175);
    tone(Zumbador, Si, 125);
    delay(175);
    tone(Zumbador, DoH, 250);
    delay(550);
    tone(Zumbador, Fa, 250);
    delay(300);
    tone(Zumbador, SolS, 500);
    delay(550);
    tone(Zumbador,Fa, 375);
    delay(425);
    tone(Zumbador, DoH, 125);
    delay(175);

    tone(Zumbador, La, 500);
    delay(550);
    tone(Zumbador, Fa, 375);
    delay(425);
    tone(Zumbador, Do, 125);
    delay(175);
    tone(Zumbador, La, 1000);
    delay(3050);
}
```

El código generado utiliza básicamente dos funciones, la función *"delay"* que se ha utilizado en todos los proyectos y la función *"tone"* que fue descrita en esta sección, en consecuencia, por su simplicidad no se describirá el funcionamiento del código.

5.7.5. Melodía de dragon ball GT – Mi corazón encantado

Dragon Ball es una serie de anime y manga que ha dejado una marca indeleble en la cultura pop desde su debut en 1984. Creada por Akira Toriyama (fallecido), sigue las aventuras de Goku, un niño Saiyan con poderes extraordinarios, y sus amigos mientras buscan las Esferas del Dragón. A lo largo de la serie, los personajes enfrentan desafíos épicos, forjan amistades duraderas y luchan contra enemigos poderosos, todo mientras exploran temas de valentía, amistad y superación personal. Dragon Ball ha cautivado a audiencias de todas las edades con su mezcla única de acción, humor y emocionantes batallas, convirtiéndose en un fenómeno cultural global.

Dragon Ball GT es una continuación no canónica de la serie original de Dragon Ball creada por Akira Toriyama. Ambientada varios años después de los eventos de Dragon Ball Z, GT sigue las aventuras de Goku convertido en niño nuevamente debido a un deseo malinterpretado de las Esferas del Dragón. Acompañado por Pan y Trunks, Goku emprende un viaje a través del espacio para recuperar las Esferas del Dragón negras dispersas por la galaxia. Aunque GT ha recibido críticas mixtas en comparación con sus predecesoras, sigue siendo parte integral de la franquicia Dragon Ball y ha dejado su propia impresión en los fans con nuevos personajes, transformaciones y desafíos emocionantes.

La serie de anime "Dragon Ball GT" en su versión en español presenta como tema de apertura la canción "Mi Corazón Encantado". La letra de la canción refleja la aventura y el espíritu de superación presentes en la serie, hablando sobre cómo el corazón de los personajes está lleno de sueños y esperanza mientras se enfrentan a desafíos y batallas en su búsqueda de las Esferas del Dragón. La música, compuesta por Yoshiki Fukuyama, es conocida por su melodía pegajosa y emotiva, que ha dejado una marca duradera en los fans de la serie.

Para ejecutar el proyecto se utilizará los mismos materiales del proyecto anterior.

El código descrito a continuación se basa en el código creado por Sebastián Cuenca y permite generar la melodía de la canción "Mi corazón encantado" de la saga de Dragon Ball.

```
int PinBuzzer = 11;

int Longitud  = 191; // Numero de notas (incluido espacios)

// Reproduccion del tono, cada espacio representa un descanso
char Notas_Musicales[] = "cgfgegdg ggefgagfed eecdefedc=0
00caggcdefedcdcc=cde !BAGFEDC ccccc-9-c- -------989-9 99998888668468 99-
ccccccc-9-c---cddr-989 9-98888gfffrdrcdrrcrrcr rfrdcc-8--8-- 8-cddrcddrc
cgfffrfg";

//Duracion de cada nota
float Ritmo[] = {4,1,1,1,1,1,1,1,1, 2,2,1,1,1,1,2,1,2,2,1,
                 2,2,1,1,1,1,2,1,2,2,2,1, 1,1,2,2,2,1,3,1,1,2,
                 2,2,2,3,2,2,1,8,8,2,1, 2,2,2,2,2,2,2,4,1,
                 1,1,1,1,2,1,2,1,2,3,1, 1,1,1,1,1,1,1,1,2,1,2,3,1,
                 1,2,2,1,2,1,2,2,1,2,2,1,2,6,1, 1,1,1,4,1,1,1,1,1,2,1,2,
                 1,2,3,1,2,2,1,3,1,2,2,1,6,1, 1,1,1,2,2,1,2,2,1,4,1,
                 1,1,6,2,2,1,2,1,1,2,1,3,1, 1,1,1,1,1,1,2,1,1,2,1,1,2,1,
```

```
                1,1,2,1,3,1,5,1,1,2,1,1, 1,2,3,1,1,1,1,10};

int Tiempo = 170; //Velocidad de reproduccion

void TonoReproducir(int Tono1, int Duracion)
{
  for (long i = 0; i < Duracion * 1000L; i += Tono1)
  {
    tone(PinBuzzer, Tono1);
    delayMicroseconds(Tono1);
  }
  noTone(PinBuzzer);
}

void NotaReproducir(char Nota, int Duracion)
{
  /*!=c   2=c#   3=d    4=d#   5=e    6=f    7=f#
    8=g   9=g#   0=a    -=a#   ==b    r=d#   S=g#
    s=a#  R=D#   O=G#   o=A#*/
  // Notas musicales
  char Nombre_Notas[] = { ' ', '!', '2', '3', '4', '5','6',
                  '7', '8', '9', '0', '-', '=', 'c',
                  'd', 'r', 'e', 'f', 'g', 'S', 'a',
                  'b','s','C', 'D', 'R', 'E', 'F',
                  'G', 'O', 'A', 'o', 'B', 'i', 'N',
                  'R', 'u',  '1', 'L', 'k'};

  // Frecuencia de cada nota
  int Tonos[] =  {0, 1046, 138, 146, 155, 164, 174,
                 184, 195, 207, 220, 233, 246, 261,
                 293, 311, 329, 349, 391, 415, 440,
                 493, 466, 523, 587, 622, 659, 698,
                 783, 831, 880, 932, 987, 466, 740,
                 622, 415, 1046, 622u, 227};

  // Tocando nota por nota del vector Notas_Musicales[]
  for (int i = 0; i < 40; i++)
  {
    if (Nombre_Notas[i] == Nota)
    {
      TonoReproducir(Tonos[i], Duracion);
    }
  }
}

void setup()
{
  pinMode(PinBuzzer, OUTPUT);
  delay(3000);
}
```

```
void loop()
{
  for (int i = 0; i < Longitud ; i++)
  {
    if (Notas_Musicales[i] == ' ')
    {
      delay(Ritmo[i] * Tiempo);
    }
    else
    {
      NotaReproducir(Notas_Musicales[i], Ritmo[i] * Tiempo);
    }
    // pausa entre notas
    delay(Tiempo / 2);
  }
}
```

DESCRIPCIÓN DEL CÓDIGO

Este código define una melodía que se reproducirá a través de un zumbador conectado al pin digital 11 de una placa Arduino Uno.

La línea de código *"int speakerPin = 11"* declara una variable denominada *"speakerPin"* de tipo entero e inicializa su valor en 11, que es el número del pin digital al que está conectado el zumbador. Se define una variable del tipo *int* denominada *"length"*, la cual almacena el número total de notas en la melodía, *"int length = 191"*. La línea de código *"char notes[] = "..." "* define una cadena de caracteres que permite almacenar la melodía. Cada carácter representa una nota musical, un espacio representa un descanso. El código *"float beats[] = {...}"* crea un vector de valores del tipo flotante que contiene la duración de cada nota en la melodía. Cada valor representa la octava musical de la nota. La variable *tempo* establece la velocidad de reproducción de la melodía, *"int tempo = 170"*.

```
int speakerPin = 11;
int length = 191;
char notes[] = "cgfgegdg ggefgagfed eecdefedc=0 00caggcdefedcdcc=cde !BAGFEDC
ccccc-9-c- -------989-9 99998888668468 99-cccccc-9-c---cddr-989 9-
98888gfffrdrcdrrcrrcr rfrdcc-8--8-- 8-cddrcddrc cgfffrfg";
float beats[] = {4,1,1,1,1,1,1,1,1, 2,2,1,1,1,1,2,1,2,2,1,
                 2,2,1,1,1,1,2,1,2,2,2,1, 1,1,2,2,2,1,3,1,1,2,
                 2,2,2,3,2,2,1,8,8,2,1, 2,2,2,2,2,2,2,4,1,
                 1,1,1,1,2,1,2,1,2,3,1, 1,1,1,1,1,1,1,1,2,1,2,3,1,
                 1,2,2,1,2,1,2,2,1,2,2,1,2,6,1, 1,1,1,4,1,1,1,1,1,2,1,2,
                 1,2,3,1,2,2,1,3,1,2,2,1,6,1, 1,1,1,2,2,1,2,2,1,4,1,
                 1,1,6,2,2,1,2,1,1,2,1,3,1, 1,1,1,1,1,1,2,1,1,2,1,1,2,1,
                 1,1,2,1,3,1,5,1,1,2,1,1, 1,2,3,1,1,1,1,10};
int tempo = 170;
```

La función *"playTone"* toma dos argumentos: *"ton1"*, que representa la frecuencia de la nota que se va a reproducir, y *"duration"*, que indica la duración de la nota en milisegundos. Dentro de la función, el bucle *"for"* se ejecuta mientras *"i"* sea menor que la duración de la nota multiplicada por 1000. En cada iteración del bucle, se activa la función *"tone"* que genera un tono con una frecuencia definida por *"ton1"* mediante el altavoz conectado al pin *"speakerPin"*. Después de generar el tono, se pausa la ejecución del programa durante un tiempo igual a *"ton1"* usando *"delayMicroseconds"*. Esto permite que el tono se reproduzca durante el tiempo especificado. Una vez que el bucle ha terminado, se desactiva el tono utilizando *"noTone"*, asegurándose de que el altavoz deje de reproducir sonido.

```
void playTone(int ton1, int duration)
{
  for (long i = 0; i < duration * 1000L; i += ton1)
  {
    tone(speakerPin, ton1);
    delayMicroseconds(ton1);
  }
  noTone(speakerPin);
}
```

La función *"playNote"* reproduce una nota musical específica durante una duración determinada, para lo cual utiliza dos argumentos: *"note"*, que es el carácter que representa la nota a reproducir, y *"duration"*, que es la duración de la nota en milisegundos. La función presenta un arreglo de caracteres denominada *"names"* que contiene los caracteres que representan las notas musicales, así como algunos caracteres especiales que representan pausas.

Se define un arreglo denominado *"tones"* que contiene las frecuencias correspondientes a cada nota musical y a las pausas. Dentro de la función *"playNote"* se ejecuta un bucle *"for"* que itera sobre los elementos del arreglo *"names"* para encontrar la coincidencia entre la nota especificada y las notas definidas en el arreglo. Cuando se encuentra la coincidencia, se llama a la función *"playTone"* con la frecuencia correspondiente a la nota encontrada y la duración especificada.

```
void playNote(char note, int duration)
{
  char names[] = { ' ', '!', '2', '3', '4', '5','6',
                   '7', '8', '9', '0', '-', '=', 'c',
```

```
                    'd', 'r', 'e', 'f', 'g', 'S', 'a',
                    'b','s','C', 'D', 'R', 'E', 'F',
                    'G', 'O', 'A', 'o', 'B', 'i', 'N',
                    'R', 'u',  '1', 'L', 'k'};

  int tones[] =  {0, 1046, 138, 146, 155, 164, 174,
                  184, 195, 207, 220, 233, 246, 261,
                  293, 311, 329, 349, 391, 415, 440,
                  493, 466, 523, 587, 622, 659, 698,
                  783, 831, 880, 932, 987, 466, 740,
                  622, 415, 1046, 622u, 227};
  for (int i = 0; i < 40; i++)
  {
    if (names[i] == note)
    {
      playTone(tones[i], duration);
    }
  }
}
```

La función *"void setup()"* se ejecuta una vez al principio del programa. Se utiliza para configura el pin speakerPin como una salida *"pinMode(speakerPin, OUTPUT)"*, lo que significa que se utilizará para enviar señales de salida al zumbador.

```
void setup()
{
  pinMode(speakerPin, OUTPUT);
  delay(3000);
}
```

La función *"loop()"* es otra función especial en Arduino que se ejecuta continuamente después de que la función *"setup()"* haya finalizado. La línea de código *"for (int i = 0; i < length; i++)"* itera a través de todas las notas definidas en el arreglo *"notes[]"* hasta que se alcance la longitud total de la melodía *"(length)"*.

Dentro del bucle *"for"*, el código *"if (notes[i] == ' ')"* verifica si el elemento actual en el arreglo *"notes[]"* es un espacio, lo que indica un descanso en la melodía. Si el elemento actual en el arreglo *"notes[]"* es un espacio, se ejecuta un retraso (delay) equivalente a la duración del descanso multiplicada por la velocidad de reproducción (tempo), *"delay(beats[i] * tempo)"*, el cual proporciona la pausa adecuada entre notas. Si el elemento actual en el arreglo *"notes[]"* no es un espacio, significa que es una nota musical y se ejecuta el código dispuesto en la sección *"else"*; se llama a la función *"playNote(notes[i], beats[i] * tempo)"* para reproducir la nota musical especificada por *"notes[i]"* durante la duración especificada por *"beats[i]"* multiplicada por la velocidad de reproducción (*"tempo"*).

Después de cada nota o descanso, hay una pausa adicional para controlar el ritmo de la melodía, para lo cual se utiliza la línea de código *"delay(tempo / 2)"*. En este caso, se espera la mitad del tiempo de reproducción (*"tempo"*).

```
void loop()
{
  for (int i = 0; i < length; i++)
  {
    if (notes[i] == ' ')
    {
      delay(beats[i] * tempo);
    }
    else
    {
      playNote(notes[i], beats[i] * tempo);
    }
    // pausa entre notas
    delay(tempo / 2);
  }
}
```

5.7.6. Melodía de Dragon BALL Z – Tapion

Tapion es un personaje de la franquicia Dragon Ball, que aparece en la película "Dragon Ball Z: La Fusión de Goku y Vegeta" (Dragon Ball Z: Wrath of the Dragon en inglés). Esta película fue estrenada en Japón en 1995 y en otros países en años posteriores.

Tapion es un héroe legendario originario del planeta Konats, que fue destruido por el malvado mago Hirudegarn. Para detener a Hirudegarn, Tapion y su hermano Minoshia se sacrificaron, sellando al monstruo en ellos mismos. Sin embargo, cuando la tapa de la caja musical que contenía a Hirudegarn se pierde en la Tierra, el monstruo es liberado nuevamente.

En la película, Goku, Vegeta y los demás Guerreros Z se enfrentan a Hirudegarn y eventualmente liberan a Tapion de su sello. Tapion es un personaje melancólico y solitario, pero a pesar de su resistencia inicial a relacionarse con los demás, eventualmente forma un vínculo con Trunks del Futuro, quien es capaz de entender su dolor debido a las similitudes en sus historias personales.

Tapion es conocido por su espada mágica y su música, que desempeñan un papel importante en la trama de la película. Su diseño y personalidad lo convirtieron en un personaje popular entre los fanáticos de Dragon Ball.

El tema musical asociado a Tapion en la película es llamado "Tapion's Theme" o "La Melodía de Tapion". Es una pieza musical emotiva y melancólica que se toca con una flauta, y es utilizada en momentos importantes relacionados con el personaje de Tapion y su historia. La melodía es reconocible por su tono suave y nostálgico, y se ha convertido en un elemento icónico dentro de la franquicia Dragon Ball.

Para ejecutar el proyecto se utilizará los mismos materiales del proyecto anterior.

El código descrito a permite generar la melodía de la canción "La Melodía de Tapion" de la saga de Dragon Ball Z.

```
int PinBuzzer = 11;

// Numeros de notas
int Longitud = 64;
char Notas_Musicales[] = "CCF!oOoFGOOoOG CCF!oOoFGOOGGFRF
ccfCsSsfgSSSsSgccfCsSsfgSSggfrf ";
float Ritmo[] = {1,1,8,1,1,1,8,1,1,8,1,1,1,8,1,1,
                 1,8,1,1,1,8,1,1,4,1,1,1,1,1,8,1,
                 1,1,8,1,1,1,8,1,1,4,1,1,1,1,8,1,
                 1,8,1,1,1,8,1,1,4,1,1,1,1,1,12,4};

int Tiempo = 195;

void TonoReproducir(int Tono1, int Duracion)
{
  for (long i = 0; i < Duracion * 1000L; i += Tono1)
  {
    tone(PinBuzzer, Tono1);
    delayMicroseconds(Tono1);
  }
  noTone(PinBuzzer);
}

void NotaReproducir(char Nota, int Duracion)
{
  /*!=c    2=c#    3=d     4=d#    5=e     6=f     7=f#
  8=g    9=g#    0=a     -=a#    ==b     r=d#    S=g#
  s=a#   R=D#    O=G#    o=A#*/
```

```
  char Nombre_Notas[] = { ' ',  '!', '2', '3', '4', '5', '6',
                          '7', '8', '9', '0', '-', '=', 'c',
                          'd', 'r', 'e', 'f', 'g', 'S',  'a',
                          'b','s','C', 'D', 'R', 'E', 'F', 'G',
                          'O', 'A', 'o', 'B', 'i', 'N', 'R',
                          'u',  '1', 'L', 'k'};

  int Tonos[] =  {0, 1046, 138, 146, 155, 164, 174,
                  184, 195, 207, 220, 233, 246, 261,
                  293, 311, 329, 349, 391, 415, 440,
                  493, 466 ,523, 587, 622, 659, 698,
                  783, 831,880, 932, 987, 466, 740,
                  622, 415, 1046, 622u, 227};


  for (int i = 0; i < 40; i++)
  {
    if (Nombre_Notas[i] == Nota)
    {
      TonoReproducir(Tonos[i], Duracion);
    }
  }
}

void setup()
{
  pinMode(PinBuzzer, OUTPUT);
  delay(3000);
}

void loop()
{
  for (int i = 0; i < Longitud; i++)
  {
    if (Notas_Musicales[i] == ' ')
    {
      delay(Ritmo[i] * Tiempo);
    }
    else
    {
      NotaReproducir(Notas_Musicales[i], Ritmo[i] * Tiempo);
    }
    delay(Tiempo / 2);
  }
}
```

DESCRIPCIÓN DEL CÓDIGO

En el código expuesto, se ha utilizado líneas de comando previamente utilizadas, por consiguiente, no se realizará una descripción detallada de este código.

5.7.7. Melodía de los caballeros del zodiaco – Pegasus Fantasy

"Los Caballeros del Zodiaco", conocidos también como "Saint Seiya" en Japón, es una serie de manga y anime creada por Masami Kurumada. La historia sigue las aventuras de un grupo de jóvenes guerreros llamados Caballeros, quienes luchan en nombre de la diosa griega Atenea para proteger a la humanidad y defender el universo. Cada Caballero lleva una armadura basada en una constelación del zodiaco.

La trama principal se centra en la búsqueda de las Sagradas Armaduras de Oro y la protección de Atenea contra diferentes amenazas, como dioses malvados, espectros y otras fuerzas malignas. La serie combina elementos de mitología griega con narrativa de acción y combate, presentando emocionantes batallas y un elenco diverso de personajes con habilidades únicas.

"Los Caballeros del Zodiaco" ha sido una franquicia muy popular desde su creación en los años 80, generando múltiples series de anime, películas, videojuegos y una variedad de productos de mercancía. Ha alcanzado una gran base de fans en todo el mundo y ha dejado un impacto duradero en la cultura popular.

"Pegasus Fantasy" es el tema de apertura del anime, la cual fue interpretado por la banda japonesa MAKE-UP y es una de las canciones más icónicas del anime.

```
int PinBuzzer = 11;

// Numero de notas
int Longitud = 209;

char Notas_Musicales[] = "CRGFDshCRDsgCRGFDsH cc CRGFDshCRDsgCRGFDsH cdrfg
gffrfrd cdr drf rfgg fgb cdrfg gffrfrd cdrdcr gfrdd-c CDRGHHGGFGFF ssSHGFR
CDRDCRDCFRDFsssbCD GGG CGFRDCG FFFFSHGGFGRFG GGGCGFRDCG DDDDRFFD
HGFRCCDRHHHSOS  GGG ";

float Ritmo[] = {1,1,1,2.5,1,0.7,2.5,1,1,2.5,
                 1,2,1,1,1,2.5,1,0.7,8,1,2,1,
                 1, 1,1,1,2.5,1,0.7,2.5,1,1,
                 2.5,1,2,1,1,1,2.5,1,0.7,8,
                 1,2,1,1,1,8,1,2,1,1,1,1,2,8,
                 1,1,1,6,1,1,1,6,1,1,1,2,4,1,
                 1,1,4,1,2,1,1,1,8,1,2,1,1,1,
                 1,2,8,1,1,1,2,1,1,2,1,2,2,2,
                 1,1,1,8,1,3,2,1,2,4,2,1,1,1,
                 2,1,2,1,1,1,2,2,2,1,3,1,1,1,
                 1,1,1,1,1,1,2,1,1,2,1,1,1,4,
```

```
                 4,8,1,2,1,6,1,1,2,2,2,2,4,8,
                 1,2,1,6,1,2,2,1,1,1,6,1,1,6,
                 1,2,1,6,1,2,2,2,2,4,8,1,2,1,
                 6,1,1,1,4,6,1,2,2,1,4,1,2,2,
                 1,4,1,2,1,2,10,1,1,4,4,12,1};

int Tiempo = 120;

void TonoReproducir(int Tono1, int Duracion)
{
  for (long i = 0; i < Duracion * 1000L; i += Tono1)
  {
    tone(PinBuzzer, Tono1);
    delayMicroseconds(Tono1);
  }
  noTone(PinBuzzer);
}

void NotaReproducir(char Nota, int Duracion)
{
  /*!=c   2=c#   3=d    4=d#   5=e    6=f    7=f#
  8=g   9=g#   0=a    -=a#   ==b    r=d#   S=g#
  s=a#  R=D#   O=G#   o=A#*/

  char Nombre_Notas[] = { ' ', '!', '2', '3', '4', '5', '6', '7', '8',
                  '9', '0', '-', '=', 'c', 'd', 'r', 'e', 'f',
                  'm', 'g', 'h', 'a', 'b', 's', 'C', 'D', 'R',
                  'E', 'F', 'M', 'G', 'H', 'A', 'S', 'B', 'O',
                  'i', 'N', 'R', 'u', 'L', 'k'};

  int Tonos[] =  { 0, 1046, 138, 146, 155, 164, 174, 184, 195,
                  207, 220, 233, 246, 261, 293, 311, 329, 349,
                  370, 391, 415, 440, 493, 466 ,523, 587, 622,
                  659, 698, 740 ,783, 831,880, 932, 987, 1046,
                  466, 740, 622, 415, 622u, 227};

  for (int i = 0; i < 42; i++)
  {
    if (Nombre_Notas[i] == Nota)
    {
      TonoReproducir(Tonos[i], Duracion);
    }
  }
}

void setup()
{
  pinMode(PinBuzzer, OUTPUT);
  delay(3000);
}
```

```
void loop()
{
  for (int i = 0; i < Longitud; i++)
  {
    if (Notas_Musicales[i] == ' ')
    {
      delay(Ritmo[i] * Tiempo);
    }
    else
    {
      NotaReproducir(Notas_Musicales[i], Ritmo[i] * Tiempo);
    }
    delay(Tiempo / 2);
  }
}
```

DESCRIPCIÓN DEL CÓDIGO

En el código expuesto, se ha utilizado líneas de comando previamente utilizadas, por consiguiente, no se realizará una descripción detallada de este código.

5.7.8. Melodía de los caballeros del zodiaco – Soldier Dream

"Soldier Dream" es otro tema de apertura icónico del anime "Los Caballeros del Zodiaco" (Saint Seiya), utilizado en la serie original japonesa. Fue interpretado por la banda Hironobu Kageyama.

```
int PinBuzzer = 11;

// Numero de notas
int Longitud = 238;
char Notas_Musicales[] =
"RsRFSFRsRsRFSFRsRsRFSFRsRsRFSMRFRMRFMRFRMRFMRFRMRFMRFRMFVUBSHSBUVTWWWX
sMHFMSS MMFR bIRMHF IIRFMHMFD sMHFMSS MMFR bIRRMHF IMHFRIRM IIhIRF
RRFMFRRRIhhIsshmRFM IsIMSUWRFMFHFRRIIII IbbsbIIRIRFMsIISUWRFMFHFRRIIII
IbbsbIIRIRFMIbshsb IRFMMMHMFR";

float Ritmo[] = {0.5,0.5,0.5,0.5,0.5,0.5,0.5,0.5,0.5,0.5,
                 0.5,0.5,0.5,0.5,0.5,0.5,0.5,0.5,0.5,0.5,
                 0.5,0.5,0.5,0.5,0.5,0.5,0.5,0.5,0.5,3,1,
                 1,1,1,1,1,3,1,1,1,1,1,1,3,1,1,1,1,1,1,3,
                 1,1,1,1,3,6,3,1,6,1,1,6,1,1,1,1,1,1,6,1,
                 3,8,1,1,6,2,2,1,3,1,3,6,1,1,1,6,1,1,6,1,
                 1,1,3,3,3,3,1,3,4,1,3,6,1,1,6,2,2,1,3,1,
                 3,6,1,1,1,6,1,1,1,6,1,3,3,3,1,1,1,4,8,1,
                 1,3,3,3,1,3,4,1,3,3,3,1,6,1,1,3,1,3,1,10,
                 1,1,1,8,6,10,1,6,3,1,8,3,1,4,3,1,3,6,3,3,
                 3,3,1,6,3,10,1,3,1,1,1,3,1,1,3,1,3,6,8,3,
                 1,8,3,1,3,3,1,3,6,3,6,3,3,1,6,3,8,1,3,1,1,
```

```
                 1,3,1,1,3,1,3,6,8,3,1,8,1,1,8,1,1,1,1,1,1,
                 1,3,1,1,6};

int Tiempo = 110;

void TonoReproducir(int Tono1, int Duracion)
{
  for (long i = 0; i < Duracion * 1000L; i += Tono1)
  {
    tone(PinBuzzer, Tono1);
    delayMicroseconds(Tono1);
  }
  noTone(PinBuzzer);
}

void NotaReproducir(char Nota, int Duracion)
{
  char Nombre_Notas[] = { ' ', '2', '3', '4', '5', '6', '7', '8',
                  '9', '0', '-', '=', 'c', 'd', 'r', 'e',
                  'f', 'm', 'g', 'h', 'a', 'b', 's', 'C',
                  'I', 'D', 'R', 'E', 'F', 'M', 'G', 'H',
                  'A', 'S', 'B', 'O', 'U', 'P', 'V', 'Q',
                  'T','W','X' };

  int Tonos[] =  { 0,  138, 146, 155, 164, 174, 184, 195,
                  207, 220, 233, 246, 261, 293, 311, 329,
                  349, 370, 391, 415, 440, 493, 466 ,523,
                  554, 587, 622, 659, 698, 740 ,783, 831,
                  880, 932, 987, 1046, 1108, 1174, 1244,
                  1318, 1397, 1480, 1661};

  for (int i = 0; i < 43; i++)
  {
    if (Nombre_Notas[i] == Nota)
    {
      TonoReproducir(Tonos[i], Duracion);
    }
  }
}

void setup()
{
  pinMode(PinBuzzer, OUTPUT);
  delay(3000);
}

void loop()
{
  for (int i = 0; i < Longitud; i++)
  {
    if (Notas_Musicales[i] == ' ')
    {
```

```
        delay(Ritmo[i] * Tiempo);
      }
      else
      {
        NotaReproducir(Notas_Musicales[i], Ritmo[i] * Tiempo);
      }
      delay(Tiempo / 2);
    }
}
```

DESCRIPCIÓN DEL CÓDIGO

En el código expuesto, se ha utilizado líneas de comando previamente utilizadas, por consiguiente, no se realizará una descripción detallada de este código.

5.8. PROYECTOS CON MOTORES DE CORRIENTE DIRECTA (DC)

El motor de corriente continua, también conocido como motor de corriente directa, es una máquina capaz de transformar energía eléctrica en movimiento o trabajo mecánico mediante fuerzas electromagnéticas. Su funcionamiento se basa en el principio del magnetismo, aprovechando las fuerzas de atracción y repulsión entre los polos para generar movimiento rotativo.

Este dispositivo consta de un rotor con dos polos magnéticos que interactúan con un estator que tiene un polo norte y un polo sur fijo; el rotor gira sobre su eje y, debido a la interacción entre sus polos y los del estator, se produce un movimiento continuo.

Existen dos tipos de motores de corriente continua según su excitación: el primero es el motor de corriente continua de excitación independiente, que puede emplear un imán permanente o una fuente electromagnética para funcionar.

El segundo tipo es el motor de corriente continua autoexcitado, que puede tener tres configuraciones distintas de conexión: serie, paralelo o compuesta.

Ilustración 5.66. Motor de corriente continua

Las partes esenciales del motor de corriente continua incluyen:

- **Estator:** Se trata de la carcasa hecha de material ferromagnético que alberga los polos inductores en número par, diseñados para propiciar el giro del rotor.
- **Entrehierro:** Este espacio entre el estator y el rotor es crucial para prevenir el desgaste de ambas partes.
- **Rotor:** Constituye la pieza central del motor, fabricada con acero y silicio barnizado. Su función es girar sobre su propio eje para convertir la energía electromagnética en energía mecánica.
- **Colector de láminas:** Montado sobre el eje de giro, este componente tiene varias láminas de cobre de alta pureza separadas por una mica.
- **Escobillas:** Son los dispositivos que aseguran el contacto eléctrico entre las láminas del colector y el circuito de corriente continua. Están compuestas de grafito y mantienen una presión y contacto constantes.

Debido a las características (Voltaje y Corriente) de los pines del microcontrolador ATmega de las tarjetas de desarrollo Arduino, para controlar motores de corriente directa (DC) es necesario utilizar elementos electrónicos externos (transistores, puente H) que permitan acondicionar las señales generadas por la tarjeta Arduino.

5.8.1. Puente H

Un puente H es un circuito electrónico utilizado para controlar la dirección (giro hacia adelante o hacia atrás) y la velocidad de un motor de corriente continua (DC). Este circuito permite que la corriente fluya en ambas direcciones a través del motor, lo que lo hace ideal para aplicaciones que requieren control de velocidad y dirección, como en vehículos robotizados, sistemas de posicionamiento, impresoras 3D, entre otros.

El nombre *"puente H"* proviene de la forma en que se configuran los transistores en el circuito, que se asemeja a la letra "H" si se dibujan las conexiones esquemáticamente.

El puente H se compone típicamente de cuatro interruptores controlados individualmente, que pueden ser transistores MOSFET, transistores bipolares, o en algunos casos, relevadores. Estos interruptores se configuran de tal manera que pueden permitir que la corriente fluya en cualquiera de las dos direcciones a través del motor.

El control de los transistores se realiza típicamente mediante un microcontrolador, como Arduino, o mediante otros circuitos de control. El diseño del puente H puede variar dependiendo de los requisitos de corriente, voltaje y eficiencia del sistema en el que se utilice.

Existen diversos circuitos integrados que cumplen la función de un puente H, entre los más comunes se tiene al L298N, L293D, DRV8833, entre otros. Para la ejecución de los proyectos planteados, se utilizará el circuito integrado L293D.

El circuito integrado L293D es un componente ampliamente utilizado en el control de motores de corriente continua (DC). Diseñado como un puente H de alta potencia, el L293D es capaz de manejar corrientes de hasta 600 mA por canal, con una tensión de alimentación mínima de 4.5V y una máxima de 36 V. Este chip consta de transistores de potencia Darlington, dispuestos en una configuración de puente H, lo que permite controlar la dirección y velocidad de un motor de manera sencilla mediante señales de control de bajo voltaje. Además, el L293D cuenta con protección incorporada contra sobrecorriente y diodos de protección contra retroalimentación de voltaje, lo que lo hace ideal para una variedad de aplicaciones, como robots pequeños, juguetes motorizados y proyectos de automatización. Su diseño compacto, facilidad de uso y asequibilidad lo convierten en una opción popular entre los aficionados y diseñadores de sistemas electrónicos.

5.8.2. Control de la velocidad de un motor dc

El control de velocidad de un motor de corriente continua (DC) se utiliza en una variedad de aplicaciones donde se necesita un ajuste preciso de la velocidad de rotación. Algunas de las razones por las que se requiere controlar la velocidad de un motor DC son:

- **Aplicaciones de velocidad variable:** En muchas aplicaciones industriales, comerciales y de consumo, es necesario ajustar la velocidad del motor para adaptarse a diferentes condiciones de operación. Por ejemplo, en máquinas herramientas, transportadores, ventiladores, se requiere una velocidad variable para optimizar el rendimiento y la eficiencia del sistema.
- **Control de precisión:** En ciertos dispositivos y sistemas, es esencial tener un control preciso sobre la velocidad del motor para garantizar un funcionamiento suave y consistente. Esto puede ser crítico en aplicaciones donde se requiere un posicionamiento preciso, como en robots, máquinas CNC (Control Numérico Computarizado) y sistemas de automatización industrial.

- **Ahorro de energía:** Al controlar la velocidad de un motor DC, se puede optimizar el consumo de energía ajustando la velocidad de funcionamiento según las necesidades del sistema en un momento dado. Esto puede conducir a un ahorro significativo de energía en aplicaciones que operan a velocidades variables.
- **Reducción de ruido y vibraciones:** En algunos casos, reducir la velocidad del motor puede ayudar a minimizar el ruido y las vibraciones generadas durante su operación, lo que es importante en aplicaciones donde el ruido y la vibración son factores críticos, como en equipos médicos y electrodomésticos.
- **Protección del sistema:** Controlar la velocidad del motor DC también puede ayudar a proteger el sistema y los componentes relacionados al evitar velocidades excesivas que puedan causar daños o desgaste prematuro.

Para la implementación del proyecto se utilizará los siguientes elementos:

```
1 Arduino UNO
1 Circuito integrado L293D
1 Motor DC
1 Fuente de energía de corriente directa externa o batería (Voltaje
compatible con el motor DC)
```

La ilustración siguiente muestra el esquema de montaje para el control de la velocidad en un sentido de un motor de corriente continua mediante una señal PWM.

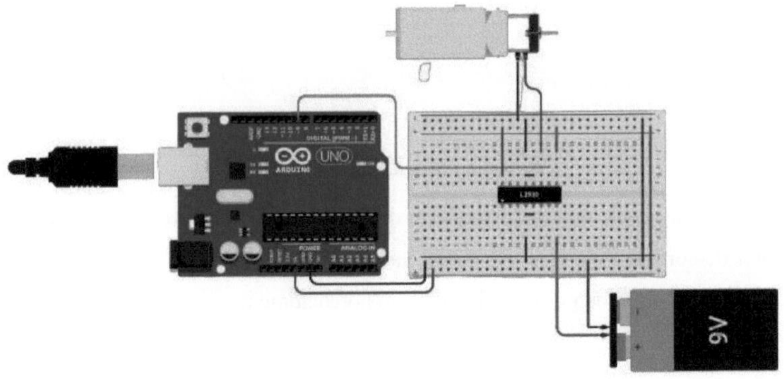

Ilustración 5.67. Circuito – Control de velocidad unidireccional de un motor DC.

El código descrito a continuación permite controlar la velocidad de un motor de corriente continua (DC) utilizando la técnica de modulación de ancho de pulso (PWM), el motor presenta el control de la velocidad unidireccional, no invertirá el sentido de giro. La velocidad motor varia cada 100 milisegundos en un incremento de uno.

```
byte Ctrl_Motor1 = 9;
byte Vel_Motor1 = 0;

void setup()
{
  pinMode(Ctrl_Motor1, OUTPUT);
}



void loop()
{
  analogWrite(Ctrl_Motor1,Vel_Motor1);
  delay(100);
  Vel_Motor1 = Vel_Motor1 + 1;
}
```

DESCRIPCIÓN DEL CÓDIGO

En el programa expuesto, se ha utilizado código previamente utilizadas, por consiguiente, no se realizará una descripción detallada de este código.

5.8.3. Control de la velocidad de un motor dc mediante un potenciómetro

Para la implementación del proyecto se utilizará los siguientes elementos:

```
1 Arduino UNO
1 Circuito integrado L293D
1 Motor DC
1 Fuente de energía de corriente directa externa o batería (Voltaje
compatible con el motor DC)
1 Potenciómetro de 10 KOhm
```

La ilustración siguiente muestra el esquema de montaje para el control de la velocidad de un motor de corriente continua mediante una señal PWM, la referencia de la velocidad del motor estará definida por la posición de un potenciómetro.

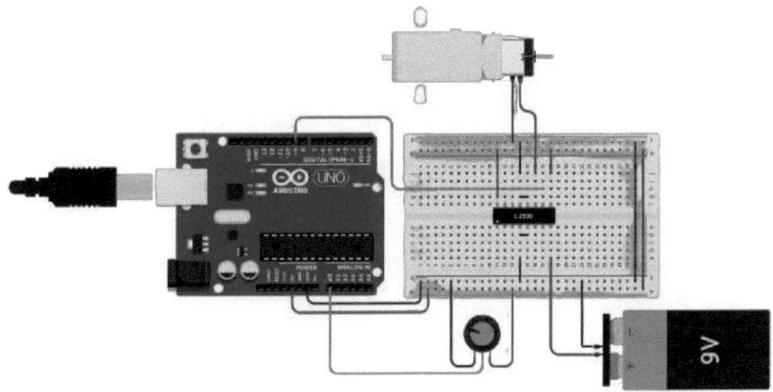

Ilustración 5.68. Circuito – Control de velocidad de un motor DC mediante un potenciómetro.

El siguiente código permite la regulación de la velocidad de un motor de corriente continua (DC) empleando la técnica de modulación de ancho de pulso (PWM). El sistema permite controlar la velocidad del motor en una sola dirección, sin invertir su sentido de rotación. La velocidad del motor se determina a través de un potenciómetro de 10 KOhm.

```
byte Ctrl_Motor1 = 9;
byte Vel_Motor1 = 0;
byte PinADC = A0;
int ADC_A0;

void setup()
{
  pinMode(Ctrl_Motor1, OUTPUT);
}

void loop()
{
  ADC_A0 = analogRead(PinADC);
  Vel_Motor1 = map(ADC_A0, 0, 1023, 0, 225);
  analogWrite(Ctrl_Motor1,Vel_Motor1);
  delay(100);
}
```

DESCRIPCIÓN DEL CÓDIGO

El programa presentado utiliza código que ha sido previamente realizado, por lo tanto, no se proporcionará una descripción detallada del mismo.

5.8.4. Control de la velocidad e inversión de giro de un motor dc mediante un potenciómetro

Invertir el sentido de giro de un motor de corriente continua (DC) es necesario en varias situaciones y aplicaciones, algunas de las cuales incluyen:

- **Maniobrabilidad en vehículos:** En vehículos eléctricos, como robots, coches teledirigidos o drones, cambiar la dirección del sentido de giro de un motor es esencial para la navegación y el control de trayectoria.
- **Control de dirección en maquinaria:** En sistemas de maquinaria, como cintas transportadoras, tornos o fresadoras, invertir el sentido de giro del motor puede ser necesario para realizar operaciones en diferentes direcciones, lo que aumenta la versatilidad y la eficiencia de la maquinaria.
- **Reversión de operación en herramientas eléctricas:** En herramientas eléctricas como taladros, sierras eléctricas o destornilladores eléctricos, invertir el sentido de giro del motor permite cambiar entre operaciones de perforación y atornillado, lo que mejora la funcionalidad y la comodidad del usuario.
- **Corrección de errores en sistemas de control de posición:** En aplicaciones de posicionamiento, como sistemas de automatización industrial, invertir el sentido de giro del motor puede ser necesario para corregir errores de posición o ajustar la orientación de la pieza en proceso.
- **Funciones de retroceso en dispositivos mecánicos:** Algunos dispositivos mecánicos, como puertas automáticas, cortinas enrollables o persianas eléctricas, pueden requerir la capacidad de retroceder en caso de obstrucciones o bloqueos para garantizar la seguridad y el funcionamiento adecuado del dispositivo.

Para la implementación del proyecto se utilizará los siguientes elementos:

```
1 Arduino UNO
1 Circuito integrado L293D
1 Motor DC
1 Fuente de energía de corriente directa externa o batería (Voltaje compatible con el motor DC)
1 Potenciómetro de 10 KOhm
```

La ilustración siguiente muestra el esquema de montaje para el control de la velocidad de un motor de corriente continua mediante una señal PWM, la referencia de la velocidad del motor estará definida por la posición de un potenciómetro.

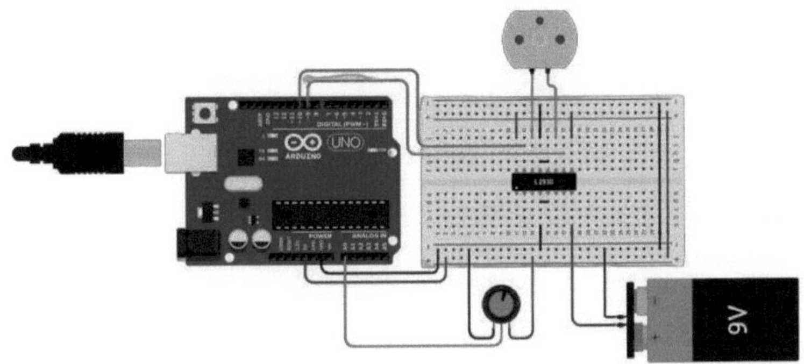

Ilustración 5.69. Circuito – Control de velocidad y sentido de rotación de un motor DC mediante un potenciómetro.

El código detallado a continuación permite el control de la dirección de giro y la regulación de la velocidad de un motor de corriente continua (DC) empleando la técnica de modulación de ancho de pulso (PWM). El sistema permite controlar la velocidad del motor y la inversión de su sentido de rotación. La velocidad del motor y el sentido de rotación se determina a través de un potenciómetro de 10 Kohm.

Cuando el potenciómetro presenta un valor entre 0 Ohm y 5 $Kohm$, el motor gira en sentido horario y su velocidad depende del valor óhmico del potenciómetro, donde 0 Ohm es la referencia para que el motor alance el 0% de su velocidad y al alcanzar los 5 $Kohm$, el motor llega al 100% de su velocidad.

Cuando el potenciómetro presenta un valor entre 5 Ohm y 10 $Kohm$, el motor gira en sentido antihorario y su velocidad depende del valor óhmico del potenciómetro, donde 5 Ohm es la referencia para que el motor alance el 0% de su velocidad y al alcanzar los 10 $Kohm$, el motor llega al 100% de su velocidad.

```
byte Ctrl_Motor1 = 9;
byte Ctrl_Motor2 = 10;
byte Vel_Motor = 0;
byte PinADC = A0;
int ADC_A0;
byte SentidoGiro = 0;

void setup()
{
  pinMode(Ctrl_Motor1, OUTPUT);
  pinMode(Ctrl_Motor2, OUTPUT);
}
```

```
void loop()
{
  ADC_A0 = analogRead(PinADC);
  if (ADC_A0 <=512)
  {
    Vel_Motor = map(ADC_A0, 0, 512, 0, 225);
    analogWrite(Ctrl_Motor1,Vel_Motor);
    analogWrite(Ctrl_Motor2,0);
    delay(100);
  }
  else
  {
    Vel_Motor = map(ADC_A0, 512, 1024, 0, 225);
    analogWrite(Ctrl_Motor1,0);
    analogWrite(Ctrl_Motor2,Vel_Motor);
    delay(100);
  }
}
```

DESCRIPCIÓN DEL CÓDIGO

El programa descrito utiliza código que ha sido previamente analizado, por lo tanto, no se proporcionará una descripción detallada del mismo.

5.9. PROYECTOS CON MOTORES PASO A PASO

En el ámbito de la electrónica, hay diversas maneras de transformar la energía eléctrica en movimiento, siendo los motores eléctricos una de ellas. Sin embargo, según la ampliación, existe una variedad de motores que pueden ser utilizados. Entre ellos destaca el motor paso a paso, el cual opera de manera particular.

5.9.1. Motor paso a paso

Un motor paso a paso se caracteriza por convertir energía eléctrica en movimiento mecánico, al igual que otros tipos de motores. Sin embargo, su funcionamiento difiere de los motores convencionales, ya que divide un giro completo en una serie de pasos o avances uniformes. En términos simples, este motor cuenta con múltiples bobinados y, dependiendo de cuáles se alimenten, el motor gira un cierto número de grados (un paso) y luego se detiene. Para lograr un giro completo, es necesario aplicar una combinación de pulsos eléctricos a los diferentes cables de alimentación en tiempos específicos, ya que, si se energizan todos simultáneamente, el motor se bloquea.

Ilustración 5.70. Motor paso a paso.

Un motor paso a paso opera bajo el mismo principio que cualquier otro motor, empleando la interacción entre los campos magnéticos generados por las bobinas y los imanes permanentes. La distinción radica en que este tipo de motor dispone de conjuntos separados de bobinas en el estator, los cuales están conectados de forma independiente. Por lo tanto, al energizar un conjunto de bobinas, el rotor se mueve hasta cierto punto, pero no más allá, ya que carece de un conmutador para invertir la polaridad de la corriente.

El funcionamiento de este motor se basa principalmente en el estator, siendo el rotor responsable únicamente de reaccionar ante los polos magnéticos generados en el estator. Por ejemplo, si el estator cuenta con 4 bobinas y se energiza una de ellas, los campos magnéticos resultantes provocan que el rotor se alinee, alcanzando su posición máxima de giro. Para que el rotor avance un paso adicional, es necesario energizar otra bobina, y así sucesivamente.

En la categoría de motores paso a paso, existen dos configuraciones distintas para organizar y energizar las bobinas del estator. Por lo tanto, independientemente del tipo de motor (ya sea de reluctancia variable, de imán permanente o híbrido), puede funcionar bajo estas dos configuraciones.

5.9.2. Motor paso a paso unipolar

Estos motores poseen dos bobinas con un punto medio desde donde salen los cables hacia el exterior; dichos cables se conectan a la fuente de alimentación, mientras que los extremos de las bobinas se conectan a tierra para cerrar el circuito.

La disposición de las líneas comunes puede variar dependiendo del tipo de motor, pudiendo ser independientes o no. Esta configuración puede visualizarse de dos maneras:

como un motor con dos bobinas pequeñas conectadas a un punto en común, o como una bobina dividida en dos por medio de un punto común. Ahora, dependiendo de qué media bobina se energice, se puede obtener un polo norte o un polo sur; si se energiza la otra mitad, se obtiene un polo opuesto al otro.

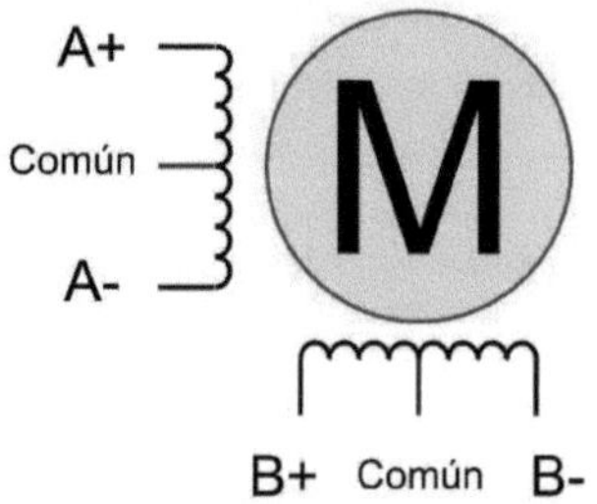

Ilustración 5.71. Motor paso a paso unipolar.

En esta disposición, cada bobina del estator se activa de forma independiente, lo que facilita su control, aunque con la desventaja de que puede tener un poco menos de torque. Dentro de esta configuración, existen tres métodos distintos para activar las bobinas.

- **Secuencia normal:** se activan siempre dos bobinas simultáneamente para permitir que el motor dé un paso. Este enfoque proporciona un alto torque.
- **Secuencia wave drive (paso completo):** se activa una única bobina a la vez, lo que hace que el rotor se oriente hacia la bobina activada. Aunque este método ofrece un funcionamiento más suave, el torque es menor.
- **Secuencia de medio paso:** combina los dos enfoques anteriores. Inicialmente, se energiza una bobina y, cuando el rotor se alinea, se activa la siguiente bobina para permitir que el rotor dé el siguiente paso. Luego, se interrumpe la energía en la primera bobina para permitir que el rotor avance nuevamente.

5.9.3. Motor paso a paso bipolar

Un motor paso a paso bipolar es un tipo de motor paso a paso que tiene dos bobinas por fase. Cada bobina se conecta a una polaridad opuesta de la fuente de alimentación. Este tipo de motor no tiene un punto medio en las bobinas, lo que significa que no hay una línea común como en los motores unipolares. En su lugar, la corriente fluye en una dirección y luego se invierte para cambiar la dirección del campo magnético, lo que hace que el rotor avance paso a paso.

Los motores paso a paso bipolares suelen ser más potentes y ofrecen un mayor torque que los motores unipolares, pero su control puede ser un poco más complejo debido a la necesidad de cambiar la dirección de la corriente para cambiar la dirección del movimiento.

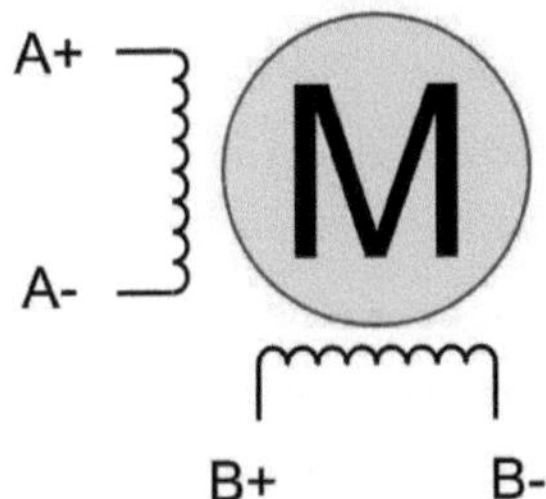

Ilustración 5.72. Motor paso a paso bipolar.

A pesar de tratarse del mismo tipo de motor paso a paso, existen diversas formas de construirlos, lo que resulta en variaciones en sus características. A continuación, se explican los diferentes tipos:

1. **Motor paso a paso de reluctancia variable (PV):** Este tipo de motor utiliza la variación en la reluctancia magnética para generar movimiento. Su diseño se basa en un rotor con dientes de hierro dulce o acero, y un estator con dientes de hierro y bobinas. La reluctancia magnética cambia con la posición del rotor, lo que provoca su movimiento.
2. **Motor paso a paso de imán permanente (PM):** En este tipo de motor, el rotor contiene imanes permanentes, mientras que el estator tiene bobinas de alambre. La interacción entre los campos magnéticos generados por los imanes y las bobinas produce el movimiento del rotor. Los motores paso a paso de imán permanente suelen ser más eficientes y ofrecen un mejor rendimiento en comparación con otros tipos.
3. **Motor paso a paso híbrido:** Este tipo de motor combina características de los motores de reluctancia variable y de imán permanente. Posee un rotor con dientes de hierro dulce o acero y un estator con bobinas e imanes permanentes. Los

motores paso a paso híbridos ofrecen un compromiso entre el rendimiento, la eficiencia y la complejidad del control.

5.9.4. Control de un motor paso a paso bipolar

Los motores paso a paso se utilizan en una variedad de aplicaciones en diferentes campos debido a su capacidad para realizar movimientos precisos y controlados. Algunos de los lugares donde se utilizan comúnmente incluyen:

- **Impresoras 3D:** Los motores paso a paso son esenciales en las impresoras 3D para controlar con precisión el movimiento de los ejes X, Y y Z, así como la extrusión del material.
- **CNC (Control Numérico por Computadora):** En máquinas CNC, los motores paso a paso son fundamentales para controlar los movimientos de los ejes que cortan, perforan o graban materiales como metal, madera o plástico.
- **Robótica:** Los motores paso a paso se utilizan en robótica para controlar los movimientos de los brazos robóticos, las articulaciones y otras partes móviles de los robots.
- **Automatización industrial:** En líneas de producción y sistemas de automatización industrial, los motores paso a paso se utilizan para controlar con precisión el movimiento de transportadores, brazos robóticos, máquinas de embalaje, entre otros.
- **Equipos médicos**: En equipos médicos como escáneres de resonancia magnética, equipos de radioterapia y dispositivos de análisis de laboratorio, los motores paso a paso se utilizan para realizar movimientos precisos y controlados.

Estos son solo algunos ejemplos de las muchas aplicaciones donde se utilizan motores paso a paso debido a su capacidad para proporcionar movimientos precisos y controlados en una amplia variedad de situaciones.

Para la implementación del proyecto se utilizará los siguientes elementos:

```
1 Arduino UNO
1 Circuito integrado - Drive A4988
1 Motor Paso a Paso bipolar
1 Fuente de energía de corriente directa externa o batería (Voltaje
compatible con el motor)
2 Pulsadores NO
```

La ilustración siguiente muestra el esquema de montaje para el control de un motor paso a paso bipolar.

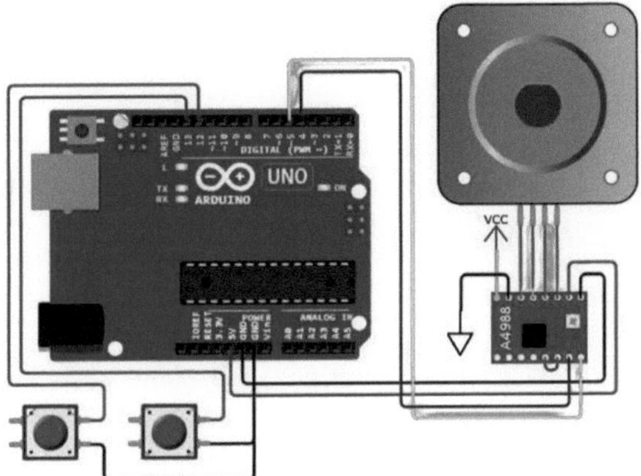

Ilustración 5.73. Circuito – Control de un motor paso a paso bipolar.

El siguiente código permite el control de la dirección de giro de un motor paso a paso bipolar, al presionar el pulsador conectado en el pin 12 del Arduino, el motor paso a paso gira 100 pasos en sentido horario. Al presionar el pulsador conectado en el pin 13 del Arduino, el motor paso a paso gira 100 pasos en sentido antihorario.

```
byte STEP = 4;
byte DIR = 5;
byte BTN_Dir1 = 12;
byte EstadoBtn1;
byte BTN_Dir2 = 13;
byte EstadoBtn2;

void setup()
{
  pinMode(BTN_Dir1, INPUT_PULLUP);
  pinMode(BTN_Dir2, INPUT_PULLUP);
  pinMode(STEP, OUTPUT);
  pinMode(DIR, OUTPUT);
}

void loop()
{
  EstadoBtn1 = digitalRead(BTN_Dir1);
  if (EstadoBtn1 == LOW)
  {
    digitalWrite(DIR, HIGH);
    for(int i = 0; i < 100; i++)
    {
      digitalWrite(STEP, HIGH);
      delay(20);
```

```
      digitalWrite(STEP, LOW);
      delay(20);
    }
    delay(1000);
  }


  EstadoBtn2 = digitalRead(BTN_Dir2);
  if (EstadoBtn2 == LOW)
  {
    digitalWrite(DIR, LOW);
    for(int i = 0; i < 100; i++)
    {
      digitalWrite(STEP, HIGH);
      delay(20);
      digitalWrite(STEP, LOW);
      delay(20);
    }
    delay(1000);
  }

}
```

DESCRIPCIÓN DEL CÓDIGO

El código define las variables STEP, DIR, BTN_Dir1, BTN_Dir2, EstadoBtn1, y EstadoBtn2 de tipo byte. Estas variables se utilizan para almacenar los pines del microcontrolador Arduino, donde se conectarán elementos externos.

STEP: Almacena el número del pin al que está conectado el pin de paso (step) del driver de un motor paso a paso. El pin de paso es el que indica al motor cuándo dar un paso.
DIR: Almacena el número del pin al que está conectado el pin de dirección (direction) del driver de un motor paso a paso. Este pin determina la dirección en la que el motor girará.
BTN_Dir1: Almacena el número del pin al que está conectado un botón que controlará la dirección del motor paso a paso.
EstadoBtn1: Almacena el estado (alto o bajo) del botón conectado al pin BTN_Dir1.
BTN_Dir2: Almacena el número del pin al que está conectado otro botón que controlará la dirección del motor paso a paso.
EstadoBtn2: Almacena el estado (alto o bajo) del botón conectado al pin BTN_Dir2.

```
byte STEP = 4;
byte DIR = 5;
byte BTN_Dir1 = 12;
byte EstadoBtn1;
```

```
byte BTN_Dir2 = 13;
byte EstadoBtn2;
```

Este fragmento de código es una estructura de control *"if"* que verifica si la variable *"EstadoBtn1"* tiene un valor igual a *"LOW"*. Si este es el caso, se ejecuta el bloque de código dentro de las llaves *"{ }"* asociadas a este *"if"*.

La línea de código *"digitalWrite(DIR, HIGH)"* establece el pin definido por la variable DIR en un estado alto (HIGH), este pin está conectado al pin de dirección (direction) del driver del motor paso a paso y al establecerlo en HIGH, se le indica al motor que gire en una dirección específica.

El código *"for(int i = 0; i < 100; i++)"* hace referencia a un bucle for que se ejecuta 100 veces. Se inicializa una variable *"i"* en 0 y se incrementa en cada iteración hasta que alcanza el valor de 99.

Dentro del bucle *"for"*, la línea de código *"digitalWrite(STEP, HIGH)"* establece el pin definido por la variable STEP en un estado alto (HIGH). Esto le indica al motor paso a paso que dé un paso en la dirección establecida anteriormente. Se introduce un retardo de 20 milisegundos utilizando la función delay(). Este retardo controla la velocidad a la que el motor da pasos. Modificando este valor, puedes ajustar la velocidad del motor. *"digitalWrite(STEP, LOW)"* establece el pin STEP en un estado bajo (LOW), lo que completa un ciclo de paso del motor.

```
if (EstadoBtn1 == LOW)
  {
    digitalWrite(DIR, HIGH);
    for(int i = 0; i < 100; i++)
    {
      digitalWrite(STEP, HIGH);
      delay(20);
      digitalWrite(STEP, LOW);
      delay(20);
    }
    delay(1000);
  }
```

Si se presiona el botón definido como *"BTN_Dir2"*, se ejecuta el código que invierte el sentido del giro del motor paso a paso, es funcionamiento del código es similar al código descrito.

```
if (EstadoBtn2 == LOW)
```

```
{
  digitalWrite(DIR, LOW);
  for(int i = 0; i < 100; i++)
  {
    digitalWrite(STEP, HIGH);
    delay(20);
    digitalWrite(STEP, LOW);
    delay(20);
  }
  delay(1000);
}
```

Bibliografía

Altium.com. (2020). *MCU de 8 bits vs. de 32 bits: cómo elegir el microcontrolador adecuado para el diseño de tu PCB | Altium*. https://resources.altium.com/es/p/8-bit-vs-32-bit-mcu-choosing-right-microcontroller-your-pcb-design

Alvaredo, S., Delgado, A., Aira, S., Rubio, A., Herrero, J., & Mozo, L. (2007). *Lenguajes de programación.*

arduino.cl. (2018). *¿Qué es Arduino? | Arduino.cl - Compra tu Arduino en Línea.* https://arduino.cl/que-es-arduino/

Cevallos, A. (2007). *Hablemos de electricidad* (1ra ed., Vol. 1ero). https://bibdigital.epn.edu.ec/bitstream/15000/9270/1/HABLEMOSDEELECTRICIDAD.PDF

De Pere, J., Costa, R., Rosell, J., & Ramos, J. (2000). *Sistemas de instrumentación* (Universidad Politécnica de Katalunya, Ed.; 1st ed., Vol. 1). UPC. https://books.google.es/books?hl=es&lr=&id=KBQdYZgwO-wC&oi=fnd&pg=PA11&dq=sistemas+de+instrumentaci%C3%B3n&ots=3HguRUcc1Z&sig=PlLTsTV57O4lroR8uU7ORQ3CKXo#v=onepage&q=sistemas%20de%20instrumentaci%C3%B3n&f=false

Díaz, T., & Carmona, G. (2010). *Electrónica* (McGraw-Hill Interamericana, Ed.; 1st ed.). McGraw. https://www.ebooks7-24.com:443/?il=4902

Floyd, T. L. (2007). *Principios de Circuitos Eléctricos* (Pearson Educación de México, Ed.; 8va ed., Vol. 1). Pearson Education.

gnu.org. (2007). *La Licencia Pública General GNU v3.0 - Proyecto GNU - Free Software Foundation.* https://www.gnu.org/licenses/gpl-3.0.html

González, G., & Silva, F. (2013). *Innovation in Engineering, Technology and Education for Competitiveness and Prosperity.*

Malvino, A., & Bates, D. (2007). *Principios de Electrónica* (Mc GrawHill, Ed.; 7ma ed.).

Nugar. (2024). *Calculadora Ley de Ohm | Nugar Resistor Technology*. Nugar-Resistor. https://nugar-resistor.com/calculo-de-resistencias/

Olmo, J. (1999). *Electricidad y electronica-Oxford University Press, USA* (Oxford, Ed.; Reyes Torres, Vol. 1). Universidad de Oxford.

Pérez, M. (2014). *Instrumentación electrónica* (Paraninfo, Ed.; 1st ed., Vol. 1). Paraninfo. https://books.google.es/books?hl=es&lr=&id=Fb5tBQAAQBAJ&oi=fnd&pg=PR9&dq=sistemas+de+instrumentaci%C3%B3n&ots=2EE1p0ZTlT&sig=P9f2aqUFP8sUPslSLFaApxo3jNI#v=onepage&q=sistemas%20de%20instrumentaci%C3%B3n&f=false

Torrente, O. (2013). *Arduino Curso práctico de formación* (Alfaomega, Ed.; 1ra ed.).

Printed by Books on Demand GmbH, Norderstedt / Germany